"十四五"职业教育国家规划教材

新形态教材

高等职业教育建设工程管理类专业系列教材

GAODENG ZHIYE JIAOYU JIANSHE GONGCHENG GUANLILEI ZHUANYE XILIE JIAOCAI

GONGCHENG JIESUAN

工程结算

（第4版）

主　编 / 胡晓娟

副主编 / 侯　兰　陈建立

参　编 / 吕逸实

主　审 / 王武齐

重庆大学出版社

内容提要

本书根据《建设工程工程量清单计价规范》(GB 50500—2013)、《建设工程施工合同(示范文本)》(GF-2017-0201)等现行工程结算相关规定,结合工程实例,介绍工程结算的内容和方法,具体包括工程结算概述、工程结算价款计算、合同价款调整、工程结算争议解决、工程结算管理、工程结算综合案例等内容,案例仿真且丰富,理论联系实际,通俗易懂,深入浅出,便于教学。

本书适用于高等职业教育工程造价专业、建设工程管理专业,也可以作为造价从业人员的学习参考用书。

图书在版编目(CIP)数据

工程结算 / 胡晓娟主编. -- 4 版. -- 重庆 : 重庆大学出版社, 2023.2(2024.1 重印)

高等职业教育建设工程管理类专业系列教材

ISBN 978-7-5624-8764-7

Ⅰ. ①工… Ⅱ. ①胡… Ⅲ. ①建筑经济定额—高等职业教育—教材 Ⅳ. ①TU723.3

中国版本图书馆 CIP 数据核字(2023)第 007950 号

高等职业教育建设工程管理类专业系列教材

工程结算

(第 4 版)

主　编　胡晓娟

副主编　侯　兰　陈建立

主　审　王武齐

责任编辑:刘颖果　　版式设计:刘颖果

责任校对:关德强　　责任印制:赵　晟

*

重庆大学出版社出版发行

出版人:陈晓阳

社址:重庆市沙坪坝区大学城西路 21 号

邮编:401331

电话:(023) 88617190　88617185(中小学)

传真:(023) 88617186　88617166

网址:http://www.cqup.com.cn

邮箱:fxk@cqup.com.cn (营销中心)

全国新华书店经销

重庆市美尚印务股份有限公司印刷

*

开本:787mm×1092mm　1/16　印张:17.75　字数:445 千

2015 年 4 月第 1 版　2023 年 2 月第 4 版　2024 年 1 月第 16 次印刷

印数:52 001—57 000

ISBN 978-7-5624-8764-7　定价:49.00 元

前　言

工程结算贯穿施工全过程，是工程计价极为重要的环节，影响因素多，涉及工程技术、工程法规、工程经济、工程造价等知识，对造价人员的要求高。

本教材依据《建设工程工程量清单计价规范》（GB 50500—2013）、《建设工程施工合同（示范文本）》（GF-2017-0201）以及现行工程结算的相关规定，结合工程实例，介绍了工程结算的内容和方法。

本教材第1版于2015年4月出版，受到了广大读者的欢迎。随着国家税收制度的改革、工程管理及造价依据的变化，教材于2020年8月进行了改版，更新了工程质量保证金和的计算、合同版本，丰富和完善了案例。本次改版认真贯彻党的二十大精神，坚持产教融合，强化素质教育，邀请知名咨询公司教授级高级工程师参与改编，确保教材按照最新行业标准进行更新，增加了结算审核的相关内容，使教材更能满足行业人才需求；每章增设“素质拓展”模块，将党的二十大精神引入教材，贯彻新发展理念，努力提升项目管理质量，把习近平新时代中国特色社会主义思想的世界观和方法论融入工程结算，即将“坚持人民至上、坚持自信自立、坚持守正创新、坚持问题导向、坚持系统观念、坚持胸怀天下”融入工程结算全过程，强化法治意识和职业道德，培养创新意识和国际视野，提升职业能力和素质；丰富案例并完善配套教学资源。

经过多次改版，使得本教材具有以下特点：

（1）坚持产教融合，校企双元开发。编写团队的专业教师都具有职业资格证，并在学校灾后重建和校区迁建中承担造价控制工作，积累了丰富的结算经验，具有良好的“双师”素质，团队中还有知名咨询公司的教授级高级工程师参与，由当地知名的财评专家担任主审，确保教材能紧跟产业发展趋势和行业人才需求，及时将产业发展的新技术、新工艺、新规范、新理念纳入教材内容，反映了工程造价岗位的职业能力要求。

（2）有配套教学资源。教材配套了教学PPT、习题参考答案、大量的真实案例、微课、三维图片、政策法规、拓展学习素材等电子资源，方便教与学。

(3)职业教育特点突出。适应职业教育教学需要，以仿真项目、典型工作任务、仿真案例、真实案例为载体组织教材，对工程结算工作具有很强的指导性，既有针对知识点的小案例，也有完整工程的综合案例，从局部到整体、简单到复杂，通俗易懂，深入浅出。

(4)重视综合能力和素质培养。教材中融入专业精神、职业精神和工匠精神，特别是在案例中重视综合知识的应用，以及综合能力和职业素养的培养。

(5)配套练习题有助于保证教学效果。教材每章均有练习题，包括单选、多选、判断、案例分析、计算、思考题，便于读者快速掌握工程结算的重点和难点。

本教材主要由四川建筑职业技术学院工程造价专业教师团队编写，其中第1、2、5章主要由胡晓娟编写，第3、4章由侯兰编写，第6章由陈建立编写，四川华通建设工程造价管理有限责任公司教授级高工吕逸实参与第1、5章编写。本教材由具有丰富实践经验的王武齐老师担任主审。感谢重庆知行达工程咨询有限公司总经理李红波对教材改版提出的宝贵意见和案例资料，感谢四川建筑职业技术学院袁建新教授、夏一云高级工程师提供的教学资源。

由于工程结算的理论和实践正处于发展时期，新的内容和问题还会不断出现，加之编者水平有限，教材难免还有不妥之处，希望广大读者批评指正。

编　者

配套教学资源说明

除教材章节中直接链接部分资源外，在此集中提供部分资源，以更好地帮助读者掌握工程结算的方法，提升综合能力和职业素养。

1. 法规类

(1)《中华人民共和国民法典》结算相关条款摘录及应用

《中华人民共和国民法典》结算相关条款摘录及应用

已于2021年1月1日实施的《中华人民共和国民法典》是工程结算的顶层法律，在此摘录涉及工程结算的主要条款，供读者了解和学习。

(2)《最高人民法院关于审理建设工程施工合同纠纷案件适用法律问题的解释(一)》(法释〔2020〕25号)

法释〔2020〕25号

工程结算争议不能协商和调解时的最终途径是诉讼和仲裁，司法解释中提出的处理要求也是工程结算的重要依据。最高人民法院多次发布与工程结算相关的司法解释，如法释［2004］14号、法释〔2018〕20号和法释〔2020〕25号。前两个司法解释已于2021年1月1日废止，法释〔2020〕25号于2021年1月1日施行。法释〔2020〕25号是根据《中华人民共和国民法典》《中华人民共和国建筑法》《中华人民共和国招标投标法》《中华人民共和国民事诉讼法》等相关法律规定，整合法释［2004］14号和法释〔2018〕20号的大部分内容，并结合审判实践进行了补充完善，是处理建设工程施工合同纠纷(包括工程结算纠纷)的重要法律依据。

(3)《建设工程价款结算暂行办法》

《建设工程价款结算暂行办法》

《建设工程价款结算暂行办法》是工程结算最早的规范性文件，至今仍然有效。

2. 案例类

(1)案例1:某施工企业结算案例

【案例简介】工程结算决定了施工企业的工程收入,施工企业的造价人员必须认真按照合同约定开展结算工作,要十分熟悉合同、价款调整流程等,出现会引起价款调整的事项要规范记录、及时签证,为顺利结算提供依据。

在本案例中,××建筑公司与××房地产开发公司签订了《××商住楼工程施工合同》,××房地产开发公司有明确的建设工程结算管理办法和配套表格。

本案例资料包括以下内容:

第一部分:某房地产开发公司工程管理用表格。

第二部分:施工企业几项价款调整案例。

第三部分:施工企业造价人员王某结算资料管理。

某施工企业结算案例

【学习建议】

①评析该房地产开发公司的工程管理用表,工作中可酌情参考或借鉴。

②评析造价人员王某的工作态度和方法。

③总结工程结算的特点和要求。

④思考工程结算对造价人员的能力和素质要求。

⑤结合所在公司或项目特点,思考工程管理用表的设计。

⑥结合所在公司或项目特点,思考如何创新工作,提升工作质量和效率。

(2)案例2:全过程造价管理结算案例

【案例简介】有的建设单位为了加强项目的造价控制,会根据相关法律法规、标准和规范制定适合自身管理需要的造价控制管理办法,同时也可能聘请工程造价咨询公司进行全过程造价管理。在此提供建设单位D公司工程造价控制管理办法及配套表格,以及工程造价咨询公司张某的工作记录,让读者更好地了解结算管理过程。

本案例资料包括以下内容:

第一部分:D公司工程造价控制管理办法及配套表格。

第二部分:工程结算资料摘录。

第三部分:全过程造价管理的资料整理。

全过程造价管理结算案例

【学习建议】

①评析案例相关内容。

②建立造价控制的意识。

③建立依法管理和规范管理的意识。

④评价造价工程师张某的工作态度和方法,思考造价工程师应具备的能力和素质。

⑤工作中要认真学习本单位和建设单位的管理办法,按照规定开展造价管理工作。

⑥工作中要发扬工匠精神,要持续改进工作方法、提升工作质量。

(3)案例3:某国有投资项目签证案例

【案例简介】对于国有投资,很多建设单位没有单独设计签证表格,而是采用所在省住建厅统一的技术、经济签证表格。

案例资料包括两个签证案例:一是计日工引起的签证;二是现场施工条件变化引起的签证。

【学习建议】

①对比分析政府主管部门规定用表和开发公司设计用表,思考国有投资项目和自筹资金投资项目管理的不同。

②评析案例中签证单的填写质量。

③总结工程结算的特点和要求。

④思考如何做好国有投资项目的工程结算。

⑤结合所在项目特点,思考如何创新工作,提升工作质量和效率。

某国有投资项目签证案例

(4)案例4:结算审核案例

教材重点介绍了工程结算编制的内容和方法,结算审核的内容和方法类似,但结算审核的角度不同,特别是对政府投资建设项目工程结算审核,有明确的法律规定或政策要求,工程造价咨询企业承接这类委托业务时必须严格执行,在此提供以下资源供读者学习或参考。

某公司结算审核业务管理制度(含业务流程)

某政府投资建设项目结算审核报告

某公司对某政府投资建设项目结算审核总结材料

政府投资建设项目结算审计相关法律规定目录

3. 教学 PPT

本书提供了教学用 PPT,教师可加入工程造价教学交流群(QQ:238703847)下载。

4. 习题参考答案

习题参考答案

目　录

1　工程结算概述

1.1　工程结算种类

1.1.1　工程结算的定义

根据《建设工程工程量清单计价规范》(GB 50500—2013,以下简称"13 计价规范"),工程结算是指发承包双方根据合同约定,对合同工程实施中、终止时、已完工后进行的合同价款计算、调整和确认,包括期中结算、终止结算、竣工结算。

1.1.2　工程结算的原则

《建设工程价款结算暂行办法》(财建[2004]369 号)第五条明确规定:从事工程价款结算活动,应当遵循合法、平等、诚信的原则。《建设项目工程结算编审规程》(CECA/GC 3—2010)对工程造价咨询企业承接工程结算委托业务明确规定:工程造价咨询企业和工程造价专业人员承担工程结算的编制或审查,应以建设工程施工合同为依据,并应遵循合法、独立、公平、公正和诚实信用的原则。

1.1.3　工程结算的作用

工程结算对建设单位和施工单位都是一项十分重要的工作,主要表现为以下几个方面:

①工程结算是反映工程进度的主要指标。在施工过程中,工程结算的依据之一就是按照已完的工程进行结算,根据累计已结算的工程价款占合同总价款的比例,能够近似反映出工程的进度情况。

②工程结算是加速资金周转的重要环节。施工单位尽快尽早地结算工程款,有利于偿还债务和回笼资金,降低内部运营成本。通过加速资金周转,提高资金的使用效率。

③工程结算是考核经济效益的重要指标。对施工单位来说,及时结清工程款,可以有效

避免经营风险,获得相应的利润,进而实现良好的经济效益。

④工程结算是建设单位进行工程决算、确定固定资产投资额度的重要依据之一。

1.1.4 工程结算的种类

根据不同的划分标准,可以对工程结算进行不同的分类。

1)按照结算的工程对象不同划分

(1)单位工程竣工结算

单位工程竣工结算由承包人编制,发包人审查;实行总承包的工程,由具体承包人编制,在总承包人审查的基础上,发包人审查。

(2)单项工程竣工结算

单项工程竣工结算由总(承)包人编制,发包人可以直接进行审查,也可以委托具有相应资质的工程造价咨询机构进行审查。政府投资项目由同级财政部门审查。单项工程竣工结算经发、承包人签字盖章后有效。

(3)建设项目竣工结算

建设项目竣工结算的编制者和审查要求同单项工程竣工结算。

2)按照价款约定方式划分

按照价款约定方式分为包干价结算和成本加酬金合同价款结算两种方式。

(1)包干价结算

包干价又分为包干单价和包干总价两种情况。

①包干单价结算。包干单价结算是指单价合同的结算。单价合同约定的合同价款所包含的工程量清单项目,其综合单价在约定条件下是固定的,不予调整,工程量允许调整,是按照承包人完成合同工程应予以计量的工程量予以结算。工程量清单项目综合单价在约定的条件下允许调整,但调整方式、方法应在合同中约定。

"13 计价规范"第 7.1.3 条明确规定实行工程量清单计价的工程,应采用单价合同。

②包干总价结算。包干总价结算是指总价合同的结算。总价合同是指总价包干或总价不变的合同,适用于建设规模较小、技术难度较低、工期较短且施工图纸已审查批准的建设工程。有的省明确规定工期半年以内,工程施工合同总价在 200 万元以内,施工图纸已经审查完备的工程,施工发承包可以采用总价合同。

总价合同的结算,在施工图纸没有变更的情况下,总价合同各项目的工程量就是承包人用于结算的最终工程量。

(2)成本加酬金合同价款结算

成本加酬金合同是承包人不承担任何价格变化风险的合同。因此,成本加酬金合同适用于时间特别紧迫、不能进行详细计划和商谈的工程,如紧急抢险、救灾以及工程施工技术特别复杂的建设工程。成本加酬金合同价款的结算按照约定结算时间,双方确定工程量,核算成本,并按照约定计算承包人应获得的酬金。

3)按照工程计价方式划分

(1)工程量清单计价方式下的合同价款结算

"13 计价规范"第 3.1.1 条明确规定:"使用国有资金投资的建设工程发承包,必须采用清单计价方式。”第3.1.2条规定：“非国有资金投资的建设工程，宜采用工程量清单计价。”清单计价方式已经成为我国主要的计价方式，工程量清单计价方式下的合同价款结算也是结算的主要计价方式。

(2)定额计价方式下的合同价款结算

2003年以前，我国主要是采取定额计价方式计算工程造价，随着工程量清单计价方式的不断应用，定额计价方式已经不是我国的主要计价方式，但依然存在。按照定额计价方式约定合同价款，结算时按照合同约定的定额计价方式进行。

4)按照投资主体划分

(1)国有投资项目工程结算

为了保护国有资产，政府主管部门对于国有投资的发承包及结算都有明确规定，发承包双方必须严格遵守相关规定。如关于价款调整程序、工程结算审计等方面都有明确规定，发承包双方必须遵守。

(2)非国有投资项目工程结算

非国有投资项目可以参照国有投资项目结算的相关规定开展结算活动，双方也可以在合同中具体约定。

5)按照结算主体划分

(1)总(承)包人与发包人之间的工程结算

总(承)包人与发包人按照承包合同约定进行工程结算活动，目前关于结算的相关规定主要是针对总(承)包人与发包人之间进行的结算活动。

(2)总(承)包人与分包人之间的工程结算

关于总(承)包人与分包人之间的工程结算活动，目前没有相应具体的法律规定，主要是依据分包合同开展结算活动，特别是劳务分包，订立完善的分包合同是办理好工程结算的前提。

6)按照不同的建设阶段划分

这是工程结算的主要划分方式，参照《四川省建设工程造价咨询标准》(DBJ51/T 096—2018)，按照不同的建设阶段，工程结算分为：

(1)期中结算

期中结算是指发承包双方根据国家有关法律、法规的规定和合同约定，在施工过程中承包人完成合同约定的工作内容后，对工程价款进行的计算和确定。

期中结算又称为中间结算，包括月度、季度、年度结算和形象进度结算。

(2)中止结算

中止结算是指发包方和承包方协商并一致同意暂停施工时，发承包双方根据合同约定和协商意见对已完工程内容及暂停施工期间的费用进行的价款计算和确定。

(3)终止结算

终止结算是指发承包双方根据国家有关法律、法规的规定和合同约定，就合同终止达成一致意见时对合同价款进行的调整和确定。

(4)竣工结算

竣工结算是指发承包双方根据国家有关法律、法规的规定和合同约定，在承包人完成合同约定的全部工作内容后,对最终工程价款进行的调整和确定。

本书主要介绍总(承)包人与发包人之间采取工程量清单计价方式进行的单位工程结算活动,定额计价方式的结算活动可以参照进行。

1.2 工程结算依据

工程结算由承包人或受其委托具有相应资质的工程造价咨询人编制,由发包人或受其委托具有相应资质的工程造价咨询人核对。

参照《建设项目工程结算编审规程》(CECA/GC 3—2010),工程结算的编制依据主要有以下 9 个方面:

①相关法律规定;

②工程合同;

③计价和计量依据;

④招标文件和投标文件;

⑤工程实施文件;

⑥中标价和认价单;

⑦双方确认的工程量和追加(减)的工程价款;

⑧经批准的开、竣工报告或停工、复工报告;

⑨影响工程造价的相关资料。

1.2.1 编制依据

1)相关法律规定

有关的法律、法规、规章制度和相关的司法解释是工程结算的重要依据。与工程结算相关的现行法律规定主要有以下内容:

(1)《中华人民共和国民法典》(自 2021 年 1 月 1 日起施行)

《中华人民共和国民法典》是当前工程结算的顶层法律,与工程结算相关的条款:

如第一百五十三条:“违反法律、行政法规的强制性规定的民事法律行为无效。但是,该强制性规定不导致该民事法律行为无效的除外。违背公序良俗的民事法律行为无效。”

该条款在工程结算中的应用:合同约定事项与法律法规的强制性规定不一致时,应按法律法规执行。如依法纳税是税法规定,营改增后,老项目合同约定的是营业税税率,但也应按增值税规定执行简易计税法。又如合同中按销项增值税率为 11%,但结算时适用税率已变为 9%,除已按其他法定税率 11% 缴纳的部分外,剩余部分的税率应调整为 9%。

再如第四百六十五条:“依法成立的合同,受法律保护。依法成立的合同,仅对当事人具有法律约束力,但是法律另有规定的除外。”

《中华人民共和国民法典》还有很多条款涉及工程结算,可以在配套教学资源中进一步了解。

(2)招标投标法律规定

《中华人民共和国招标投标法》(2000 年 1 月 1 日起施行,2017 年 12 月 27 日修正)和《中华人民共和国招标投标法实施条例》(2012 年 2 月 1 日起施行,2019 年 3 月 2 日第三次修订)中也有与工程结算相关的条款。

如《中华人民共和国招标投标法实施条例》第五十七条:"招标人和中标人应当依照招标投标法和本条例的规定签订书面合同,合同的标的、价款、质量、履行期限等主要条款应当与招标文件和中标人的投标文件的内容一致。招标人和中标人不得再行订立背离合同实质性内容的其他协议。招标人最迟应当在书面合同签订后 5 日内向中标人和未中标的投标人退还投标保证金及银行同期存款利息。"

(3)《最高人民法院关于审理建设工程施工合同纠纷案件适用法律问题的解释》

工程结算争议不能协商和调解时的最终途径是诉讼和仲裁,符合司法解释的结算是能经受法律考验的,因此司法解释中提出的处理要求也是工程结算的重要依据。与工程结算相关的司法解释有《最高人民法院关于审理建设工程施工合同纠纷案件适用法律问题的解释(一)》(法释〔2020〕25 号)。

如法释〔2020〕25 号第十九条:"当事人对建设工程的计价标准或者计价方法有约定的,按照约定结算工程价款。

因设计变更导致建设工程的工程量或者质量标准发生变化,当事人对该部分工程价款不能协商一致的,可以参照签订建设工程施工合同时当地建设行政主管部门发布的计价方法或者计价标准结算工程价款。

建设工程施工合同有效,但建设工程经竣工验收不合格的,依照民法典第五百七十七条规定处理。"

再如法释〔2020〕25 号第二十二条:"当事人签订的建设工程施工合同与招标文件、投标文件、中标通知书载明的工程范围、建设工期、工程质量、工程价款不一致,一方当事人请求将招标文件、投标文件、中标通知书作为结算工程价款的依据的,人民法院应予支持。"

法释〔2020〕25 号的其他条款可以在配套教学资源中进一步了解。

(4)《建设工程价款结算暂行办法》(财建[2004]369 号)

由财政部和建设部(现住房和城乡建设部)共同制定的《建设工程价款结算暂行办法》是工程结算最早的规范性文件,至今仍然有效。如关于"工程竣工结算审查期限"的规定是发承包双方签订合同约定结算审查期限的重要依据。

单项工程竣工后,承包人应在提交竣工验收报告的同时,向发包人递交竣工结算报告和完整的结算资料,发包人应按表 1.1 规定的时限进行核对(审查)并提出审查意见。

表 1.1　工程竣工结算报告和完整的竣工结算资料的审查时间

序　号	工程竣工结算报告金额	审查时间
1	500 万元以下	从接到竣工结算报告和完整的竣工结算资料之日起 20 天
2	500 万 ~2 000 万元	从接到竣工结算报告和完整的竣工结算资料之日起 30 天
3	2 000 万 ~5 000 万元	从接到竣工结算报告和完整的竣工结算资料之日起 45 天
4	5 000 万元以上	从接到竣工结算报告和完整的竣工结算资料之日起 60 天

建设项目竣工总结算在最后一个单项工程竣工结算审查确认后15天内汇总,送发包人后30天内审查完成。

《建设工程价款结算暂行办法》可以在配套教学资源中进一步了解。

(5)《建筑工程施工发包与承包计价管理办法》(住房和城乡建设部令第16号)

2014年2月1日起施行的《建筑工程施工发包与承包计价管理办法》也有涉及工程结算的规定。

如第七条:"工程量清单应当依据国家制定的工程量清单计价规范、工程量计算规范等编制。工程量清单应当作为招标文件的组成部分。"

该条款在工程结算中的应用:本条法规要求工程量清单是招标文件的组成部分,工程量清单规范要求清单编制说明是工程量清单的组成部分,因此工程量清单编制说明(含说明中的投标报价要求)也是合同的组成部分,也应作为工程结算的依据。例如,即使合同专用条款中未约定建渣清运费,但如果在投标报价要求中明确"建渣清运费包含在投标报价中,不另行计量",结算时,就不能另行计算建渣清运费。

2)工程合同

工程合同包括施工合同,专业分包合同及补充合同,有关材料、设备采购合同。

施工合同是发包人和承包人为完成商定的建筑安装工程,明确相互权利、义务关系的载体。住房和城乡建设部、国家工商行政管理总局对《建设工程施工合同(示范文本)》(GF-2013-0201)进行了修订,制定了《建设工程施工合同(示范文本)》(GF-2017-0201),引导发包人和承包人规范合同约定。工程合同价款的约定是工程合同的主要内容,主要包括:

①预付工程款的数额、支付时间及抵扣方式;

②安全文明施工费的支付计划、使用要求等;

③工程计量与支付工程进度款的方式、数额及时间;

④工程价款的调整因素、方法、程序、支付及时间;

⑤施工索赔与现场签证的程序、金额确认与支付时间;

⑥承担计价风险的内容、范围以及超过约定内容、范围的调整方法;

⑦工程竣工价款结算编制与核对、支付及时间;

⑧工程质量保证金的数额、预留方式及时间;

⑨违约责任以及发生合同价款争议的解决方法及时间;

⑩与履行合同、支付价款有关的其他事项等。

本着"从约原则",依法签订的工程合同是工程结算的最重要依据。

3)计价和计量依据

计价和计量依据主要包括与工程结算编制相关的国务院建设行政主管部门以及各省、自治区、直辖市和有关部门发布的工程造价计价标准、计价办法、计价规范、工程量计算规范、计价定额、价格信息、相关规定等。

"13计价规范"不仅是每个工程在发承包阶段编制招标工程量清单、确定招标控制价、投标报价的依据，也是工程实施阶段进行工程计量、合同价款调整、合同价款结算与支付的依据。《最高人民法院关于审理建设工程施工合同纠纷案件适用法律问题的解释（一）》（法释〔2020〕25号）第十九条规定：当事人对建设工程的计价标准或者计价方法有约定的，按照约定结算工程价款。因设计变更导致建设工程的工程量或者质量标准发生变化，当事人对该部分工程价款不能协商一致的，可以参照签订建设工程施工合同时当地建设行政主管部门发布的计价方法或者计价标准结算工程价款。

注意中标价在招标控制价基础上优惠让利的，除非合同另有约定，新组价项目按定额组价后也应同比例下浮（采用中标材料价或认质认价材料的不下浮）。

《房屋建筑与装饰工程工程量计算规范》（GB 50854—2013）等6本计量规范是工程结算的重要依据，房屋建筑与装饰工程计价必须按照计量规范规定的工程量计算规则进行工程计量。

需要注意的是计价定额、价格信息、取费规定等计价依据具有地区性，必须按照建设工程所在地的计价依据进行结算。

4）招标文件和投标文件

招标文件和投标文件是订立合同的重要依据，“13计价规范”第7.1.1条明确规定：“实行招标的工程合同价款应在中标通知书发出之日起30日内，由发承包双方依据招标文件和中标人的投标文件在书面合同中约定。合同约定不得违背招标、投标文件中关于工期、造价、质量等方面的实质性内容。招标文件与中标人投标文件不一致的地方，应以投标文件为准。”

《中华人民共和国招标投标法》第五十九条规定：“招标人与中标人不按照招标文件和中标人的投标文件订立合同的，或者招标人、中标人订立背离合同实质性内容的协议的，责令改正；可以处中标项目金额千分之五以上千分之十以内的罚款。”

《最高人民法院关于审理建设工程施工合同纠纷案件适用法律问题的解释（一）》（法释〔2020〕25号）第二条规定：招标人和中标人另行签订的建设工程施工合同约定的工程范围、建设工期、工程质量、工程价款等实质性内容，与中标合同不一致，一方当事人请求按照中标合同确定权利义务的，人民法院应予支持。

需要注意的是，当发生重大变更时，承发包双方通过协商达成补充协议，增加或修改原协议的某些条款，不属于违背招标文件和投标文件。如某项目招标文件要求只对钢材调差，实施过程中由于征地原因，停工两年，其间由于地方材料价格上涨较快，复工时承发包双方协商后以补充协议明确将商品混凝土也纳入调差范围，竣工结算时补充协议应一并执行。

5）工程实施文件

工程实施文件包括工程竣工图或施工图，经批准的施工组织设计、设计变更、工程洽商、索赔与现场签证，以及相关的会议纪要等。

需要注意的是，由于工程实施过程中常常会出现设计变更，所以进行竣工结算时依据的不是原来设计的施工图，而是工程竣工图（或施工图加设计变更）。工程竣工图是真实反映建设工程项目施工结果的图样，是在竣工时按照施工实际情况绘制的图纸，是进行工程计量、办理结算的重要依据。在竣工结算审核时,为避免出现承包人擅自变更的部分进入结算,审核人应审核工程竣工图中与施工图不一致部分是否有相应的变更依据。

施工图在施工过程中难免有修改,为了让客户(建设单位或者使用者)能比较清晰地了解建设工程的实际施工情况,国家规定工程竣工后施工单位必须提交竣工图。

在《国家基本建设委员会关于编制基本建设工程竣工图的几项暂行规定》中有如下规定:

①基本建设竣工图是真实地记录各种地上地下建筑物、构筑物等情况的技术文件,是对工程进行交工验收、维护、改建、扩建的依据,是国家的重要技术档案。全国各建设、设计、施工单位和各主管部门,都要重视竣工图的编制工作,认真贯彻执行本规定。

②各项新建、扩建、改建的基本建设工程,特别是基础、地下建筑、管线、结构、井巷、峒室、桥梁、隧道、港口、水坝以及设备安装等隐蔽部位,都要编制竣工图。编制各种竣工图,必须在施工过程中(不能在竣工后)及时做好隐蔽工程记录,整理好设计变更文件,确保竣工图质量。

③编制竣工图的形式和深度,应根据不同情况,区别对待:

a. 凡按图施工没有变动的,则由施工单位(包括总包和分包施工单位,下同)在原施工图上加盖"竣工图"标志后,即作为竣工图。

b. 凡在施工中虽有一般性设计变更,但能将原施工图加以修改补充作为竣工图的,可不重新绘制,由施工单位负责在原施工图(必须是新蓝图)上注明修改的部分,并附以设计变更通知单和施工说明,加盖"竣工图"标志后,即作为竣工图。

c. 凡结构形式改变、工艺改变、平面布置改变、项目改变以及有其他重大改变,不宜再在原施工图上修改、补充者,应重新绘制改变后的竣工图。由于设计原因造成的,由设计单位负责重新绘图;由于施工原因造成的,由施工单位负责重新绘图;由于其他原因造成的,由建设单位自行绘图或委托设计单位绘图。施工单位负责在新图上加盖"竣工图"标志并附以有关记录和说明,作为竣工图。

重大的改建、扩建工程涉及原有的工程项目变更时,应将相关项目的竣工图资料统一整理归档,并在原图案卷内增补必要的说明。

d. 竣工图一定要与实际情况相符,要保证图纸质量,做到规格统一、图面整洁、字迹清楚,不得用圆珠笔或其他易于褪色的墨水绘制。竣工图要经承担施工的技术负责人审核签认。

6)中标价和认价单

材料和设备质量直接影响工程质量,且材料和设备的价格在建筑安装工程费用中占比最高,一般达到60%以上。在项目实施过程中,有些工程材料及设备量大或价高,可能会采取招标的方式,根据中标价进行采购;有些材料虽然不需要招标采购,但要通过认质认价环节把关,以确保材料和设备符合工程质量要求和造价控制需要。

建设项目工期长,材料及设备价格处于动态变化中,承包人只承担合同约定范围内价格的波动风险,超过波动范围应该予以价格调整,此时一般根据中标价和认价单,结合合同约定来判断是否涉及材料及设备价格调整,因此工程材料及设备的中标价和认价单都是工程结算的重要依据。

合同约定的固定综合单价与合同约定的人工和材料调差是不同的事项,即使是固定单价合同,通常也约定了人工单价可调和部分材料单价可调;即使约定措施项目综合单价包干使用，只要同时约定了人工和材料可调，除非合同另有约定，单价措施项目包含的定额人工费和相应可调价材料也可调。

7）双方确认的工程量和追加（减）的工程价款

招标工程量清单中标明的工程量是招标人根据拟建工程设计文件计算的工程量，不能作为承包人在履行合同义务中应予以完成的实际和准确的工程量。实际和准确的工程量要通过工程计量予以确认，即发承包双方根据合同约定，对承包人完成合同工程的数量进行的计算和确认，这是发包人向承包人确认和支付合同价款的前提和依据。

建设项目工期长、影响因素多，在项目实施过程中可能会出现与预期不同的情况，进而会影响合同价款，双方会通过签证、索赔等方式对合同价款的影响额度予以确认，这些都是发承包双方对合同履行情况（包括合同内、合同外）进行的双方确认内容，都是工程结算的重要依据。

特别是对根据施工图无法准确计量的项目，如基础换填，承包人应及时提请发包人组织现场收方，经各方确认后作为结算的依据，否则可能因缺乏相应资料而引起结算争议甚至不予纳入结算，除非设计文件能准确计量。

8）经批准的开、竣工报告或停工、复工报告

工程结算是针对建设项目施工期内发生的费用进行结算，开、竣工时间涉及计价依据的选取，停工、复工涉及索赔等问题，因此经批准的开、竣工报告或停工、复工报告也是工程结算的重要依据。

1.2.2 工程结算依据的质量要求

工程结算依据非常重要，特别是双方对工程实施过程中发生各种变更的确认资料，是价款调整的主要依据。力求资料真实、完整、合法、规范，这是办理好工程结算的基础。

1）计价规范关于计价资料的要求

发承包双方应当在合同中约定各自在合同工程现场管理人员的职责范围，双方现场管理人员在职责范围内签字确认的书面文件是工程计价的有效凭证，但如有其他有效证据或经证实证明其是虚假的除外。

发承包双方不论在任何场合对与工程计价有关的事项给出的批准、证明、同意、指令、商定、确定、确认、通知和要求，或表示同意、否定提出要求和意见等，均应采用书面形式，口头指令不得作为计价凭证。工程实践中有些突发紧急事件需要处理，监理单位下达口头指令，施工单位予以实施，施工单位应在实施后及时要求监理单位完善书面指令，或者施工单位通过签证等方式取得建设单位和监理单位对口头指令的确认。

任何书面文件送达时，应由对方签收，通过邮寄应采取挂号、特快专递传送，或以发承包双方商定的电子传输方式发送，交付、传送或传输至指定的接收人地址。如接收人通知了另外地址，随后通信信息应按新地址发送。为了明确文件传递的责任，发承包双方都应该建立文件签收制度，按实登记文件的传递信息。

发承包双方分别向对方发出的任何书面文件，均应将其抄送现场管理人员，如是复印件应加盖合同工程管理机构印章，证明与原件相同。双方现场管理人员向对方所发任何书面文

件，也应将其复印件发送给发承包双方，复印件应加盖合同工程管理机构印章，证明与原件相同。

发承包双方均应及时签收另一方送达其指定地点的来往信函，拒不签收的，送达信函的一方可以采用特快专递或者公证方式送达，所造成的费用增加（包括被迫采用特殊方式所发生的费用）和延误的工期由拒绝签收的一方承担。

书面文件和通知不得被扣压，一方能够提供证据证明另一方拒绝签收或已送达的，应视为对方已签收并应承担相应的责任。

2）做好结算依据的注意事项

①文字要专业准确、简明扼要；

②数字计算正确，过程清晰，有明确、合法的依据；

③责任方签字完善、合法有效；

④必要时，应采取照片、录像、录音等方式作为事项确认的证明材料。

读者可以结合配套教学资源中的案例来理解对结算依据的质量要求。

1.3 工程结算程序

竣工结算是在工程竣工验收之后，由承包人或受其委托具有相应资质的工程造价咨询人编制，并由发包人或受其委托具有相应资质的工程造价咨询人核对，共同签署"工程结算审定签署表"方能最终确定工程结算价格。因此，工程结算程序包括结算编制程序和结算核对（结算审查）程序。

1.3.1 工程结算的编制程序

结算编制人是承包人或接受承包人委托编制结算文件的工程造价咨询企业。这里介绍工程造价咨询企业接受承包人委托编制工程结算的程序，承包人自行编制的可参考。

参照《建设项目工程结算编审规程》（CECA/GC 3—2010），工程结算的编制一般按准备、编制和定稿3个工作阶段进行，并应实行编制人、审核人和审定人分别署名盖章确认的编审签署制度。

1）工程结算编制准备阶段的主要工作

①收集与工程结算编制相关的依据；

②熟悉招标文件、投标文件、施工合同、施工图等相关资料；

③掌握工程项目发承包方式，施工现场条件，应采用的工程计价标准、定额、费用标准，材料价格变化等情况；

④对工程结算编制依据进行分类、归纳、整理；

⑤召集工程结算人员对工程结算涉及的内容进行核对、补充和完善。

2）工程结算编制阶段的主要工作

①根据施工或竣工图以及施工组织设计进行现场踏勘，并做好书面或影像记录；

②按招标文件、施工合同约定方式和相应的工程量计算规则计算分部分项工程项目、措施项目或其他项目的工程量；

③按招标文件、施工合同规定的计价原则和计价办法对分部分项工程项目、措施项目或其他项目进行计价；

④对工程量清单缺项或定额缺项以及采用新材料、新设备、新工艺的项目，应根据施工过程中的合理消耗和市场价格，编制综合单价或单位估价分析表；

⑤工程索赔应按合同约定的索赔处理原则、程序和计算方法，提出索赔费用；

⑥汇总计算工程费用，包括编制分部分项工程费、措施项目费、其他项目费、规费和税金，初步确定工程结算价格；

⑦编写编制说明；

⑧计算和分析主要技术经济指标；

⑨工程结算编制人员编制工程结算的初步成果文件。

3)工程结算编制定稿阶段的主要工作

①工程结算审核人对初步成果文件进行审核；

②工程结算审定人对审核后的初步文件进行审定；

③工程结算编制人、审核人、审定人分别在工程结算成果文件上署名，并应签署造价工程师执业印章；

④工程结算文件经编制、审核、审定后，工程造价咨询企业的法定代表人或其授权人在成果文件上签字或盖章；

⑤工程造价咨询企业在正式的工程结算文件上签署工程造价咨询企业执业印章。

4)工程结算编制人、审核人、审定人的职责

①工程结算编制人员按其专业分别承担其工作范围内的工程结算相关编制依据的收集、整理工作，编制相应的初步成果文件，并对其编制的成果文件质量负责；

②工程结算审核人员应由专业负责人或技术负责人担任，对其专业范围内的内容进行审核，并对审核专业内的工程结算成果文件质量负责；

③工程结算审定人员应由专业负责人或技术负责人担任，对工程结算的全部内容进行审定，并对工程结算成果文件的质量负责。

5)编制的成果文件

①工程结算书封面；

②签署页；

③目录；

④编制说明；

⑤相关表格；

⑥必要的附件。

采用工程量清单计价的工程结算表格的相关表式应按照计价规范及地方主管部门的相关规定编制，应包括以下内容：

①工程结算汇总表；
②单项工程结算汇总表；
③单位工程结算汇总表；
④分部分项工程量清单与计价表；
⑤措施项目清单与计价表；
⑥其他项目清单与计价汇总表；
⑦规费、税金项目清单与计价表；
⑧必要的其他表格。

1.3.2 工程结算的审查程序

结算审查人（结算核对人）是发包人或受发包人委托具有相应资质的工程造价咨询企业。这里介绍工程造价咨询企业接受发包人委托审查工程结算的程序，发包人自行审查的可参考。

工程结算审查一般按准备、审查和审定3个工作阶段进行，并应实行审查编制人、审核人和审定人分别署名盖章确认的审核签署制度。

1）工程结算审查准备阶段的主要工作

①审查工程结算手续的完备性、资料内容的完整性，对不符合要求的应退回，限时补正；

②审查计价依据及资料与工程结算的相关性、有效性；

③熟悉施工合同、招标文件、投标文件、主要材料设备采购合同及相关文件；

④熟悉竣工图或施工图、施工组织设计、工程概况，以及设计变更、合同洽商和工程索赔情况等；

⑤掌握计价规范、计量规范、定额等与工程相关的国家和当地建设行政主管部门发布的工程计价依据及相关规定。

2）工程结算审查阶段的主要工作

①审查工程结算的项目范围、内容与合同约定的项目范围、内容的一致性；

②审查分部分项工程项目、措施项目和其他项目工程量计算的准确性、工程量计算规则与计量规范的一致性；

③审查分部分项综合单价、措施项目和其他项目时，应严格执行合同约定或现行的计价原则、方法；

④对工程量清单缺项或定额缺项及采用新材料、新设备、新工艺的项目，应根据施工过程中的合理消耗和市场价格，编制综合单价或单位估价分析表；

⑤审查变更签证凭证的真实性、有效性，核准变更工程费用；

⑥审查索赔是否依据合同约定的索赔处理原则、程序和计算方法以及索赔费用的真实性、合法性、准确性；

⑦审查分部分项工程费、措施项目费、其他项目费、规范和税金时，应严格执行合同约定或相关费用计取标准及有关规定，并审查费用计取依据的时效性、相符性；

⑧提交工程结算审查初步成果文件,包括编制与工程结算相对应的工程结算审查对比表,待校对、复核。

3)工程结算审定阶段的主要工作

①工程结算审查初稿编制完成后,应召开由工程结算编制人、工程结算审查委托人及工程结算审查人共同参加的会议,听取意见,并进行合理的调整。

②由工程结算审查人的部门负责人对工程结算审查的初步成果文件进行检查校对。

③由工程结算审查人的主管负责人审核批准。

④发承包双方代表人或其授权委托人和工程结算审查单位的法定代表人或其授权委托人应分别在"工程结算审定签署表"上签认并加盖公章。

⑤对工程结算审查结论有分歧的,应在出具工程结算审查报告前至少组织两次协调会;凡不能共同签认的,审查人可适时结束审查工作,并作出必要说明。

⑥在合同约定的期限内,向委托人提交经工程结算审查编制人、校对人、审核人签署执业印章,以及工程结算审定人单位盖章确认的正式工程结算审查报告。

4)工程结算审查编制人、审核人、审定人的职责

①工程结算审查编制人员按其专业分别承担其工作范围内的工程结算审查相关编制依据的收集、整理工作,编制相应的初步成果文件,并对其编制的成果文件质量负责。

②工程结算审查审核人员应由专业负责人或技术负责人担任,对其专业范围内的内容进行审核,并对其审核专业内的工程结算审查成果文件质量负责。

③工程结算审查审定人员应由专业负责人或技术负责人担任,对工程结算的全部内容进行审定,并对工程结算审查成果文件的质量负责。

5)审查的成果文件

①工程结算书封面;

②签署页;

③目录;

④结算审查报告书;

⑤结算审查相关表格;

⑥必要的附件。

采用工程量清单计价的工程结算审查表格的相关表式应按照计价规范及地方主管部门的相关规定编制,应包括以下内容:

①工程结算审定签署表;

②工程结算审查汇总对比表;

③单项工程结算审查汇总对比表;

④单位工程结算审查汇总对比表;

⑤分部分项工程量清单与计价审查对比表;

⑥措施项目清单与计价审查对比表;

⑦其他项目清单与计价审查汇总对比表;

⑧规费、税金项目清单与计价审查对比表。

工程结算编制和审查的步骤及内容基本相同,审查是站在委托人(一般是建设单位)角度

对工程结算的编制过程是否严格执行合同约定和现行规定进行的专业检查,其方法与工程结算编制类似。本教材主要站在工程结算编制人角度介绍结算价格计算、价款调整、纠纷处理和报表填制。读者可以通过配套教学资源中提供的结算审核案例进行学习和思考。

1.4　工程结算质量和档案管理

1.4.1　质量管理

1)质量要求

(1)工程结算编制和审查必须依法依规进行

工程结算编制人和审查人进行结算编制和结算审查时,必须严格执行国家相关法律、法规和有关制度的规定,拒绝任何一方违反法律、法规、社会公德,影响社会经济秩序和损害公共或他人利益的要求;应遵循发承包双方的合同约定,维护合同双方的合法权益,认真恪守职业道德、职业准则,依据有关执业标准开展结算编制和审查工作;严禁弄虚作假、高估冒算,提供虚假的工程结算报告;严禁滥用职权、营私舞弊、敷衍了事,提供虚假的工程结算审查报告。

(2)工程结算文件形式必须符合要求

工程结算编制和审查都应采用书面形式,有文本要求的应一并报送与书面形式内容一致的电子版本。

(3)工程结算编制和审查应按程序进行

不管是施工单位编制工程结算还是委托工程造价咨询企业编制工程结算,都应该明确结算编制程序;同理,不管是建设单位审查工程结算还是委托工程造价咨询企业审查工程结算,都应该明确结算审查程序,编制和审查都应严格按程序进行,做到程序化、规范化,结算资料必须完整。

2)质量管理

(1)建立质量管理制度

工程结算编制人和审查人都应建立工程结算质量管理制度。对项目策划和工作大纲的编制,基础资料的收集和整理,工程结算编制、审核和修改等过程文件的整理和归纳,成果文件的印刷、签署、提交和归档,工作中其他相关文件的借阅、使用、归还与移交等,均应建立具体的管理制度。

(2)明确质量目标

工程结算编制人和审查人应对编制和审查方法的正确性,范围的完整性,计价依据的正确性、完整性和时效性,工程计量与计价的准确性等质量指标明确目标和要求。

(3)建立三级质量管理制度

工程结算编制人和审查人都应对工程结算的编制和审查实行编制、审核与审定的三级质量管理制度,并应明确审核、审定人员的工作程度,实行个人签署负责制,审核、审定人员对编制人员完成工作进行修改应保持工作记录,承担相应责任。

1.4.2　档案管理

1) 建立档案管理制度

工程结算编制人和审查人都应建立工程计价档案管理制度。工程结算资料是重要的计价档案,应将与编制和审查业务有关的成果文件、工作过程文件、使用和移交的其他文件清单、重要会议纪要等收集齐全,整理立卷后归档。

2) 明确档案管理要求

①应符合国家、相关部门或行业组织发布的相关规定;

②明确文件保存期,计价规范规定计价文件保存期不宜少于 5 年,工程结算编制人和审查人可以进一步细化文件保存期,如成果文件不少于 10 年,过程文件和相关移交清单、会议纪要等不少于 5 年;

③归档的工程结算编制和审查的成果文件应包括纸质文件和电子文件,其他文件及依据可为纸质原件、复印件或电子文件;

④归档文件应字迹清晰、图表整洁、签字盖章手续完备,归档文件应采用耐久性强的书写材料,不得使用易褪色的书写材料;

⑤归档文件必须完整、系统,能够反映工程结算编制和审查成果文件形成的全部内容;

⑥归档文件应进行分类整理,组成符合要求的卷宗;

⑦归档文件可以分阶段进行,也可以在项目结算完成后进行;

⑧向有关单位移交工作中使用或借阅的文件时,应编制详细的移交清单,双方签字、盖章后方可交接。

1.5　竣工结算和竣工决算的联系和区别

竣工结算是指工程项目完工并经竣工验收合格后,发承包双方按照施工合同的约定对所完成的工程项目进行的工程价款计算、调整和确认,竣工结算价款是合同工程的最终造价。

竣工决算是指工程项目竣工后,发包人(建设单位)按照国家有关规定在竣工验收阶段编制的竣工决算报告,反映竣工项目从筹建开始到项目竣工交付使用为止的全部建设费用、建设成果和财务情况的总结性文件。竣工决算是正确核定新增固定资产价值、考核分析投资效果、建立健全经济责任制度的依据,是反映建设项目实际造价和投资效果的财务管理活动。

1) 竣工结算和竣工决算的联系

建设项目竣工决算的内容包括从筹建开始到项目竣工交付使用为止全过程的全部实际费用,即包括建筑工程费、安装工程费、设备及工器具购置费、工程建设其他费用、建设期利息等。竣工结算是发承包双方对建筑安装工程费用实际金额的确认活动,其结算成果是竣工决算的依据之一。

2) 竣工结算和竣工决算的区别

(1) 编制人不同

竣工结算是在工程竣工验收之后,由承包人或受其委托具有相应资质的工程造价咨询人编制，并由发包人或受其委托具有相应资质的工程造价咨询人核对。具体由承包人或受其委托的工程造价咨询人根据工程合同、国家颁布的计价规范、双方确认的合同价款、确认调整的合同价款、建设工程设计文件及相关资料、投标文件等依据进行编制。

竣工决算是建设单位(发包人)编制。建设单位依据《基本建设财务规则》(财政部令第81号,2017年12月4日修改)、《工程基本建设项目竣工财务决算报告编制规程》(CECA/GC 9—2013)、当地财政主管部门关于工程决算的规定以及单位的有关制度进行编制，包括竣工财务决算报表、竣工财务决算说明书以及相关材料，这是正确核定项目资产价值、反映竣工项目建设成果的文件，要求数字准确、内容完整。建设单位没有能力编制的，也可以委托专业咨询公司进行编制。

(2)作用不同

竣工结算是确定建筑安装工程发承包的实际造价，确定的是承包人完成合同工程的工程收入、发包人对合同工程的工程支出。

竣工决算是建设单位确定建设项目从筹建到竣工投产全过程的全部实际费用，是建设工程经济效益的全面反映，是核定各类新增资产价值、办理其交付使用的依据。

素质培养　严格遵守法纪

二十大明确提出，公正司法是维护社会公平正义的最后一道防线，全面准确落实司法责任制，努力让人民群众在每一个司法案件中感受到公平正义。

严格遵纪守法

工程结算决定了建设投资或企业收入，涉及国家和集体的经济利益，工程结算人员必须严格遵守法纪，在结算过程中不仅要客观反映工程建设投资，还要体现工程建设交易活动的公正、公平性，不得利用职务之便徇私舞弊，弄虚作假，收红包、吃回扣、行贿等，触犯法纪将承担相应的法律责任。

扫一扫，增强法纪意识。

练习题

一、单选题(选择最符合题意的答案)

1. 单位工程竣工结算由(　　)编制，发包人审查。

A. 发包人　　B. 承包人　　C. 项目经理　　D. 监理人

2. 实行工程量清单计价的工程，应采用(　　)合同。

A. 单价　　B. 总价　　C. 成本加酬金　　D. 固定

3. 本着(　　)，发承包双方依法签订的合同是工程结算最重要的依据。

A. 从简原则　　B. 依法原则　　C. 从约原则　　D. 从善原则

4. 总价合同适用于(　　)。

A. 实行工程量清单计价的工程

B. 建设规模小、技术难度较低、工期较短，且施工图设计已审查批准的建设工程
C. 紧急抢险、救灾以及施工技术特别复杂的建设工程
D. 任意建设工程

5. 编制竣工图由(　　)负责加盖“竣工图”标志。
A. 施工单位　B. 设计单位　C. 建设单位　D. 监理单位

6. 工程结算编制或审查一般实行(　　)级质量管理制度。
A. 五　B. 三　C. 二　D. 一

7. 计价文件归档管理，保存期不宜少于(　　)年。
A. 3　B. 4　C. 5　D. 10

二、多选题(多选、错选不得分)

1. 工程结算的内容包括(　　)。
A. 工程预付款　B. 工程进度款　C. 竣工结算款　D. 工程尾款　E. 税金

2. 工程造价咨询企业和工程造价人员承接工程结算的编制或审查时，应以建设工程施工合同为依据，并应遵循 (　　)的原则。
A. 合法　B. 独立　C. 公平　D. 公正
E. 诚实信用　F. 效益

3. 工程结算的作用主要体现在(　　)。
A. 反映工程进度的主要指标
B. 加速资金周转的重要环节
C. 考核经济效益的重要指标
D. 确定建设工程从筹建到竣工投产全过程的实际费用

4. 工程结算按不同的建设阶段划分为(　　)。
A. 期初结算　B. 期中结算　C. 中止结算　D. 终止结算　E. 竣工结算

5. 工程结算按价款约定方式可分为(　　)。
A. 包干价结算　B. 成本加酬金结算
C. 国有投资项目结算　D. 非国有投资项目结算

6. 工程造价咨询企业接受委托进行工程结算编制时，一般按照(　　)3 个工作阶段进行。
A. 准备　B. 编制　C. 审核　D. 定稿

三、判断题(正确的打“√”，错误的打“×”)

1. 发承包双方签订的无效合同也是工程结算的重要依据。(　　)

2. 合同中载明的增值税率为 10%，办理中间结算时国家主管部门发文将增值税率调整为 9%，根据从约原则，还是应该按照合同中载明的税率进行结算。(　　)

3. 在编制竣工图时，由于设计单位原因造成的图纸重大变更，由施工单位重新绘图。(　　)

4. 招标人与中标人不按照招标文件和中标人的投标文件订立合同的，或者投标人、中标人订立背离合同实质性内容的协议的，责令改正；可以处中标项目金额千分之二到千分之五的罚款。(　　)

5. 工程结算编制人是指承包人。 (　　)

6. 工程结算审查人是指发包人或者受其委托具有相应资质的工程造价咨询人。 (　　)

7. 工程结算编制人和审查人进行结算编制和结算审查时，应遵循发承包双方的合同约定，维护合同双方的合法权益，认真恪守职业道德、职业准则，依据有关执业标准开展结算编制和审查工作。 (　　)

8. 工程结算编制和审查都应采取书面形式，有文本要求的应一并报送与书面形式内容一致的电子版本。 (　　)

9. 竣工结算由发包人编制，竣工决算由承包人编制。 (　　)

10. 工程结算是确定建筑安装工程发承包的实际造价，其中包括了竣工决算。 (　　)

四、思考题

1. 收集我国关于工程结算的相关法律规定。

2. 收集本省、自治区或直辖市关于工程结算的相关法律规定。

五、案例分析

1. 某工程采用工程量清单计价，乙方（A公司）投标报价时措施项目为0，招标文件规定结算时此项目不得调整，但合同约定如有清单漏项或者设计变更，增加项目采取套用定额计取。工程结算时出现了清单漏项，按合同约定漏项按照定额计取，双方无异议，但漏项涉及措施项目费，乙方要求增加漏项部分的措施项目费，甲方认为不应计取，双方发生争议。请分析漏项部分是否应该计取措施项目费。

2. 某施工单位在进行土方施工时，发现地质情况与勘察设计文件不符，勘察设计文件显示是三类土，但实际施工时土下有石方，施工单位未告知建设单位并自行施工。收方时，各方人员到现场，施工单位要求增加挖石方的造价，建设方和监理方均不同意，理由是施工单位没有遵守合同约定的签证时效，没有及时办理签证，自己承担后果。甲乙双方发生扯皮。请评析。

2 工程结算价款计算

由于建设工程价值大,一般不会等到工程竣工后才进行价款结算,而是采取预付、中间支付、竣工结算的方式进行,按照实施过程,工程结算价款计算分为预付款、进度款、竣工结算和最终清算四大环节。

2.1 预付款

1)预付款的定义

预付款是在开工前,发包人按照合同约定,预先支付给承包人用于购买合同工程施工所需的材料、工程设备以及组织施工机械和人员进场等的款项。它是施工准备所需流动资金的主要来源。预付款必须专用于合同工程,国内习惯上又称为预付备料款。预付款的额度和预付办法在专用合同条款中约定。

2)预付款的额度

发承包双方应在合同中约定预付款数额,可以是绝对数,如 50 万元、100 万元;也可以是相对数,如合同金额的 10%,15% 等。根据《建筑工程施工发包与承包计价管理办法》(中华人民共和国住房和城乡建设部令第 16 号)第十五条规定:“发承包双方应当根据国务院住房城乡建设主管部门和省、自治区、直辖市人民政府住房城乡建设主管部门的规定,结合工程款、建设工期等情况在合同中约定预付工程款的具体事宜。”

预付款额度一般是根据施工工期、建安工作量、主要材料和构件费用所占建安工程费的比例以及材料储备周期等因素经测算来确定。方法如下:

(1)百分比法

发包人根据工程特点、工期长短、市场行情、供求规律等因素,招标时在合同条件中约定工程预付款的百分比。根据“13 计价规范”第 10.1.2 条规定:“包工包料工程的预付款的支付比例不得低于签约合同价(扣除暂列金额)的 10%,不宜高于签约合同价(扣除暂列金额)的 30%。”

(2)公式计算法

公式计算法是根据主要材料(含结构件等)占年度承包工程总价的比重、材料储备定额天数和年度施工天数等因素,通过公式计算预付款额度的一种方法。计算公示为:

$$工程预付款数额=\frac{年度工程总价\times 材料比例(\%)}{年度施工天数}\times 材料储备定额天数$$

式中,年度施工天数按 365 日历天计算;材料储备定额天数由当地材料供应的在途天数、加工天数、整理天数、供应间隔天数、保险天数等因素决定。

【例 2.1】 某办公楼工程,年度计划完成建筑安装工作量 600 万元,年度施工天数为 350 天,材料费占造价的比重为 60%,材料储备期为 120 天,试确定预付款数额。

$$预付款数额=(600\times 0.6/350)\times 120=123.43(万元)$$

3)预付款的支付时间

发承包双方应该在合同中约定支付时间,如合同签订后一个月支付、开工日前 7 天支付等;约定抵扣方式,如在工程进度款中按比例抵扣;约定违约责任,如不按合同约定支付预付款的利息计算、违约责任等。

“13 计价规范”第 10.1.3 条规定:“承包人应在签订合同或向发包人提供与预付款等额的预付款保函后向发包人提交预付款支付申请。”第 10.1.4 条规定:“发包人应在收到支付申请的 7 天内进行核实,向承包人发出预付款支付证书,并在签发支付证书后的 7 天内向承包人支付预付款。”

4)预付款担保

(1)预付款担保的概念及作用

预付款担保是指承包人与发包人签订合同后领取预付款前,承包人正确、合理使用发包人支付的预付款而提供的担保。其主要作用是保证承包人能够按照合同规定的目的使用并及时偿还发包人已支付的全部预付款金额。如果承包人中途毁约,终止工程,使发包人不能在规定期限内从应付工程款中扣除全部预付款,则发包人有权从该项担保金额中获得补偿。

(2)预付款担保的形式

预付款担保的主要形式为银行保函。预付款担保的担保金额通常与发包人的预付款是等值的。预付款一般逐月从工程进度款中扣除,预付款担保的担保金额也相应逐月减少,但在预付款全部扣回之前保持有效。承包人在施工期间,应当定期从发包人处取得同意此保函减值的文件,并送银行确认。承包人还清全部预付款后,发包人应在预付款扣完后的 14 天内退还预付款保函,承包人将其退回银行注销,解除担保责任。

预付款担保也可以采用发承包双方约定的其他形式,如由担保公司提供担保,或采取抵押等担保形式。

5)预付款扣回

发包人支付给承包人的预付款属于预支性质,随着工程的逐步实施,原已经支付的预付款应以充抵工程价款的方式陆续扣回,抵扣方式应由双方当事人在合同中明确约定。抵扣的方法主要有以下两种:

(1)按合同约定扣款

预付款的扣款方法由发包人和承包人通过洽商后在合同中予以确定。一般是承包人完成金额累计达到合同总价的一定比例后,由承包人开始向发包人还款,发包人从每次应付给承包人的金额中扣回预付款,额度由双方在合同中约定,发包人在合同约定的完工期前将预付款的总金额逐次扣回。

(2)起扣点计算法

从未施工工程尚需的主要材料及构件的价值相当于预付款数额时起扣,此后每次结算工程价款时,按材料所占比重扣减工程价款,至工程竣工前全部扣清。

起扣点的计算公式如下:

$$T = P - \frac{M}{N}$$

式中 T——起扣点(即工程预付款开始扣回时)的累计完成工程金额;

M——预付款总额;

N——主要材料及构件所占比重;

P——签约合同价。

【例2.2】 某住宅工程签约合同价为900万元,预付款的额度为15%,材料费占65%,该工程产值统计如表2.1所示。

表2.1 产值统计表 单位:万元

月 份	1	2	3	4	5	6	合 计
产 值	160	100	240	200	150	50	900

【计算】

(1)预付款额度。

(2)合同约定按照起扣点计算法确定起扣点和起扣时间。

(3)合同约定从结算价款中按材料和设备占施工产值的比重抵扣预付款,计算起扣时间内各期抵扣的预付款。

【分析】

(1)预付款的额度:900×15%=135(万元)

(2)预付款起扣点:900-135/0.65=692.31(万元)

起扣时间:160+100+240+200=700(万元)>692.31万元,从第4月份开始扣。

(3)起扣时间内各期抵扣的预付款:

4月份抵扣预付款额度:(700-692.31)×65%=5(万元)

5月份抵扣预付款额度:150×65%=97.50(万元)

6月份抵扣预付款额度:135-5-97.5=32.5(万元)

6)安全文明施工费

发包人应在工程开工后的28天内预付不低于当年施工进度计划的安全文明施工费总额的60%,其余部分按照提前安排的原则进行分解,与进度款同期支付。具体额度和支付办法由当事人在合同中明确约定,或者按照工程所在地主管部门制定的相应管理办法执行。

7)预付款的手续

施工单位按照合同约定的时间填写"预付款支付申请(核准)表",经监理人、发包人审核同意后,发包人向承包人按照合同约定的账户划拨预付款,包括预付的安全文明施工费。

为了规范计价行为,"13 计价规范"给出了"预付款支付申请(核准)表"的规范格式。

8)预付款的违约责任

发包人没有按合同约定按时支付预付款的,承包人可催发包人支付;发包人在预付款期满后的 7 天内仍未支付的,承包人可以在付款期满后的第 8 天起暂停施工,发包人应承担由此增加的费用和延误的工期,并应支付承包人合理利润,具体违约责任由当事人双方在合同中明确约定。

【例 2.3】 某办公楼工程,发包人与承包人按照《建设工程施工合同(示范文本)》(GF-2017-0201),在专用合同条款中关于"预付款"的约定如下:

……

四、签约合同价与合同价格形式

1. 签约合同价为:

人民币(大写)壹仟贰佰叁拾柒万壹仟捌佰贰拾贰元整(¥ 12 371 822.00 元)

其中:

安全文明施工费:

人民币(大写)肆拾伍万伍仟玖佰伍拾柒元整(¥ 455 957.00 元)

暂列金额:

人民币(大写)伍拾捌万陆仟肆佰元整 (¥ 586 400.00 元)

2. 合同价格形式:固定单价合同

……

12.2 预付款

12.2.1 预付款的支付

预付款支付比例或金额:合同签订后,由承包人提交工程预付款申请报告,经监理人、发包人审核批准后 15 个工作日内。

预付款支付期限:按合同总价(扣除暂列金额、安全文明施工措施费后的暂定总价)的 10% 支付承包人工程预付款。

预付款扣回的方式:工程预付款在工程竣工前支付最后一笔进度款时扣回。

合同签订并由监理人发出开工命令后,由承包人提交安全文明施工措施费预付款申请报告,经监理人、发包人审核批准后 15 个工作日内,按安全文明施工措施费暂定基本费的 70%,支付承包人安全文明施工措施费预付款,其余部分随进度款支付。

承包人必须保证安全文明施工措施费预付款专款专用。工程竣工验收合格后,承包人凭"建设项目安全文明施工评价得分及措施费费率核定表"测定的费率办理竣工结算,如本项目无法达到申报条件的,则发包人只支付基本费。

发包人根据当地主管部门《规范房屋建筑和市政基础设施工程项目民工工资支付计算比

例的通知》,在支付预付款和进度款时,将通知规定的每月民工工资最低拨付金额从支付总额中扣除并直接拨付到民工工资支付专用账户。民工工资每月拨付金额按该文件规定计算出的每月最低拨付金额计。

承包人应执行政府有关民工工资的管理规定支付民工工资。由承包人按总金额不低于合同总价款20%的比例,每月先行将该项目的民工工资(计算方法为:中标价×20%÷合同工期月数)转入至承包人单位在××银行开立的"民工工资支付专用账户"内,专项用于支付民工工资。若发生承包人拖欠民工工资导致民工到政府部门或发包人处索要工资的情况,则发包人将向承包人收取5万元/次的违约金,一切责任由承包人承担,并拒绝承包人参与发包人及其关联单位以后的投标。发包人有权从工程价款中扣除相应款项,交由××市建设行政主管部门发放。

12.2.2 预付款担保

承包人提交预付款担保的期限:合同签订后10个日历天内。

预付款担保的形式为:银行保函。

本工程的预付款=(12 371 822-455 957-586 400)×10% =1 132 946.50(元)

本工程预付的安全文明施工措施费=455 957×0.5×70% =159 584.95(元)

2.2　进度款

进度款是在工程施工过程中,发包人按照合同约定对付款周期内承包人完成的合同价款给予支付的款项,也是合同价款期中结算支付。发承包双方应按照合同约定的时间、程序和方法,根据工程计量结果,办理期中价款结算,支付进度款。进度款的支付周期应与合同约定的工程计量周期一致,即工程计量是支付工程进度款的前提和依据。

2.2.1　工程计量

1)工程计量的概念

工程计量就是发承包双方根据合同约定,对承包人完成合同工程的数量进行的计算和确认。具体而言,就是双方根据设计图纸、技术规范以及施工合同约定的计量方式或计算方法,对承包人已经完成的质量合格的工程实体数量进行测量与计算,并以物理计量单位或自然计量单位进行表示、确认的过程。

招标工程量清单中所列的数量,通常是根据设计图纸计算的数量,是对合同工程的暂定工程量。在工程施工过程中,通常会出现一些原因导致承包人完成的工程量与招标工程量清单中所列的工程量不一致,例如:招标工程量清单缺项、漏项或者项目特征描述与实际不符;现场条件的变化;现场签证;暂列金额的专业工程发包等。工程结算是以承包人实际完成的应予以计量的工程量为准,因此,在工程合同价款结算前,必须对承包人履行合同义务所完成的实际工程量进行准确的计量。

2)工程计量的原则

①不符合合同文件要求的工程不予计量。即工程必须满足设计图纸、技术规范等合同文

件对其在工程质量上的要求,同时有关的工程质量验收资料齐全、手续完备,满足合同文件对其在工程管理上的要求。

②按合同文件规定的方法、范围、内容和单位计量。工程计量的方法、范围、内容和单位受合同文件约束,其中工程量清单(说明)、技术规范、合同条款均会从不同角度、不同侧面涉及这方面的内容。计量时要严格遵守这些文件的规定,并且一定要结合起来使用。

③因承包人原因造成的超出合同工程范围施工或返工的工程量,发包人不予计量。

3)工程计量的范围与依据

(1)工程计量的范围

工程计量的范围包括:工程量清单及工程变更所修订的工程量清单的内容;合同文件中规定的各项费用支付项目,如费用索赔、各种预付款、价款调整、违约金等。

(2)工程计量的依据

工程计量的依据包括:工程量计算规范;工程量清单及说明;经审定的施工设计图纸及其说明;工程变更令及其修订的工程量清单;合同条件;技术规范;有关计量的补充协议;经审定的施工组织设计或施工方案;经审定的其他有关技术经济文件等。

4)工程计量的方法

工程量必须按照相关工程现行国家计量规范规定的工程量计算规则进行计算。工程计量可以选择按月或按工程形象进度分段计量,具体计量周期在合同中约定。工程计量分为单价合同的计量和总价合同的计量,成本加酬金合同按单价合同的规定计量。

(1)单价合同的计量

单价合同工程量必须以承包人完成合同应予以计量的工程量确定。施工中进行计量时,发现招标工程量清单中出现缺项、工程量偏差或因工程变更引起工程量增减时,应按承包人在履行合同义务中完成的工程量计算。具体方法如下:

①承包人应按合同约定的计量周期和时间提出当期已完工程量报告。发包人应在收到报告 7 天内核实,并将核实计量结果通知承包人。发包人未在约定时间内进行核实的,承包人提交的计量报告中所列的工程量应视为承包人实际完成的工程量。

②发包人认为需要现场计量核实时,应在计量前 24 小时通知承包人,承包人应为计量提供便利条件并派人参加。当双方均同意核实结果时,双方应在上述记录上签字确认。承包人收到通知后不派人参加计量,视为认可发包人的计量核实结果。发包人不按约定时间通知承包人,致使承包人未能派人参加计量,计量核实结果无效。

③当承包人认为发包人核实后的计量结果有误时,应在收到计量结果通知后的 7 天内向发包人提出书面意见,并应附上其认为正确的计量结果和详细的计算资料。发包人收到书面意见后,应在 7 天内对承包人的计量结果进行复核后通知承包人。承包人对复核结果仍有异议的,应按照合同约定的争议解决办法处理。

④承包人完成已标价工程量清单中每个项目的工程量并经发包人核实无误后,发承包双方应对每个项目的历次计量报表进行汇总,以核实最终结算工程量。发承包双方应在汇总表上签字确认。

为了规范计量行为,“13 计价规范”给出了“工程计量申请(核准)表”的规范格式。

(2)总价合同的计量

采用工程量清单计价方式招标形成的总价合同,其工程量应按照单价合同计量的规定计算。

采用经审定批准的施工图及其预算方式发包形成的总价合同,除按照工程变更规定的工程量增减外,总价合同各项目的工程量应为承包人用于结算的最终工程量。总价合同约定的项目计量应以合同工程经审定批准的施工图纸为依据,发承包双方应在合同中约定工程计量的形象目标或时间节点进行计量。具体方法如下:

①承包人应在合同约定的每个计量周期内对已完成的工程进行计量,并向发包人提交达到工程形象目标完成的工程量和有关计量资料的报告。

②发包人应在收到报告7天内对承包人提交的上述资料进行复核,以确定完成的工程量和工程形象目标。对其有异议的,应通知承包人进行共同复核。

【例2.4】　某净水厂项目,承包方在土方开挖施工组织没有正式提交给监理和发包方前,经监理及发包方同意进行土方大开挖。基坑开挖深度为4.5 m,上口长98 m、宽46.5 m,在基坑一侧有一个已完工投产的沉淀池,在开挖前承包方以口头形式要求在靠近沉淀池一侧按设计要求打两排钢板桩,但发包方和监理以造价太高为由拒绝,于是承包方采取自然放坡的形式开挖,后由于靠近沉淀池一侧土方部分坍塌和不均匀沉降,导致原沉淀池边一排水管破裂,土方在水浸泡下大面积坍塌。事故发生后承包方积极采取措施补救,在靠近沉淀池一侧重新打两排钢板桩并做混凝土护坡,调来四台抽水机连续抽水。事后承包方将土方施工组织(是在事故发生后)正式提交给监理并提出索赔,但监理和发包方以下述两个理由拒绝签证:

(1)承包方的土方施工组织是在事故发生后才正式提交给监理;

(2)监理和发包方口头拒绝了打两排钢板桩,但没有拒绝打一排钢板桩,故认为是由于承包方施工组织不全、施工措施不周导致的事故,额外发生的工程量及其费用不予认可。

【问题】　监理的理由合理吗?该工程是否应该对坍塌事故产生的工程量予以计算并提出索赔?

【分析】　监理和发包方的理由是合理的,承包方不应该对坍塌事故产生的工程量予以计算,也不能索赔。具体原因如下:

(1)承包方要求打两排钢板桩,但发包方和监理以造价太高为由拒绝。但是发包方没有让承包方不采取有效的措施防止事故的发生,发包方希望其采取造价低的措施,但承包方没有继续提出合理化建议,采取的自然放坡措施没有保证好施工质量,因此承包方要承担主要责任。

(2)承包方的土方施工组织是在事故发生后才正式提交给监理,说明发包方和监理没有认同承包方的施工措施计划,不能形成正式协议,因此承包方是在没有和发包方及监理达成共识的情况下进行的施工,当然由承包方承担责任。

【例2.5】　某工程按合同约定的时间进行计量,其中的砌体工程承包方已按原设计施工图完成200 mm厚、2.9 m高墙体的施工,后发包方提出变更,将墙体改为120 mm厚、2 m高。

【问题】　该墙体部分的工程量该如何计量?承包方该如何处理该项变更?

【分析】

(1)该项目按蓝图施工完成的200 mm厚、2.9 m高的墙体予以计量;

(2)承包方应按照合同约定的时间对已经完成部分因发包方原因导致拆除返工产生的费用以及工程变更向发包方提出签证,内容包括:

①因拆除而产生的费用:包括人工费、机械费(若有)、管理费、垃圾搬运费;

②变更后的120 mm 厚、2 m 高墙体的工程量及相应款项。

2.2.2 支付进度款

在工程计量的基础上,发承包双方应办理中间结算,支付进度款。

1)进度款的计算

本周期应支付的合同价款(进度款)= 本周期完成的合同价款×支付比例-本周期应扣减的金额

(1)本周期完成的合同价款

本周期完成的合同价款包括:

①本周期已完单价项目价款。已标价工程量清单中的单价项目,承包人应按工程计量确认的工程量与综合单价计算;综合单价发生调整的,以发承包双方确认调整的综合单价计算。

②本周期应支付总价项目价款。已标价工程量清单中的总价项目和按照规范规定形成的总价合同,承包人应按照合同中约定的进度款支付分解,明确总价项目价款的支付时间和金额。具体可由承包人根据施工进度计划和总价构成、费用性质、计划发生时间和相应的工程量等因素,按计量周期进行分解,形成进度款支付分解表,在投标报价时提交,非招标工程在合同洽商时提交。

a. 已标价工程量清单中的总价项目进度款支付分解方法可选择以下之一(但不限于):

- 将各个总价项目的总金额按合同约定的计量周期平均支付;
- 按照各个总价项目的总金额占单价项目总金额的百分比,以及各个计量支付周期内所完成的单价项目的总金额,以百分比方式均摊支付;
- 按照各个总价项目组成的性质(如时间、与单价项目的关联性等)分解到形象进度计划或计量周期中,与单价项目一起支付。

b. 按照计价规范规定形成的总价合同,除由于工程变更形成的工程量增减予以调整外,其工程量不予调整。因此,总价合同的进度款支付应按照计量周期进行支付分解,以便进度款有序支付。

在施工过程中,由于进度计划的调整,发承包双方应对支付分解进行调整并在合同中约定调整方法。

③本周期已完成的计日工价款。如在施工过程中,承包人完成发包人提出的工程合同范围以外的零星项目或工作(计日工),承包人在收到指令后,按合同约定的时间向发包人提出并得到签证确认的价款。

任一计日工项目实施结束后,承包人应按照确认的计日工现场签证报告核实该类项目的工程数量,并应根据核实的工程数量和承包人已标价工程量清单中的计日工单价,计算已完成的计日工价款。已标价工程量清单中没有该类计日工单价的,应按合同相关约定确定单价;合同没有约定的,执行计价规范相关规定。

工程实践中,计日工的签证与其他签证可能使用的是相同的签证表格,应对计日工签证和其他签证分别汇总统计，可以在签证单作"计日工"等标志，方便统计。

④本周期应支付的安全文明施工费。发包人应在工程开工后的28天内预付不低于当年施工进度计划的安全文明施工费总额的60%，其余部分应按照提前安排的原则进行分解，并应与进度款同期支付。

⑤本周期应增加的合同价款。

a. 承包人现场签证。现场签证是发包人现场代表（或其授权的监理人、工程造价咨询人）与承包人现场代表就施工过程中涉及的责任事件所作的签认证明。如在施工过程中，承包人完成发包人提出的工程合同范围以外的零星项目或工作（计日工），承包人在收到指令后，按合同约定的时间向发包人提出并得到签证确认的价款；再如发生设计变更，承包人按合同约定的时间向发包人提出并得到签证确认的价款等。

b. 得到发包人确认的索赔金额。在合同履行过程中，由于非承包人原因（如长时间停水、停电，不可抗力，发包人延期提供甲供材料等）而遭受损失，承包人按照合同约定的时间向发包人索赔并得到确认的金额。

在合同履行过程中，由于非发包人原因（材料不合格、未能按照监理人要求完成缺陷补救工作、由于承包人的原因修改进度计划导致发包人有额外投入、管理不善延误工期等）而遭受损失，发包人按照合同约定的时间向承包人索赔并得到确认的金额，可从承包人的索赔或签证款中扣除或按照合同约定方式进行。

在工程施工过程中，可能会发生合同约定价款调整的事项，主要有法律法规变化、工程变更、项目特征不符、工程量清单缺项、工程量偏差、发生合同以外的零星工作、不可抗力、索赔等情况，施工单位按约定提出价款调整报告或者是签证、索赔等资料，取得发包人书面确认，以此调整价款，可以在进度款支付时一并结算，也可以在竣工结算时一并结算，具体方式在合同中约定。

由于合同价款调整的情况多、比较复杂，在第3章予以专门介绍。

(2)支付比例

进度款的支付比例按照合同约定，按期中结算价款总额计，不低于60%，不高于90%。

"13计价规范"未在进度款支付中要求扣减质量保证金，因为进度款支付比例最高不超过90%，实质上已包括质量保证金。住建部、财政部印发的《建设工程质量保证金管理办法》（建质[2017]138号）第七条规定："发包人应按照合同约定方式预留保证金，保证金总预留比例不得高于工程价款结算总额的3%。合同约定由承包人以银行保函替代预留保证金的，保函金额不得高于工程价款结算总额的3%。"因此，在进度款支付中扣减质量保证金，增加了财务结算工作量，而在竣工结算价款中预留保证金更加简便清晰。

(3)本周期应扣减的金额

本周期应扣减的金额包括：

①应扣回的预付款。预付款应从每一个支付期应付给承包人的工程进度款中扣回，直到扣回的金额达到合同约定的预付款金额为止。预付款的扣回时间、金额见本书2.1节的相关内容。

②发包人提供的甲供材料金额。发包人提供的甲供材料金额，应按照发包人签约提供的单价和数量从进度款支付中扣除。

2) 进度款的支付程序

(1) 承包人提交进度款支付申请

承包人应在每个计量周期到期后的 7 天内向发包人提交已完工程进度款支付申请一式四份,详细说明此周期认为有权得到的款项,包括分包人已完工程的价款。“13 计价规范”给出了“进度款支付申请(核准)表”的规范格式。

支付申请应包括下列内容:

①累计已完成的合同价款。

②累计已实际支付的合同价款。

③本周期合计完成的合同价款:

a. 本周期已完成单价项目的金额;

b. 本周期应支付的总价项目的金额;

c. 本周期已完成的计日工价款;

d. 本周期应支付的安全文明施工费;

e. 本周期应增加的金额。

④本周期合计应扣减的金额:

a. 本周期应扣回的预付款;

b. 本周期应扣减的金额。

⑤本周期实际应支付的合同价款。

(2) 发包人签发进度款支付证书

发包人应在收到承包人进度款支付申请后的 14 天内,根据计量结果和合同约定对申请内容予以核实,确认后向承包人出具进度款支付证书,若发承包双方对部分清单项目的计量结果出现争议,发包人应对无争议部分的工程计量结果向承包人出具进度款支付证书。

“13 计价规范”将进度款的申请与核准都在“进度款支付申请(核准)表”中集中表达,发包人在该表上选择“同意支付”并盖章,该表即变为进度款的支付证书。

(3) 发包人支付进度款

发包人应在签发进度款支付证书后的 14 天内,按照支付证书列明的金额和合同约定的账户向承包人支付进度款。若发包人逾期未签发进度款支付证书,则视为承包人提交的进度款支付申请已被认可,承包人可向发包人发出催告付款的通知。发包人应在收到通知后的 14 天内,按照承包人支付申请的金额向承包人支付进度款。

发现已签发的任何支付证书有错、漏或重复的数额,发包人有权予以修正,承包人也有权提出修正申请。经发承包双方复核同意修正的,应在本次到期的进度款中支付或扣减。

3) 进度款支付的法律责任

发包人未按合同约定(合同没有约定的则按“13 计价规范”的规定)支付进度款的,承包人可催告发包人支付,并有权获得延迟支付的利息;发包人在付款期满后的 7 天内仍未支付的,承包人可在付款期满后的第 8 天起暂停施工。发包人应承担由此增加的费用和延误的工期,向承包人支付合理利润,并应承担违约责任,具体内容在合同中明确约定。

【例 2.6】 某办公楼工程,发包人与承包人按照《建设工程施工合同(示范文本)》

(GF-2017-0201),在专用合同条款中关于“计量及进度款”的约定如下:

……

12.3 计量

12.3.1 计量原则

工程量计算规则:按照《建设工程工程量清单计价规范》(GB 50500—2013)和2015年《××省建设工程工程量清单计价定额》及其配套文件进行计算。

12.3.2 计量周期

关于计量周期的约定:本合同的计量周期为月,每月的25日为当月计量截止日期(不含当日)和下月计量起始日期(含当日)。

12.3.3 单价合同的计量

关于单价合同计量的约定:工程量以按图及实际发生量,经双方核对为准。

(1)承包人在专用合同条款第12.3.2约定的每月计量截止日期后,对已完成的分部分项工程的子目(包括在工程量清单中给出具体工程量的措施项目的相关子目),按照专用合同条款第12.3.1项约定的计量方法进行计量,向监理人提交进度付款申请单、已完成工程量报表和有关计量资料。

(2)监理人对承包人提交的工程量报表进行复核,以确定实际完成的工程量。对数量有异议的,可要求承包人进行共同复核。承包人应协助监理人进行复核并按监理人要求提供补充计量资料。承包人未按监理人要求参加复核,监理人复核或修正的工程量视为承包人实际完成的工程量。

(3)监理人应在收到承包人提交的工程量报表后的7个日历天内进行复核,监理人未在约定时间内复核的,承包人提交的工程量报表中的工程量视为承包人实际完成的工程量,据此计算工程价款。

12.3.4 总价合同的计量

关于总价合同计量的约定: / 。

12.3.5 总价合同采用支付分解表计量支付的,是否适用第12.3.4项〔总价合同的计量〕约定进行计量: / 。

12.3.6 其他价格形式合同的计量

其他价格形式的计量方式和程序: / 。

12.4 工程进度款支付

12.4.1 付款周期

关于付款周期的约定:承包人应在支付前向发包人提交符合相关法律规定的票据以及支付所需的符合发包人要求的付款申请等相关资料。发包人只有在收到所有合格的支付凭证后,15个日历天内向承包人支付。如因承包人未能按照发包人要求及时提交所需的相关资料和票据,或提交的资料和票据不能满足发包人的付款要求的,发包人有权不予付款,造成付款延误的,发包人不承担逾期付款的责任。

12.4.2 进度付款申请单的编制

关于进度付款申请单编制的约定:承包人编制当月已完工程工程款月支付申请单一式六份。

12.4.3 进度付款申请单的提交

(1)单价合同进度付款申请单提交的约定:承包人于当月25日向监理人提交。

(2)总价合同进度付款申请单提交的约定: / 。

(3)其他价格形式合同进度付款申请单提交的约定: / 。

12.4.4 进度款审核和支付

(1)监理人审查并报送发包人的期限:收到申请7个日历天内。

发包人完成审批并签发进度款支付证书的期限:收到申请单7个日历天内。

(2)发包人支付进度款的期限:审核批准付款申请的15个日历天内。

(3)进度款的支付

①按当月实际完成工程量,经监理、发包人按招标工程量清单、投标文件、施工合同等审核,工程量清单内的工程款按审核后的工程进度款的80%支付。

②最后一期进度款在竣工验收完成后支付。

③承包人必须在发包人指定的银行设立工程款专用账户,专人、专户管理,并报发包人备案。发包人委托银行对工程款的使用进行监管。

④根据××市人民政府令第××号《××市建设领域防范拖欠农民工工资管理办法》及相关文件的规定,承包人须单独设立"农民工工资支付专用账户",发包人将根据承包人的申请按照行业主管部门颁布的《关于规范房屋建筑和市政基础设施工程项目民工工资支付计算比例的通知》(××建价〔20××〕××号文)的规定向承包人设立的"农民工工资支付专用账户"划拨资金,发包人向专用账户划拨的资金是承包人应得工程款的一部分,发包人将在每次进度款支付时全额扣回,承包人不得以专用账户占用资金比例过高等为由要求发包人额外支付进度款。

⑤票据。

承包人应按照税收法律法规的相关规定,向发包人开具相应的发票。在合同履行过程中,如遇国家税收政策调整导致发票的种类发生变化,承包人根据税法规定提供相应发票。

承包人在向发包方申请合同款项时,按照税收法律法规的相关规定及发包方的要求开具增值税发票,并于接到发包方通知后5个工作日内交给发包方。

承包人向发包方开具的增值税发票,承包人必须确保发票票面信息全部真实,相关服务或材料品目、价款等内容与本合同相一致。因发票票面信息有误导致被认定为虚开的,发包方有权拒绝当次付款并顺延付款时间,承包人需向发包方承担赔偿责任。赔偿范围包括但不限于税款、滞纳金、罚款及相关损失等。

承包人收取价外费用的,也须按照税收法律法规的相关规定及发包方的要求开具增值税发票。

发包人逾期支付进度款的违约金的计算方式:按照中国人民银行发布的同期同类贷款基准利率支付违约金。

12.4.6 支付分解表的编制

(1)总价合同支付分解表的编制与审批: / 。

(2)单价合同的总价项目支付分解表的编制与审批:

①按照各个总价项目的总金额占单价项目总金额的百分比,以及各个计量支付周期内所

完成的单价项目的总金额,以百分比方式均摊支付。

②规费以承包人提供的《××省施工企业工程规费计取标准》计取;若承包人未提供,则工程进度款支付时规费不予计取。

……

假设本月发生(非末次进度款)的相关价款如下:

(1)本月已完成单价项目价款:1 650 000 元;

(2)按合同约定本月应支付的总价项目金额:140 000 元;

(3)本月发生的计日工价款:5 500 元;

(4)按合同约定本月应支付的安全文明施工费:3 000 元;

(5)本月确认的现场签证金额合计:5 000 元;

(6)本月确认的索赔金额合计:4 500 元;

(7)按合同约定本月应抵扣的预付款:0 元(合同约定最后一笔支付进度款时扣回,具体见前面约定)。

按前述的合同约定,本月应支付的合同价款=(1 650 000+140 000+5 500+3 000+5 000+4 500)×80% =1 808 000×80% =1 446 400(元)。

2.3 竣工结算

竣工结算按照结算对象分为单位工程结算、单项工程结算和建设项目竣工总结算。其中,单位工程竣工结算和单项工程竣工结算也可以看成是建设项目的分阶段结算。

2.3.1 竣工结算的编制

预付款、进度款通过支付申请、支付证书实现,而竣工结算要形成一套内容完整、格式规范的经济文件,是对工程实际造价的最终确定,类似于投标报价,其编制在"13 计价规范"有详细规定,并有相应的表格。

合同工程完工后,发承包双方必须在合同约定时间内办理竣工结算。

竣工结算应由承包人或受其委托具有相应资质的工程造价咨询人编制,并由发包人或受其委托具有相应资质的工程造价咨询人核对。

1)竣工结算的编制依据

①国家有关法律、法规、规章制度和相关的司法解释;

②《建设工程工程量清单计价规范》(GB 50500—2013);

③国务院建设主管部门以及各省、自治区、直辖市和有关部门发布的工程造价计价标准、计价方法、有关规定及相关解释;

④施工承发包合同、专业分包合同及补充合同,有关材料、设备采购合同;

⑤招投标文件,包括招标答疑文件、投标承诺、中标报价书及其组成内容;

⑥工程竣工图或施工图、施工图会审记录、经批准的施工组织设计，以及设计变更、工程洽商和相关会议纪要；

⑦经批准的开、竣工报告或停、复工报告；

⑧发承包双方实施过程中已经确认的工程量及其结算的合同价款；

⑨发承包双方实施过程中已经确认调整后追加(减)的合同价款；

⑩其他依据。

2)竣工结算的计价原则

在采用工程量清单计价的方式下，工程竣工结算的计价原则如下：

①分部分项工程和措施项目中的单价项目应依据双方确认的工程量与已标价工程量清单的综合单价计算；如发生调整的，以发承包双方确认调整的综合单价计算。

②措施项目中的总价项目应依据合同约定的项目和金额计算；如发生调整的，以发承包双方确认调整的金额计算，其中安全文明施工费必须按照国家或省级、行业建设主管部门的规定计算。

③其他项目应按下列规定计价：

a. 计日工应按发承包实际签证确认的事项计算；

b. 暂估价，发承包双方应按"13 计价规范"的相关规定计算；

c. 总承包服务费应依据合同约定金额计算，如发生调整的，以发承包双方确认调整的金额计算；

d. 施工索赔费用应依据发承包双方确认的索赔事项和金额计算；

e. 现场签证费用应依据发承包双方签证资料所确认的金额计算；

f. 暂列金额应减去合同价款调整(包括索赔、现场签证)金额计算，如有余额归发包人。

④规费和税金应按照国家或省级、行业建设主管部门的规定计算。规费中的工程排污费应按工程所在地环境保护部门规定标准缴纳后按实列入。

此外，发承包双方在合同工程实施过程中已经确认的工程量计量结果和合同价款，在竣工结算办理中应直接进入结算。

3)竣工结算款的计算方法

(1)竣工结算款的计算

竣工结算造价(工程实际造价) = 分部分项工程费 + 措施项目费 + 其他项目费 + 规费 + 税金

分部分项工程费 = 双方确认的工程量 × 已标价工程量清单的综合单价(如发生调整的，以发承包双方确认调整的综合单价计算)

措施项目费 = 单价措施项目费 + 总价措施项目费

单价措施项目费 = 双方确认的工程量 × 已标价工程量清单的综合单价(如发生调整的，以发承包双方确认调整的综合单价计算)

总价措施项目费 = 合同约定的取费基础 × 已标价工程量清单的费率(如发生调整的，以发承包双方确认调整的金额计算)

其中，安全文明施工费必须按照国家或省级、行业建设主管部门的规定计算，各省、自治区、直辖市均由具体规定。如某省规定：本省行政区域内按规定进行现场评分的工程，承包人凭“安全文明施工措施评价及费率测定表”测定的费率办理竣工结算，未经现场评价或承包人不能出具“安全文明施工措施评价及费率测定表”的，承包人不得收取安全文明施工费中的文明施工费、安全施工费、临时设施费。

其他项目费 = 实际确认的计日工 + 实际结算的专业工程价款 + 双方确认的总承包服务费 + 双方确认的索赔费 + 双方确认的签证费

为了方便统计可能作为取费基础的定额人工费等，有的结算人员将索赔、签证费用填入“分部分项工程和单价措施项目清单与计价表”内；也有的结算人员直接将索赔、签证费用汇总在工程造价中，这里的索赔、签证费用应该是包含规费和税金的金额。

规费 = 当地主管部门规定的取费基础 × 规定的费率

（主管部门一般对企业核发取费证来规定取费费率）

其中，工程排污费应按工程所在地环境保护部门规定标准缴纳后按实计算。

税金 = 实际的税前造价 × 规定的税率

（2）竣工结算应支付价款的计算

$$\text{竣工结算应支付的价款} = \text{竣工结算造价（工程实际造价）} - \text{累计已实际支付的合同价款} - \text{质量保证金}$$

其中：

竣工结算造价是按照合同约定，根据竣工图、双方确认的费用增加或减少的各项资料等编制，反映的是合同工程的实际造价。

$$\text{累计已实际支付的合同价款} = \sum \text{实际支付进度款}$$

实际支付进度款有以下两种理解：

一是指按照合同约定比例计算并经双方确认的进度款金额，但该实际支付进度款并不一定是真正划拨给承包人的进度款，划拨给承包人的进度款可能还要按照合同约定抵扣预付款、甲供材料款等。

如某工程结算周期，承包人完成的合同价款（包括单价项目、总价项目、计日工价款、应增加的合同价款等）为 100 万元，合同约定按完成合同价款的 90% 支付合同价款，则本周期应支付的合同价款为 90 万元，按合同约定抵扣预付款 15 万元，甲供材料价值 5 万元，真正划拨给承包人的进度款是 70 万元。则实际支付的进度款是按 90 万元确认，而非 70 万元。

二是理解为实际划拨给承包人的进度款金额，则

$$\text{工程竣工结算应支付的价款} = \text{工程竣工结算造价（工程实际造价）} - \left(\text{累计已实际支付的合同价款} + \text{预付款}\right) - \text{甲供材料项目价值} - \text{质量保证金}$$

“13 计价规范”是按照第一种理解设置的，本教材也是按照第一种理解编写的。

2.3.2 竣工结算的程序

1）承包人提交竣工结算文件

合同工程完工后，承包人应在经发承包双方确认的合同工程期中价款结算的基础上汇总完成竣工结算文件，应在提交竣工验收申请的同时向发包人提交竣工结算文件。

承包人未在合同约定的时间内提交竣工结算文件，经发包人催告后14天内未提交或没有明确答复的，发包人根据有关已有资料编制竣工结算文件，作为办理竣工结算和支付结算款的依据，承包人应予以认可。

2）发包人核对竣工结算文件

发包人可以自行核对竣工结算文件，也可以委托工程造价咨询人核对竣工结算文件。

（1）发包人自行核对竣工结算文件

①发包人应在收到承包人提交的竣工结算文件后的28天内核对。发包人经核实，认为承包人还应进一步补充资料和修改结算文件，应在上述时间内向承包人提出核实意见，承包人在收到核实意见后的28天内应按照发包人提出的合理要求补充资料，修改竣工结算文件，并应再次提交给发包人复核。

②发包人应在收到承包人再次提交的竣工结算文件后的28天内予以复核，并将复核结果通知承包人。如果发承包人对复核结果无异议的，应在7天内在竣工结算文件上签字确认，竣工结算办理完毕。如果发包人或承包人对复核结果认为有误的，对无异议部分办理不完全竣工结算；有异议部分由发承包双方协商解决，协商不成的，按照合同约定的争议解决方式处理。

③发包人在收到承包人竣工结算文件后的28天内，不确认也未提出异议的，应视为承包人提交的竣工结算文件已被发包人认可，竣工结算办理完毕。

④承包人在收到发包人提出的核实意见后的28天内，不确认也未提出异议的，应视为发包人提出的核实意见已被承包人认可，竣工结算办理完毕。

（2）发包人委托工程造价咨询人核对竣工结算文件

发包人委托工程造价咨询人核对竣工结算文件的，工程造价咨询人应在28天内核对完毕，核对结论与承包人竣工结算文件不一致的，应提交承包人复核；承包人应在14天内将同意核对结论或不同意见的说明提交给工程造价咨询人。工程造价咨询人收到承包人提出的异议后，应再次复核，复核无异议的，发承包双方应在7天内在竣工结算文件上签字确认，竣工结算办理完毕。复核后仍有异议的，对无异议部分办理不完全竣工结算；有异议部分由发承包双方协商解决，协商不成的，按照合同约定的争议解决方式处理。

承包人逾期未提出书面异议的，视为工程造价咨询人核对的竣工结算文件已经被承包人认可。

3）竣工结算文件的签认

对发包人或发包人委托的工程造价咨询人指派的专业人员与承包人指派的专业人员经核对后无异议的竣工结算文件，除非发承包人能提出具体、详细的不同意见，发承包人都应在竣工结算文件上签字确认，如其中一方拒不签字的，按下列规定办理：

①若发包人拒不签字的，承包人可不提供竣工验收备案资料，并有权拒绝与发包人或其上级部门委托的工程造价咨询人重新核对竣工结算文件。

②若承包人拒不签字的，发包人要求办理竣工验收备案的，承包人不得拒绝提供竣工验收资料，否则，由此造成的损失，承包人应承担相应责任。

合同工程竣工结算核对完成，发承包双方签字确认后，发包人不得要求承包人与另一个或多个工程造价咨询人重复核对竣工结算。

4)支付竣工结算款

(1)承包人提交竣工结算支付申请

该申请应包括下列内容:

①竣工结算合同价款总额;

②累计已实际支付的合同价款;

③应扣留的质量保证金;

④实际应支付的竣工结算款金额。

质量保证金是合同约定承包人用于保证其在缺陷责任期内履行缺陷修补义务的担保。承包人提供质量保证金有3种方式可供发承包双方选择:

①质量保证金保函;

②相应比例的工程款;

③双方约定的其他方式。

除专有合同条款另有约定外,质量保证金原则上采取第1种方式。工程实际中更多采取第2种,发包人按照合同约定的质量保证金比例从工程结算中预留质量保证金。

质量保证金的扣留方式有3种方式可供发承包双方选择:

①在支付工程进度款时逐次扣留,在此情形下,质量保证金的计算基数不包括预付款的支付、扣回以及价款调整的金额;

②工程竣工结算时一次性扣留质量保证金;

③双方约定的其他扣留方式。

根据《建设工程质量保证金管理办法》(建质[2017]138号),落实工程在缺陷责任期内的维修责任应预留建设工程质量保证金;推行银行保函制度,承包人可以银行保函替代预留保证金;在工程项目竣工前,已经缴纳履约保证金的,发包人不得同时预留工程质量保证金;采用工程质量保证担保、工程质量保险等其他保证方式的,发包人不得再预留保证金。按照合同约定方式预留保证金,保证金总预留比例不得高于工程价款结算总额的3%。合同约定由承包人以银行保函替代预留保证金的,保函金额不得高于工程价款结算总额的3%。

工程实际中一般采取第2种方式,即在工程竣工结算时一次性扣留质量保证金。如承包人在发包人签发竣工结算支付证书后28天内提交质量保证金保函,发包人应同时退还扣留的作为质量保证金的工程价款。

“13计价规范”给出了“竣工结算款支付申请(核准)表”的规范格式。

(2)发包人签发竣工结算支付证书

发包人应在收到承包人提交竣工结算支付申请后的7天内予以核实,向承包人签发竣工结算支付证书。

“13计价规范”将竣工结算款的申请与核准都在“竣工结算款支付申请(核准)表”中集中表达,发包人在该表上选择“同意支付”并盖章,该表即变为竣工结算款的支付证书。

(3)支付竣工结算款

发包人签发竣工结算支付证书后的14天内,按照竣工结算支付证书列明的金额和合同约定的账户向承包人支付结算款。

2.3.3 工程质量有异议的工程结算

发包人对工程质量有异议，拒绝办理工程竣工结算的，已竣工验收或已竣工未验收但实际投入施工的工程，其质量争议应按该工程保修合同执行，竣工结算应按照合同约定办理；已竣工未验收且未实际投入使用的工程以及停工、停建工程的质量争议，双方应就有争议的部分委托有资质的检测鉴定机构进行检测，并应根据检测结果确定解决方案，或按工程质量监督机构的处理决定执行后办理竣工结算，无争议部分的竣工结算应按照合同约定办理。

【例 2.7】 某办公楼工程，发包人与承包人按照《建设工程施工合同（示范文本）》（GF-2017-0201），在专用合同条款中关于“竣工结算”的约定如下：

……

14. 竣工结算

14.1 竣工结算申请

承包人提交竣工结算申请单的期限：工程竣工验收合格后60天内向监理人提交。

竣工结算申请单应包括的内容：提交一式四份合格的全套竣工结算书及结算相关资料。

14.2 竣工结算审核

发包人审批竣工结算申请单的期限：监理人在收到承包人提交的竣工结算申请单后的14天内完成核查，提交发包人审核。发包人收到监理人提交的竣工结算申请单后的120天内（非发包人和不可抗力原因导致时间延误，审核时间相应顺延）。

发包人完成竣工结算的期限：审核报告出具后10天内，向承包人付至中介咨询机构审核结算总价款的95%。

关于竣工结算支付证书异议部分复核的方式和程序：承包人未按本项约定的期限和内容提交竣工结算申请单或者未按通用合同条款第14条约定提交修正后的竣工结算申请单，经监理人催促后14天内仍未提交或者没有明确答复的，监理人和发包人有权根据已有资料进行审查，审查确定的竣工结算合同总价和竣工结算金额视同是经承包人认可的工程竣工结算合同总价和竣工结算金额。

发包人审查或委托审查的竣工结算审减率超过5%的，审减部分应计取的全部审核费用由承包人承担，如有发包人代承包人支付时，发包人应从应付承包人工程款中扣除该部分款项。

发包人收到承包人合格的竣工结算书及结算资料后即对工程结算进行审核，结算依据：

（1）施工合同（含补充合同）、协议书（含协议书附件）；

（2）招标文件（含补充文件、经评审的预算控制价）；

（3）投标文件（含投标报价表）；

（4）承包人编制的结算书（加盖承包人公章和造价编制人员资格证章），并经监理人单位审核；

（5）工程竣工图纸及资料（经监理人、建设管理单位盖章确认）；

（6）经审定的施工组织设计；

（7）设计变更单（需有编号）；

（8）现场签证单（需有编号）；

（9）技术核定单（需有编号，经监理人、建设管理单位盖章确认）；

（10）工程原始地貌方格网（经监理人单位确认）；

(11)双方确认的索赔事项及价款;

(12)材料(设备)核价单(需有编号);

(13)施工图纸会审纪要;

(14)隐蔽工程验收记录;

(15)施工企业取费证;

(16)提供其他涉及工程价款的相关资料。

14.3 竣工结算复审

若有竣工结算复审时,竣工结算复审按政府及上级主管部门相关审计要求和规定执行。工程最终竣工结算价以政府及上级主管部门委托的相关审计单位的审计结果为准。

14.4 最终结清

14.4.1 最终结清申请单

承包人提交最终结清申请单的份数:一式六份。

承包人提交最终结算申请单的期限:按发包人要求。

14.4.2 最终结清证书和支付

(1)发包人完成最终结清申请单的审批并颁发最终结清证书的期限:按照发包人要求。

(2)发包人完成支付的期限:发包人委托的造价咨询单位审定竣工结算金额后,发包人向承包人支付工程款至审定金额的97%;若政府及上级主管部门需进行复审,最终的竣工结算金额以政府审计的结果为准。

15. 缺陷责任期与保修

15.2 缺陷责任期

缺陷责任期的具体期限:本工程缺陷责任期为2年。

15.3 质量保证金

关于是否扣留质量保证金的约定:质量保证金为造价咨询机构审定的结算金额的3%。

15.3.1 承包人提供质量保证金的方式

质量保证金采用以下第(2)种方式:

(1)质量保证金保函,保证金额为: / ;

(2)3%的工程款;

(3)其他方式: / (财务)。

15.3.2 质量保证金的扣留

质量保证金的扣留采取以下第(2)种方式:

(1)在支付工程进度款时逐次扣留,在此情形下,质量保证金的计算基数不包括预付款的支付、扣回以及价格调整的金额;

(2)工程竣工结算时一次性扣留质量保证金;

(3)其他扣留方式: / 。

关于质量保证金的补充约定:质量保证金在缺陷责任期满后按本合同扣除相关费用(若有)后无息退还。

15.3.4 本工程质量保证金的约定详见质量保修书和支付条款相关约定。

15.4 保修

15.4.1 保修责任

工程保修期为:防水工程为5年,装修及安装工程为2年。本工程质量保修有关约定见附件“工程质量保修书”。

15.4.3 修复通知

承包人收到保修通知并到达工程现场的合理时间:见附件“工程质量保修书”。

……

假设本工程经审计机构审核后,最终确定的工程价款为12 582 560元,累计已支付的合同价款为11 324 200元,预付款(包括预付的安全文明施工费)已经在最后一次进度款结算中抵扣。

实际应支付的竣工结算款金额=12 582 560(结算价款)-11 324 200(累计已付价款)-377 476.80(12 582 560×3%质量保证金)
=880 883.20(元)

2.4 最终清算

2.4.1 最终清算的时间

最终清算是指合同约定的缺陷责任期终止后,承包人按照合同规定完成全部剩余工作且质量合格的,发包人与承包人结算全部剩余款项的活动。

最终清算的时间就是合同约定的缺陷责任期终止后。

缺陷责任期是指承包人按照合同约定承担缺陷修复义务,且发包人预留质量保证金的期限自工程实际竣工日期计算。《建设工程质量保证金管理办法》(建质[2017]138号)第二条规定:“缺陷是指建设工程质量不符合工程建设强制性标准、设计文件,以及承包合同的约定。缺陷责任期一般为1年,最长不超过2年,由发、承包双方在合同中约定。”第七条规定:“发包人应按照合同约定方式预留保证金,保证金总预留比例不得高于工程价款结算总额的3%。合同约定由承包人以银行保函替代预留保证金的,保函金额不得高于工程价款结算总额的3%。”因此,缺陷责任期不应超过2年,保证金不得高于结算总额的3%,具体期限和额度由合同当事人在专用合同条款中约定。

单位工程先于全部工程进行验收,经验收合格并交付使用,该单位工程缺陷责任期自单位工程验收合格之日起算。因发包人原因导致工程无法按合同约定期限进行竣工验收的,缺陷责任期自承包人提交竣工验收申请报告之日起开始计算;发包人未经竣工验收擅自使用工程的,缺陷责任期自工程转移占有之日起开始计算。

工程竣工验收合格后,因承包人原因导致的缺陷或损害,致使工程、单位工程或某项主要设备不能按原定目的使用的,则发包人有权要求承包人延长缺陷责任期,并应在原缺陷责任期届满前发出延长通知,但缺陷责任期最长不能超过24个月。

缺陷责任期不同于保修期,保修期是指承包人按照合同约定对工程承担保修责任的期限,从工程竣工验收合格之日起计算,具体分部分项工程的保修期由合同当事人在专用合同条款中约定,但不低于法定最低保修年限,在工程保修期内,承包人应当根据有关法律规定以及合同约定承担保修责任。

发包人未经竣工验收擅自使用工程的,保修期自转移占有之日起开始计算。

《建设工程质量管理条例》第四十条规定,在正常使用条件下,建设工程的最低保修期限为:

①基础设施工程、房屋建筑的地基基础工程和主体结构工程,为设计文件规定的该工程的合理使用年限;

②屋面防水工程,有防水要求的卫生间、房间和外墙面的防渗漏,为5年;

③供热与供冷系统,为2个采暖期、供冷期;

④电气管线、给排水管道、设备安装和装修工程,为2年;

⑤其他项目的保修期限由发包方与承包方约定。

2.4.2　缺陷期的工程责任

承包人应按照合同约定履行属于自身责任的工程缺陷修复义务,即因承包人原因造成的工程缺陷、损害,承包人应负责修复,并承担修复的费用以及因工程缺陷、损害造成的人身伤害和财产损失,但承包人拒绝维修或未能在合理期限内修复缺陷或损失,且经发包人书面催告仍未修复的,发包人有权自行修复或委托第三方修复,所需费用由承包人承担。发包人有权从质量保证金中扣除用于缺陷修复的各项支出。

经查验,工程缺陷属于发包人原因造成的,应由发包人承担查验和缺陷修复的费用。受发包人安排,承包人修复范围超过缺陷或损害范围的,超过范围部分的修复费用由发包人承担。

任何一项缺陷或损害修复后,经检查证明其影响了工程或工程设备的使用性能,承包人应重新进行合同约定的试验和试运行,试验和试运行的全部费用应由责任方承担。

质量保证金在缺陷期满后办理清算,但不等于承包人对缺陷期满后工程尚处于保修期的部分不负责任,双方应在保修合同中约定保修期内修复费用的处理、承包人接到发包人修复通知到达工程现场予以修复的合理时间,以及承包人不履行修复责任的违约责任等。

2.4.3　最终结清款计算

最终应支付的合同价款=预留的质量保证金+因发包人原因造成缺陷的修复金额-承包人不修复缺陷、发包人组织的金额

预留的质量保证金,按照合同约定预留,具体见2.3.2节相关内容。

发包人原因造成缺陷的修复金额是指工程缺陷属于发包人原因造成的,受发包人安排,承包人予以修复,该部分费用由发包人承担,可以在最终结清时一并结算。

承包人不修复缺陷、发包人组织的金额是指应由承包人承担的修复责任,经发包人书面催告仍未修复的,发包人自行修复或委托第三方修复所发生的费用。

2.4.4 最终清算的程序

1)承包人提交最终结清申请

缺陷责任期终止后,承包人应按照合同约定的份数和期限向发包人提交最终结清支付申请,并提供相应证明材料,详细说明承包人根据合同约定已经完成的全部工程价款金额,以及承包人认为根据合同规定应进一步支付的其他款项。发包人对最终结清支付申请有异议的,有权要求承包人进行修正和提供补充资料。承包人修正后,应再次向发包人提交修正后的最终结清支付申请。

"13 计价规范"给出了"最终结清支付申请(核准)表"的规范格式。

2)发包人签发最终结清支付证书

发包人应在收到最终结清支付申请后的 14 天内予以核实,并向承包人签发最终结清支付证书。发包人未在约定时间内核实,又未提出具体意见的,视为承包人提交的最终结清申请单已被发包人认可。

"13 计价规范"将最终结清的申请与核准都在"最终结清支付申请(核准)表"中集中表达,发包人在该表上选择"同意支付"并盖章,该表即变为最终结清支付证书。

3)发包人向承包人支付最终结清款

发包人应在签发最终结清支付证书后的 14 天内,按照最终结清支付证书列明的金额向承包人支付最终结清款。

最终结清付款后,承包人在合同内享有的索赔权利也自行终止。发包人未按期支付的,承包人可催告发包人在合理的期限内支付,并有权获得延迟支付的利息。

最终结清时,如果承包人被扣留的质量保证金不足以抵减发包人工程缺陷修复费用的,承包人应承担不足部分的补偿责任。

最终结清付款涉及政府投资资金的,按照国库集中支付等国家相关规定和专用合同条款的约定处理。

承包人对发包人支付的最终结清有异议的,按照合同约定的支付方式处理。

【例 2.8】 某办公楼工程,发包人与承包人按照《建设工程施工合同(示范文本)》(GF-2017-1201),在专用合同条款中关于"最终清算"的约定见【例 2.7】,本工程在缺陷责任期因工程质量由施工单位维修,费用为 65 000 元,因业主使用不当发生维修,费用为 4 500 元。

缺陷责任期满后最终应支付的合同价款=377 476.80(质保金:12 582 560×3%)+4 500
=381 976.80(元)

【例 2.9】 (1)某施工单位承包工程项目,甲乙双方签订的关于工程价款的合同内容有:

①签约合同价为 660 万元,建筑材料及设备费占施工产值的比重为 60%,暂列金额为 40 万元。

②工程预付款为签约合同价(扣除暂列金额)的 20%。工程实施后,工程预付款从未施工工程尚需的主要材料及构件的价值相当于工程预付款数额时起扣,从每次结算工程价款中按材料和设备占施工产值的比重抵扣工程预付款,竣工前全部扣清。

③工程进度款逐月计算，按各期合计完成的合同价款的80%支付，确认的签证、索赔等进入各期的进度款结算，竣工验收后20日内办理竣工结算，竣工结算后支付到合同价款的95%。

④工程质量保证金为工程结算价款的3%，竣工结算时一次扣留。

⑤材料和设备价差调整按规定执行（按有关规定上半年材料和设备价差上调10%，在6月份一次调增）。

工程各月完成产值如表2.2所示。

表2.2　各月产值统计表

月　份	2	3	4	5	6
完成产值/万元	55	110	165	220	110

(2)实施过程中的相关情况如下：

①4月份除完成工程165万元外，由于发包人设计变更，导致工程局部返工，造成拆除材料、人工等损失0.5万元，重新施工的人工、材料等费用合计1.5万元，以上费用已经通过签证得到了发包人的确认。

②5月份除完成工程220万元外，因为承包人原因导致返工，承包人增加了0.3万元的费用支出，承包人办理签证未得到监理单位及发包人认可。

③6月份除完成工程110万元外，承包人得到发包人确认的工程索赔款1万元。

④该工程在质量缺陷期发生屋面漏水，发包人多次催促承包人修理，承包人一拖再拖，最后发包人另请施工单位修理，修理费1.5万元。

【问题】

(1)该工程的工程预付款、起扣点分别为多少？应该从哪个月开始扣？

(2)计算2—6月每月累计已完成的合同价款，累计已实际支付的合同价款，每月实际应支付的合同价款。

(3)该工程结算造价为多少？工程质量保证金为多少？应付工程结算款为多少？

(4)维修费该如何处理？最终结清款是多少？

【答案】

问题(1)：

工程预付款：(660−40)×20%＝124(万元)

起扣点：660−124/60%＝453.33(万元)

55+110+165+220＝550>453.33

从5月份开始扣预付款。

问题(2)：

2—6月每月累计已完成的合同价款，累计已实际支付的合同价款，每月应支付的合同价款计算如表2.3所示。

2月份应支付的进度款＝55×80%＝44(万元)

3月份应支付的进度款＝110×80%＝88(万元)

4月份应支付的进度款＝(165+2)×80%＝133.6(万元)

5 月份应支付的进度款 = 220×80% −59.2 = 116.8(万元)

表 2.3　2—6 月进度款计算表

单位:万元

项　目	2 月	3 月	4 月	5 月	6 月
累计已完成的合同价款	—	55	165	332	552
累计已实际支付的合同价款	—	44	132	265.6	441.6
本周期合计完成的合同价款	55	110	167	220	150.60
其中:本周期已完成合同价款	55	110	165	220	110
本周期应增加的金额	—	—	2	—	40.6
本周期合计应扣减的金额	—	—	—	59.20	64.80
其中:本周期应扣回的预付款	—	—	—	59.20	64.80
本周期应扣减的金额	—	—	—	—	—
本周期实际应支付的合同价款	44	88	133.6	116.8	55.68

预付款扣回额度 = (332+220−453.33)×60% = 59.20(万元)

6 月份应支付的进度款 = 150.60×80% −64.80 = 55.68(万元)

应增加的金额:39.6+1 = 40.6(万元)

其中:应增加材料调整金额:660×60% ×10% = 39.6(万元)

　　应增加的索赔金额:1 万元

预付款扣回额度 = 124−59.2 = 64.80(万元)

问题(3):

工程结算总造价 = 552(累计已完的合同价款)+150.6(最后一期合计完成的合同价款)
= 702.6(万元)

工程质量保证金 = 702.6×3% = 21.08(万元)

应付工程结算款 = 702.6(实际总造价)−(441.6+150.6×80%)(累计已付工程款)−21.08(质量保证金)= 119.44(万元)

问题(4):

维修费应从乙方(承包方)的质量保证金中扣除,最终结清款 = 21.08−1.5 = 19.58(万元)。

“13 计价规范”出台之前,全国没有统一的工程结算表格,各地造价主管部门自行设计,或者由发承包双方约定。为了规范工程结算活动,“13 计价规范”设计了各种专门的表格以满足工程结算的需要,下面举例介绍这些表格的使用方法。

【例 2.10】　甲中学的教学楼工程招标控制价为 8 524 050 元,中标价为 7 981 100 元(中标人的投标报价为 7 982 090 元,经算术修正后为 7 981 100 元),签约合同价为 7 981 100 元,其中暂列金额为 350 000 元,安全文明施工费为 237 222 元。

已标价工程量清单中的“总价措施项目清单与计价表”如下:

(1)合同约定

①计价工期 210 天,定于 3 月 1 日开工,预计 9 月 30 日竣工,每个月 25 日结算进度款,竣

工验收合格30日内办理竣工结算。

②按签约合同价(扣除暂列金额)的10%预付工程款,在施工起第四个月起分3次在进度款中均匀扣回。

预付款=(7 981 100-350 000)×10% =763 110(元),第四、五、六次进度款结算时均要扣除763 110/3=254 370(元)

③安全文明施工费按照基本费率的70%随同工程预付款一并预付,其余的同其他总价项目,按照双方约定的进度款支付分解表支付,具体如表2.4所示。

表2.4 总价项目进度款支付分解表

工程名称:甲中学教学楼工程 单位:元

序号	项目名称	总价金额	进度款支付总额	首次支付	二次支付	三次支付	四次支付	五次支付	六次支付	备注
1	安全文明施工费	237 222	213 500	27 755	27 755	27 755	27 755	27 755		预付:74 725
2	夜间施工增加费	17 333	15 600	2 600	2 600	2 600	2 600	2 600	2 600	
3	二次搬运费	10 000	9 000	1 500	1 500	1 500	1 500	1 500	1 500	
4	冬雨期施工增加费	6 000	5 400				1 800	1 800	1 800	
5	非夜间施工照明费	2 667	2 400	1 200				600	600	
6	已完工程保护费	6 667	6 000				2 000	2 000	2 000	
7	社会保险费	200 000	180 000	30 000	30 000	30 000	30 000	30 000	30 000	
8	住房公积金	66 667	60 000	10 000	10 000	10 000	10 000	10 000	10 000	
合计		546 556	491 900	73 055	71 855	71 855	75 655	76 255	48 500	74 725

④按月支付进度款。

⑤按各期完成合同款总额的90%支付期中进度款。

⑥按照工程结算价款的3%预留质量保证金,在工程竣工结算款中扣除。

⑦质量缺陷期自竣工验收合格起2年,期满后14天内办理最终清算。

(2)项目实施过程中价款结算

①预付款支付。

a.承包人按照合同约定在指定银行办理了预付款保函,承包人现场造价人员赵燕(经承包人代表项目经理刘歌签字同意)在开工前一个星期(20××年2月23日)向发包人(具体为发包人委托的监理人)提交“预付款支付申请(核准)表”。

b.2 月 24 日,监理人按照合同约定审核预付款事项,符合合同约定支付预付款事项,被授权的监理工程师刘冬在申请表上签字并转交发包人授权的造价工程师李华审核金额。

c.2 月 25 日,李华在审核过程中发现承包人计算的预付款有误,申请款金额没有按照合同约定计算,复核预付款=(7 981 100−350 000)×10% =763 110(元),复核后签署了正确金额并签字,交发包人授权的发包人代表张扬审核。

d.2 月 26 日,张扬审核申请表,确认无误后,签署同意支付的意见。

e.2 月 28 日,发包人财务人员按照审核确认的金额通过银行将预付款划拨到承包人指定账户。

记录以上内容的“预付款支付申请(核准)表”如表 2.5 所示。

表 2.5　预付款支付申请(核准)表

工程名称:甲中学教学楼工程　　　　标段:　　　　编号:001

致: 甲中学 (发包人全称)

我方根据施工合同的约定,现申请支付工程预付款额为(大写)捌拾柒万贰仟捌佰叁拾伍元整(小写 872 835 元),请予核准。

序　号	名　称	申请金额(元)	复核金额(元)	备　注
1	已签约合同价款金额	7 981 100	7 981 100	
2	其中:安全文明施工费	213 500	213 500	
3	应支付的预付款	798 110	763 110	
4	应支付的安全文明施工费	74 725	74 725	
5	合计应支付的预付款	872 835	837 835	

承包人(章)

造价人员:赵燕　　　承包人代表:刘歌　　　日期:20××年 2 月 23 日

复核意见:

☐ 与合同约定不相符,修改意见见附件。

☑ 与合同约定相符,具体金额由造价工程师复核。

监理工程师:刘冬

日期:20××年 2 月 24 日

复核意见:

你方提出的支付申请经复核,应支付预付款金额为(大写)捌拾叁万柒仟捌佰叁拾伍元整(小写:837 835 元)。

造价工程师:李华

日期:20××年 2 月 25 日

审核意见:

☐ 不同意。

☑ 同意,支付时间为本表签发后 15 天内。

发包人(章)

发包人代表:张扬

日期:20××年 2 月 26 日

注:①在选择栏中的“☐”内作标志“√”。　　表-15

②本表一式四份,由承包人填报,发包人、监理人、造价咨询人、承包人各存一份。

②进度款支付。6 月 25 日，累计已完成的合同价款为 4 255 000 元，累计实际支付的合同价款为 4 042 555 元。

a.6 月 25 日承包人现场造价人员赵燕按合同约定时间向发包人提交“工程量计量申请（核准）表”，对本月完成的工程量提出确认申请。

b.6 月 26 日发包人收到后复核，经双方沟通后，达成一致意见。

记录以上内容的“工程计量申请（核准）表”如表 2.6 所示。

表 2.6　工程计量申请（核准）表

工程名称：甲中学教学楼工程　　　　标段：　　　　第 1 页 共 1 页

序号	项目编码	项目名称	计量单位	承包人申报数量	发包人核实数量	发承包人确认数量	备　注
1	010101003001	挖沟槽土方	m^3	1 893	1 878	1 887	
2	010302003001	泥浆护壁混凝土灌注桩	m^3	556	556	556	
3	010501005001	混凝土桩承台基础	m^3	450	450	450	
4	010503001001	基础梁	m^3	240	240	240	
5	010515001001	现浇构件钢筋	t	85	82	83	
6	010401001001	条形砖基础	m^3	249	245	245	
7	010502001001	矩形框架柱	m^3	150	150	150	

承包人代表：刘歌	监理工程师：刘冬	造价工程师：李华	发包人代表：张扬
日期：20××年 6 月 25 日	日期：20××年 6 月 26 日	日期：20××年 6 月 26 日	日期：20××年 6 月 26 日

注：签证及索赔依据是指经双方认可的签证单和索赔依据的编号。　　表-14

c. 承包人现场造价人员赵燕根据确认的工程量，按照已标价工程量清单的综合单价计算本月已完成单价项目的金额为 1 340 405 元。

d. 甲中学为了改善学校环境，本月指令承包人新增修建 5 座花池，施工方对此进行的现场签证如表 2.7 所示。

表 2.7　现场签证表

工程名称:甲中学教学楼工程　　　　标段:　　　　编号:001

<table>
<tr><td>施工部位</td><td>学校指定位置</td><td>日期</td><td>20××年 6 月 15 日</td></tr>
<tr><td colspan="4">致:甲中学(发包人全称)
根据刘冬(指令人姓名)20××年 6 月 5 日的书面通知,我方要求完成此项工作应支付价款金额为(大写)贰仟伍佰元整(小写 2 500 元),请予核准。
附:1. 签证事由及原因:为了改善学校环境,学校新增加 5 座花池。
2. 附图及计算式:(略)。
承包人(章)(略)
造价人员:赵燕　　承包人代表:刘歌　　日期:20××年 6 月 15 日</td></tr>
<tr><td colspan="2">复核意见:
你方提出的此项签证申请经复核:
☐不同意此项签证,具体意见见附件。
☑同意此项签证,签证金额的计算由造价工程师复核。
监理工程师:刘冬
日期:20××年 6 月 17 日</td><td colspan="2">复核意见:
☑此项签证按承包人中标的计日工单价计算,金额为(大写)贰仟伍佰元整(小写:2 500 元)。
☐此项签证因无计日工单价,金额为(大写)______元,(小写______)。
造价工程师:李华
日期:20××年 6 月 18 日</td></tr>
<tr><td colspan="4">审核意见:
☐不同意此项索赔。
☑同意此项索赔,与本期进度款同期支付。
发包人(章)(略)
发包人代表:张扬
日期:20××年 6 月 20 日</td></tr>
</table>

注:①在选择栏中的"☐"内作标志"√"。　　表-12-8

②本表一式四份,由承包人在收到发包人(监理人)的口头或书面通知后填写,发包人、监理人、造价咨询人、承包人各存一份。

e.6 月 18 日,学校发出书面通知,因学校教学工作需要,要求承包方停工半天。承包方 6 月 19 日对此提出索赔,具体如表 2.8 所示。

表 2.8　费用索赔申请(核准)表

工程名称:甲中学教学楼工程　　　　标段:　　　　编号:001

<table>
<tr><td>致:甲中学(发包人全称)
根据施工合同条款第 12 条的约定,由于你方工作需要原因,我方要求索赔金额为(大写)叁仟贰佰玖拾陆元整(小写:3 296 元),请予核准。
附:1. 费用索赔的详细理由和依据:根据发包人"关于暂停施工的通知"(详见附件 1)。
2. 索赔金额的计算:详见附件 2。
3. 证明材料:监理工程师确认的现场工人/机械/周转材料数量及租赁合同(略)。
承包人(章)(略)
造价人员:赵燕　　承包人代表:刘歌　　日期:20××年 6 月 19 日</td></tr>
</table>

续表

<table>
<tr><td>复核意见：
根据施工合同条款第 12 条的约定，你方提出的费用索赔申请经复核：
□不同意此项索赔，具体意见见附件。
☑同意此项索赔，索赔金额的计算由造价工程师复核。
监理工程师：刘冬
日期：20××年 6 月 21 日</td><td>复核意见：
根据施工合同条款第 12 条的约定，你方提出的费用索赔申请经复核，索赔金额为（大写）叁仟贰佰玖拾陆元整（小写：3 296 元）。
造价工程师：李华
日期：20××年 6 月 22 日</td></tr>
<tr><td colspan="2">审核意见：
□不同意此项签证。
☑同意此项索赔，与本期进度款同期支付。
发包人（章）（略）
发包人代表：张扬
日期：20××年 6 月 24 日</td></tr>
</table>

注：①在选择栏中的“□”内作标志“√”。　表-12-7

②本表一式四份，由承包人填报，发包人、监理人、造价咨询人、承包人各存一份。

附件 1

关于暂停施工的通知

××建筑公司××项目部：

因我校教学工作需要，经校长办公会议研究，决定于 20××年 6 月 18 日下午，你项目部承建的我校教学楼工程暂停施工半天。

特此通知。

甲中学（章）（略）

20××年 6 月 17 日

附件 2

索赔费用计算表

一、人工费

1. 普工 15 人：15×80×0.5＝600（元）

2. 技工 35 人：35×100×0.5＝1 750（元）

小计：2 350 元

二、机械费

1. 自升式塔式起重机 1 台：1×600×0.5×0.6（使用率）＝180（元）

2. 灰浆搅拌机 1 台：1×20×0.5×0.6（使用率）＝6（元）

3. 其他各种机械（台套数量及具体费用计算略）：50 元

小计：236 元

续表

三、周转材料

1. 脚手架钢管：25 000×0.012×0.5＝150（元）

2. 脚手架构件：18 000×0.01×0.5＝90（元）

小计：240 元

四、管理费和利润

2 350×20%＝470（元）

索赔费用小计：3 296 元

f.6 月 26 日，承包人现场造价人员赵燕经项目经理刘歌签字同意向监理人提交“进度款支付申请（核准）表”。26 日，监理人按照合同约定审核进度款事项，符合合同约定支付进度款事项，监理工程师刘冬在申请表上签字并转交发包人授权的造价工程师李华审核金额。27 日，李华在审核过程中发现发包人计算的单价项目的金额有误，原因是某有项目工程量超过了已标价工程量清单工程量的 15%，按照合同约定应调减综合单价，申请表中未予调整，经双方沟通，按照合同约定调整了该项目的综合单价，复核后的单价项目价款为 1 336 405 元。交发包人授权的发包人代表张扬审核。29 日，张扬审核申请表，确认无误后，签署同意支付的意见。30 日，发包人财务人员按照审核确认的金额将进度款划拨到承包人指定账户。记录以上内容的“进度支付申请（核准）表”如表 2.9 所示。

表 2.9　进度款支付申请（核准）表

工程名称：甲中学教学楼工程　　　　标段：　　　　编号：001

致：甲中学（发包人全称）

我方于 20××年 5 月 26 日至 20××年 6 月 25 日期间已完成基础工程等工作，根据施工合同的约定，现申请支付本周期的合同款额为（大写）壹佰零贰万伍仟叁佰元零肆角整（小写：1 025 300.40 元），请予核准。

序　号	名　称	申请金额（元）	复核金额（元）	备　注
1	累计已完成的合同价款	4 255 000	4 255 000	
2	累计已实际支付的合同价款	4 042 555	4 042 555	
3	本周期合计完成的合同价款	1 421 856	1 417 856	
3.1	本周期已完成单价项目的金额	1 340 405	1 336 405	
3.2	本周期应支付的总价项目的金额	47 900	47 900	
3.3	本周期已完成的计日工价款	2 500	2 500	
3.4	本周期应支付的安全文明施工费	27 755	27 755	
3.5	本周期应增加的合同价款	3 296	3 296	
4	本周期合计应扣减的金额	254 370	254 370	
4.1	本周期应抵扣的预付款	254 370	254 370	

续表

序　号	名　称	申请金额(元)	复核金额(元)	备　注
4.2	本周期应扣减的金额	0	0	
5	本周期应支付的合同价款	1 025 300.40	1 021 700.40	

附:上述3.4详见附件名单(略)

承包人(章)(略)

造价人员:赵燕　　承包人代表:刘歌　　日期:20××年6月26日

复核意见:

□与实际施工情况不相符,修改意见见附件。

☑与实际施工情况相符,具体金额由造价工程师复核。

监理工程师:刘冬

日期:20××年6月26日

复核意见:

你方提出的支付申请经复核,本周期已完成合同款额为(大写)壹佰肆拾壹万柒仟捌佰伍拾陆元整(小写:1 417 856.00元),本周期应支付金额为(大写)壹佰零贰万壹仟柒佰元肆角(小写:1 021 700.40元)。

造价工程师:李华

日期:20××年6月27日

审核意见:

□不同意。

☑同意,支付时间为本表签发后15天内。

发包人(章)(略)

发包人代表:张扬

日期:20××年6月29日

表-17

注:①在选择栏中的"□"内作标志"√"。

②本表一式四份,由承包人填报,发包人、监理人、造价咨询人、承包人各存一份。

③竣工结算款支付。20××年9月30日,教学楼工程如期竣工,验收合格。承包人按合同约定编制工程竣工结算,得到发包人确认的竣工结算款为8 380 160元,累计已实际支付的合同价款为6 542 140元。10月8日,承包人现场造价人员赵燕经项目经理刘歌签字同意向监理人提交"竣工结算款支付申请(核准)表"。12日,监理人按照合同约定审核结算事项,符合合同约定竣工结算事项,监理工程师刘冬在申请表上签字并转交发包人授权的造价工程师李华审核金额。16日,李华审核后按规定交审计部门审核,最后核定的结算价款总额为8 352 000元。20日,发包人将审计后的结算价款经学校主管领导同意后由发包人代表签字同意支付。25日,发包人财务人员按照审核确认的金额将工程结算款划拨到承包人指定账户。

记录以上内容的"竣工结算款支付申请(核准)表"如表2.10所示。

表 2.10　竣工结算款支付申请(核准)表

工程名称:甲中学教学楼工程　　　　标段:　　　　编号:001

致:甲中学(发包人全称)

我方于20××年3月1日至20××年9月30日期间已完成合同约定的工作,工程已经完工,根据施工合同的约定,现申请支付竣工结算合同款额为(大写)壹佰伍拾捌万陆仟陆佰壹拾伍元贰角整(小写:1 586 615.20元),请予核准。

序　号	名　称	申请金额(元)	复核金额(元)	备　注
1	竣工结算合同价款总额	8 380 160	8 352 000	
2	累计已实际支付的合同价款	6 542 140	6 542 140	
3	应预留的质量保证金	251 404.80	250 560	
4	应支付的竣工结算金额	1 586 615.20	1 559 300	

承包人(章)(略)

造价人员:赵燕　　　　承包人代表:刘歌　　　　日期:20××年10月8日

复核意见:

□与实际施工情况不相符,修改意见见附件。

☑与实际施工情况相符,具体金额由造价工程师复核。

监理工程师:刘冬

日期:20××年10月12日

复核意见:

你方提出的竣工结算款支付申请经复核,竣工结算款总额为(大写)捌佰叁拾伍万贰仟元整(小写:8 352 000元)。扣除前期支付以及质量保证金后应支付金额为(大写)壹佰伍拾伍万玖仟叁佰元整(小写:1 559 300元)。

造价工程师:李华

日期:20××年10月16日

审核意见:

□不同意。

☑同意,支付时间为本表签发后15天内。

发包人(章)(略)

发包人代表:张扬

日期:20××年10月20日

注:①在选择栏中的"□"内作标志"√"。

②本表一式四份,由承包人填报,发包人、监理人、造价咨询人、承包人各存一份。

表-18

④最终结清。在缺陷责任期内,因为发包人原因造成缺陷的修复金额为5 000元,承包人进行的质量缺陷修复费用为2 400元,因承包人时间关系不能及时修复,发包人另行组织修复的费用为3 000元。缺陷期满,承包人现场造价人员赵燕按照合同约定,经项目经理刘歌签字同意向监理人提交"最终结清支付申请(核准)表",经发包人审核无误后签字同意支付最终结清款。

记录以上内容的"最终结清支付申请(核准)表"如表2.11所示。

表 2.11 最终结清支付申请(核准)表

工程名称:甲中学教学楼工程　　　　标段:　　　　编号:001

致:甲中学(发包人全称)

我方于20××年9月30至20××年3月30日期间已完成缺陷修复工作,根据施工合同的约定,现申请支付最终结清合同款额为(大写)贰拾伍万贰仟伍佰陆拾元整(小写:252 560元),请予以核准。

序　号	名　称	申请金额(元)	复核金额(元)	备　注
1	已预留的质量保证金	250 560	250 560	
2	应增加因发包人原因造成缺陷的修复金额	5 000	5 000	
3	应扣减承包人不修复缺陷、发包人组织的金额	3 000	3 000	
4	最终应支付的合同价款	252 560	252 560	

附:上述2、3、4详见附件名单(略)

承包人(章)(略)

造价人员:赵燕　　　　承包人代表:刘歌　　　　日期:20××年4月8日

复核意见:

□与实际施工情况不相符,修改意见见附件。

☑与实际施工情况相符,具体金额由造价工程师复核。

监理工程师:________

日期:________

复核意见:

你方提出的支付申请经复核,最终应支付金额为(大写)贰拾伍万贰仟伍佰陆拾元整(小写:252 560元)

造价工程师:李华

日期:20××年4月12日

审核意见:

□不同意。

☑同意,支付时间为本表签发后15天内。

发包人(章)(略)

发包人代表:张扬

日期:20××年4月15日

注:①在选择栏中的"□"内作标志"√"。如监理人已退场,监理工程师栏可空缺。　　表-19

②本表一式四份,由承包人填报,发包人、监理人、造价咨询人、承包人各存一份。

2.5 特殊情况下的工程价款结算

特殊情况下的工程价款结算主要是指合同解除的价款结算,分以下两种情况:

1)不可抗力解除合同的工程价款结算

发生不可抗力(不可抗力是指承包人和发包人在订立合同时不可预见,在工程施工过程中不可避免地发生并不能克服的自然灾害和社会性突发事件,如地震、海啸、瘟疫、水灾、骚乱、暴动、战争),导致合同无法履行,双方协商一致解除合同,按照协议办理结算和支付合同价款。

发包人应向承包人支付合同解除之日前已完成工程尚未支付的合同价款,此外还应支付下列金额:

①合同约定应由发包人承担的费用。

②已实施或部分实施的措施项目应付价款。

③承包人为合同工程合理订购且已支付的材料和工程设备货款。发包人一经支付此项货款,该材料和工程设备即成为发包人的财产。

④承包人撤离现场所需的合理费用,包括员工遣送费和临时工程拆除、施工设备运离现场的费用。

⑤承包人为完成合同工程而预期开支的任何合理费用,且该项费用未包括在本款其他各项支付之内。

发承包双方办理结算合同价款时,应扣除合同解除之日前发包人应向承包人收回的价款。当发包人应扣除的金额超过应支付的金额,承包人应在合同解除后的56天内将其差额退还给发包人。

2)违约解除合同

(1)承包人违约

因承包人违约解除合同的,发包人应暂停向承包人支付任何价款。发包人应在合同解除后28天内核实合同解除时承包人完成的全部合同价款以及按施工进度计划已运至现场的材料和工程设备货款,按合同约定核算承包人应支付的违约金以及造成损失的索赔金额,并将结果通知承包人。发承包双方应在28天内予以确认或提出意见,并应办理结算合同价款。如果发包人应扣除的金额超过了应支付的金额,承包人应在合同解除后的56天内将其差额退还发包人。发承包双方不能就解除合同后的结算达成一致的,按照合同约定的争议解决方式处理。

(2)发包人违约

因发包人违约解除合同的,发包人除应按照有关不可抗力解除合同的规定向承包人支付各项价款外,还应按合同约定核算发包人应支付的违约金以及给承包人造成损失或损害的索赔金额费用。该笔费用由承包人提出,发包人核实后,与承包人协商确定后的7天内向承包人签发支付证书。协商不能达成一致的,按照合同约定的争议解决方式处理。

【例2.11】 某住宅项目开发工程,发承包双方协商解除合同,达成以下合同解除与出场结算协议:

××工程承包合同解除与出场结算协议

发包单位:

承包单位:

经过发、承包双方的努力合作,已将××建设项目1~2栋承包范围内的混凝土主体工程全部施工完毕,现因各自单位的工作需要,就原承包合同关系予以解除,并就合同解除前后的工作与结算事宜特签订如下协议条款。

一、承包合同解除关系与其他事项

1. 经双方确定将 2018 年 10 月 31 日签订的工程承包施工合同于 2019 年 9 月 20 日正式终止。终止后与原合同单位和个人无任何合同关系。

2. 在 2019 年 9 月 20 日以前从事××建设项目施工的各分项班组的工资结算工作,承包人必须遵守劳务承包合同支付规定。在发包人于 2019 年 9 月 20 日签字宣布合同终止后 2 天内与各分项班组算清工资应付数额与结欠金额,并在发包人与承包人结付工资尾款时由承包人通知所有参加××建设项目施工的班组一同在场领款发放,切实做到专款专用,确保本项目的工资一分不欠。

3. 承包人在与发包人结清××建设项目工资时,必须组织参加该项目的各分项承包班组到场说明合同解除理由,并经各班组在结算单上签字认可后,发包人方可发放结算余额,但承包人和各项承包班组在本协议书上签字后,应将该做但未做完的工作按发包人要求如期完成,并无任何理由再向发包人追加任何费用。

二、出场结算范围与结算方案

1. 凡属原承包合同范围中的施工内容均按 2019 年 9 月 20 日以前已做未完或已包未完工程(除 1、2 栋屋顶以上构架、楼梯间、电梯机房等混凝土浇捣与拆模及拆模后的所有材料清运装车外)部分,均属一次性终止合同承包关系,直接由发包人另行安排。

2. 结算方案:

(1)承包人应收部分金额

①按原合同扣减水电工资 13 元/m^2 和扣减屋顶以下各分项班组应做未完协定金额壹拾万元整后,已完工程价款为 24 954 686 元,具体计算见附件。

②合同以外签证单据共 15 份,金额为 45 251.50 元,具体详见签证附件。

③一栋西头基础及两栋整栋基础因图纸变更,协商补偿劳务工资及机械费用共 16 000 元整。

承包人应收部分金额=①+②+③=25 015 937.50 元(贰仟伍佰零壹万伍仟玖佰叁拾柒圆伍角)

(2)发包人应扣部分金额

①扣回已支付承包人金额:18 511 950.00 元

②扣回 1、2 栋屋顶以下应做未完协商款 100 000 元。

③扣回承包人在发包人仓库领料款 360 000 元,详见双方认可证明。

④扣回施工中业主、监理、项目部等罚款 4 550 元,详见双方认可证明。

发包人扣回部分金额=①+②+③+④=18 976 500.00 元(壹仟捌佰玖拾柒万陆仟伍佰圆整)。收支两抵,发包人还应付给承包人 6 039 437.50 元(陆佰零叁万玖仟肆佰叁拾柒圆伍角整)。

三、其他

1. 塔吊班组、水电班组、架工班组所有借支由各班组签字认可后,由承包人提供给发包人;所有参与××建设项目分项施工的班组合同,承包人必须提供给发包人。

2. 本协议由发包人、劳务公司签字、盖章，承包人、各劳务班组共同签字生效，以上各方签字后，承包人所有债务及责任均与发包人无关。

发包人签字(盖章)：　　　　劳务公司签字(盖章)：

承包人签字(盖章)：　　　　劳务班组签字：

2019 年 9 月 20 日

素质培养　良好的资料管理能力

资料是工程造价形成的核心基础，与造价有关的技术资料、经济资料、商务资料庞杂而繁多，需要进行有效管理，主要包括资料内容的有效性、形式规范性和保管有序性。

只有描述真实且正确，程序也完备的资料才能作为结算的依据。工程结算资料有很多，应按照一定的标准(如类别、时间等)进行分类整理和保存，既要纸质档保存，也要电子档保存。

【案例 2.1】　某园林工程项目有一份现场收方资料，收方资料描述如下：本项目草坪为平面异形，草坪的收方面积为 980 m^2，草坪四周闭合维护路缘石长度为 100 m。请判断这份收方资料是否有效。

案例2.1评析

扫一扫，了解案例 2.1 评析。

【案例 2.2】　某工程项目在施工过程中，由于建设单位的原因导致施工单位发生某项返工，以此为事由，施工单位向建设单位报送返工费用签证单，主要内容描述如下：

案例2.2评析

由于××情况，导致施工单位返工，现需要对返工发生的费用进行签证，返工费用具体计算如下：人工费 A 元；材料费 B 元；机械费 C 元；管理费 D 元；利润 E 元；税金 F 元；合计费用 G 元。

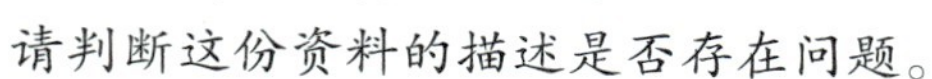

请判断这份资料的描述是否存在问题。

扫一扫，了解案例 2.2 评析。

【案例 2.3】　某工程项目施工合同约定建设单位现场代表为张某。施工过程中，施工单位办理了一张现场收方单，该收方单上由建设单位的另一工作人员刘某签字。请判断该收方单是否有效。

案例2.3评析

扫一扫，了解上述案例 2.3 评析。

练习题

一、单选题(选择最符合题意的答案)

1. 根据 GB 50500—2013，某一包工包料工程签约的合同价款为 500 万元(已扣除暂列金额),则预付款不宜超过(   )万元。

A.150　　B.50　　C.75　　D.100

2.根据GB 50500—2013,发包人应在工程开工的28天内预付不低于当年施工进度计划的安全文明施工费总额的(   )。

A.50%　　B.60%　　C.70%　　D.80%

3.某居民楼工程,年度计划完成产值500万元,施工天数为340天,材料费占造价比重为60%,材料储备期为120天,按照公式计算法计算预付款为(   )。

A.105.88万元　　B.300万元　　C.107.62万元　　D.500万元

4.某住宅工程签约合同价为480万元,预付款的额度为20%,材料费占60%,按照起扣点计算法计算该起扣点的金额是(   )万元。

A.400　　B.320　　C.300　　D.280

5.预付款担保最常采取的形式是(   )。

A.抵押担保　　B.银行保函　　C.约定　　D.担保公司

6.根据GB 50500—2013,承包人还清全部预付款后,发包人应在预付款扣完后的(   )天内退还预付款保函。

A.7天　　B.14天　　C.21天　　D.30天

7.根据GB 50500—2013,发包人认为需要现场计量核实时,应在计量前(   )通知承包人。

A.12小时　　B.24小时　　C.36小时　　D.48小时

8.根据GB 50500—2013,当承包人认为发包人核实后的计量有误时,应在收到计量结果通知后的(   )向发包人提出书面意见。

A.5天　　B.6天　　C.7天　　D.10天

9.根据《建设工程质量保证金管理办法》(建质[2017]138号),全部或者部分使用政府投资的建设项目,按工程结算总额(   )左右的比例预留质量保证金。

A.2%　　B.3%　　C.5%　　D.7%

10.根据计价规范关于进度款的支付方式,你认为扣留质量保证金的适宜方式是(   )。

A.逐次扣留　　B.竣工结算时一次性扣留

C.双方约定　　D.随时扣留

11.屋面防水工程,有防水要求的卫生间、房间和外墙的防渗漏,法定的最低保修期限是(   )年。

A.1　　B.2　　C.3　　D.5

12.根据《建设工程质量保证金管理办法》(建质[2017]138号),缺陷责任期不应超过(   )个月,具体期限由合同当事人在专用合同条款中约定。

A.6　　B.12　　C.24　　D.36

二、多选题(多选、错选不得分)

1.确定预付款数额的方法有(   )。

A.百分比法　　B.公式计算法　　C.定额计算　　D.规范计算法

2.预付款的扣回方法有(   )。

A.按合同约定扣款　　B.起扣点计算法　　C.随时扣回　　D.最后扣回

3. 预付款可以采取的担保形式有(　　)。

A. 银行保函　　B. 抵押担保　　C. 公司担保　　D. 信誉担保

4. 工程计量的原则是(　　)。

A. 承包人实际完成的工程量都予以计量

B. 不符合合同文件要求的工程量不予计量

C. 按合同文件规定的方法、范围、内容和单位计量

D. 因承包人原因造成的超过合同工程范围施工或返工的工程量也予以计量

5. 关于工程计量说法错误的是(　　)。

A. 单价合同工程量必须以承包人完成的工程量确定

B. 发包人认为需要现场计量核对的,应在计量前 24 小时通知承包人

C. 承包人收到发包人现场核量通知不参加的,发包人不得单独确认现场计量结果

D. 发包人可以不通知承包人,单独组织确认现场计量结果

6. 本周期完成的合同价款包括(　　)。

A 本周期完成的单价项目价款　　B. 本周期完成的总价项目价款

C. 本周期已完成的计日工价款　　D. 本周期应支付的安全文明施工费

E. 本周期应增加的合同价款　　F. 本周期应扣减的合同价款

7. 本周期应增加的合同价款包括(　　)。

A. 本周期已完成的计日工价款　　B. 本周期发生的现场签证

C. 本周期发生的索赔金额　　D. 本周期应支付的安全文明施工费

8. 本周期应扣减的合同价款可以是(　　)。

A. 应扣回的预付款　　B. 应扣回的甲供材料价款

C. 施工单位的材料款　　D. 民工工资

9. 工程结算是对原施工预算或者工程承包价进行(　　)重新确定工程造价的经济文件。

A. 调整　　B. 确认　　C. 推翻　　D. 鉴定

10. 工程竣工结算造价包括(　　)。

A. 分部分项工程费　　B. 措施项目费　　C. 其他项目费　　D. 规费

E. 税金　　F. 暂列金额

11. 对于工程质量有异议的工程结算,以下说法正确的是(　　)。

A. 已竣工验收的工程,其质量争议应按照该工程保修合同执行

B. 已竣工未验收但实际投入使用的工程,其质量争议应按照该工程保修合同执行

C. 已竣工未验收也未投入使用的工程,存在质量争议的不予办理竣工结算

D. 已竣工未验收也未投入使用的工程,无争议部分应按合同约定办理竣工结算

12. 关于竣工结算,以下说法正确的是(　　)。

A. 合同工程竣工结算核对完成,发承包双方签字确认后,发包人认为有歧义的,可重新组织核对

B. 合同工程竣工结算核对完成,发承包双方签字确认后,发包人不得再要求承包人与另外的工程造价咨询人重复核对竣工结算

C. 对经办人员已签名确认的竣工结算文件,发包人拒不签认的,承包人可不提供竣工验

收备案资料

D. 对经办人员已签名确认的竣工结算文件，承包人拒不签认的，发包人要求办理竣工验收备案的，承包人不得拒绝

13. 关于缺陷期的工程责任，以下说法正确的是（　　）。

A. 因承包人原因造成的工程缺陷、损害，由承包人负责修复

B. 所有的工程缺陷、损害，都由承包人负责修复

C. 因承包人原因造成的工程缺陷、损害，发包人有权自行选择施工单位进行修复

D. 因承包人原因造成的工程缺陷、损害，承包人拒绝修复的，发包人有权自行组织并从质量保证金中扣除

14. 由于不可抗力导致合同解除，发包人应向承包人支付的款项是（　　）。

A. 合同解除之日前已完成工程尚未支付的合同价款

B. 已实施或部分实施的措施项目应付价款

C. 承包人为合同工程订购的材料和工程设备货款

D. 承包人为完成合同工程而预期开支的所有费用

E. 承包人撤离现场所需的合理费用

15. 下面关于因为违约解除合同说法正确的是（　　）。

A. 因承包人违约解除合同的，发包人应暂停向承包人支付任何价款

B. 因承包人违约解除合同的，承包人应支付违约金及造成损失的索赔金额

C. 因发包人违约解除合同的，承包人应向发包人提出违约金及造成损害的索赔金额

D. 不管是谁违约导致解除合同，都是由承包人来核实已完工程价款、违约金及索赔金额

三、判断题（正确的打"√"，错误的打"×"）

1. 所有工程都有预付款。（　　）

2. 发包人在预付款期满后的 5 天内未支付的，承包人可以暂停施工。（　　）

3. 预付款担保的担保金额通常与发包人的预付款是等值的。（　　）

4. 承包人对安全文明施工费应专款专用，在财务账目中应单独列项备查，不得挪作他用。（　　）

5. 工程计量是承包人对自己完成合同工程的数量进行的计算活动。（　　）

6. 工程结算必须以承包人完成合同工程应予以计量的工程量办理。（　　）

7. 采用经审定批准的施工图及其预算方式发包形成的总价合同，按照工程变更规定的工程量以外，总价合同各项目的工程量应为承包人用于结算的最终工程量。（　　）

8. 进度款的支付周期应该与合同约定的工程计量周期一致。（　　）

9. 因承包人原因造成的超出合同工程范围施工或返工的工程量，发包人应予以计量。（　　）

10. 进度款的支付比例按照合同约定按期中结算价款总额计，不低于 60%，不高于 90%。（　　）

11. 发包人提供的甲供材料，应按照发包人签约提供的单价和数量从进度款中扣除。（　　）

12. 工程结算的前提是工程竣工验收合格。（　　）

13. 竣工结算中分部分项工程费=发包人计算的工程量×已标价工程量的综合单价。（　　）

14. 工程结算就是指竣工结算。（　　）

15. 工程的缺陷责任期就是保修期。（　　）

16. 法定的最低工程保修期是2年。（　　）

17. 暂列金额应减去合同价款调整(包括索赔、现场签证)金额,如有余额归发包人。（　　）

四、计算题

1. 某住宅工程签约合同价为900万元,预付款额度为10%,材料费占60%,合同约定按公式计算法确定该工程预付款的起扣点,经确认的产值如表2.12所示。

表2.12　各月产值统计表

时　间	1月	2月	3月	4月	5月
产值/万元	170	320	220	160	60

要求计算:

(1)该工程的预付款额度是多少?

(2)该工程的起扣点是多少?

(3)该工程的起扣时间是哪个月?

(4)各期预付款的扣回金额是多少?

2. 某工程按合同约定按照月支付进度款,即按照当月完成合同价款70%支付,当月相关款项如下:

(1)本月已完成单价项目价款:1 000 000元;

(2)本月应支付的总价项目金额:100 000元;

(3)本月已完成的计日工价款:3 000元;

(4)本月应支付安全文明施工费:10 000元;

(5)确认的现场签证金额合计:1 000元;

(6)本月应抵扣的预付款:50 000元。

要求计算:

(1)本月完成的合同价款是多少?

(2)本月应支付的合同价款是多少?

3. 某工程签约合同价款为300万元,其中暂列金额为20万元,合同约定:

(1)按照签约合同价(扣除暂列金额)的20%支付预付款(含农民工工资专户要求的第一个月工资),最后两个月均摊扣回预付款;

(2)甲供材料按双方核准后的金额在进度款中抵扣;

(3)按月结算,进度款按实际完成工程价款的70%支付;

(4)竣工验收合格后支付至结算价款的80%;

(5)竣工验收时结算价为320万元,审计后最终确认的价款为315万元,审计结束后支付

至最终价款的97%,扣除3%的质量保证金;

(6)竣工验收后在1年期满后7日内退还2%,剩余质量保证金在缺陷责任期满后1个月内退还(无息)。

施工单位每月完成并经发包人核准的工程价款如表2.13所示。

表2.13 各月产值核定表 单位:万元

月份	3月	4月	5月	6月
工程价款	60	100	90	70
甲供材料价款	0	0	15	5

缺陷期第一年,工程质量缺陷修复2万元,由施工单位承担并予以修复;缺陷期第二年,因发包人原因导致修复1万元,由承包人实施修复。

要求计算:

(1)预付款额度是多少?

(2)预付款平均各期扣回金额是多少?

(3)各期应支付的进度款和实际支付的进度款是多少?

(4)竣工验收合格应支付的合同价款是多少?

(5)审计结束后应支付的合同价款是多少?

(6)预留的质量保证金是多少?

(7)第一年缺陷期满后应支付的工程款是多少?

(8)第二年缺陷期满后应支付的工程款是多少?

4.某建设工程竣工结算价款为460万元,审计后价款为450万元,按照合同约定,按最终造价的3%预留质量保证金,在缺陷期,第一年因工程质量,承包人修复,发生费用2万元;因发包人使用不当,由承包人修复,发生费用0.8万元。第二年因工程缺陷修复,承包人经发包人书面催告后不予维修,发包人另行组织维修,发生费用1.5万元。

问:(1)该工程质量保证金是多少?

(2)缺陷期满后最终应支付的合同价款是多少?

五、思考题

1.对预付款、进度款、竣工结算、最终清算设计流程图。

2.是否每个项目都有预付款?

六、案例分析

1.某市安居区一个农田改造项目,A单位(甲方)采取清单计价方式招标,其中U形槽招标工程量清单的工程量为5 000 m。B施工单位(乙方)报价时本应为78元/m,误填为178元/m,评标时未能发现,B单位最后以65万元中标。在U形槽施工时,甲方提出增加2 000 m。甲方结算时才发现乙方报价不合理,要求乙方重新调整单价,而乙方要求按照中标价结算,包括增加部分,双方发生分歧。请分析应如何处理U形槽的结算?

2.某施工单位在施工时发现一楼一轴线处的铝合金玻璃窗在结构平面外,下面没有底座,经与监理单位、甲方沟通后,在下面砌筑300 mm厚实心砖墙作为门窗的底座。请分析该施工单位应办理哪些手续?

3 合同价款调整

在施工过程中，引起合同价款调整的事项大致包括法规变化类、工程变更类（工程变更、项目特征不符、工程量清单缺项、工程量偏差、计日工）、物价变化（物价波动、暂估价）、工程索赔（不可抗力、提前竣工、误期赔偿、索赔）、其他（现场签证、发承包双方约定的其他调整事项）五大类。工程价款的调整应按合同约定进行，如合同未约定时，以国有资金投资或国有资金投资为主的项目应按以下方法调整，非国有资金投资或非国有资金投资为主的项目可参照以下方法调整。

3.1 法律法规变化引起的合同价款调整

1）合同价款调整依据

根据《中华人民共和国民法典》第一百五十三条的规定，违反法律、行政法规的强制性规定的民事法律行为无效。因此，在施工合同履行过程中，当国家的法律、法规、规章和政策引起工程造价增减变化时，发承包双方应依据国家或省级、行业建设主管部门或其授权的工程造价管理机构据此发布的规定调整合同价款。

2）基准日的确定

《建设工程施工合同（示范文本）》（GF-2017-0201）第11.2款〔法律变化引起的调整〕规定：基准日期后，法律变化导致承包人在合同履行过程中所需要的费用发生除第11.1款〔市场价格波动引起的调整〕约定以外的增加时，由发包人承担由此增加的费用；减少时，应从合同价格中予以扣减。因此，为了合理划分发承包双方的合同风险，施工合同中应当约定一个基准日。一般情况下，招标工程以投标截止日期前28天为基准日，非招标工程以合同签订前28天为基准日。

3）合同价款调整方法

当法律法规变化引起工程价款调整时，首先确定基准日，再根据基准日和相关规定发布的时间判断是否调整合同价款。在基准日后因国家的法律、法规、规章和政策发生变化引起工程造价增减变化的,发承包双方应按相关规定调整合同价款。

【例3.1】 某工程开标日期为2019年2月11日,2019年2月1日某省人民政府颁布《关于印发××省地方教育附加征收使用管理办法的通知》,规定中明确地方教育费附加调至2%,试分析结算时工程价款是否应该调整。

【分析】 首先确定基准日:本工程为招标工程,开标日期即为投标截止日期,投标截止日前28天为基准日;投标截止日为2019年2月11日,推算基准日为2019年1月14日。

其次判断是否调整工程价款:相关规定颁布的时间是2019年2月1日,该规定在本工程基准日之后发布,在结算时应按照相关规定调整合同中的税金金额。

4)工程延误期间的特殊处理

在合同履行过程中,如果是承包人原因导致合同工期延误的,则应按不利于承包人的原则调整合同价款。即由承包人原因导致的工期延误期间因国家法律、法规、规章和政策发生变化引起工程造价增减变化的,合同价款调增时不予调整,合同价款调减时予以调减。

5)税率变化导致的价款变化

法律法规变化导致合同价款调整最常见的情况是计税方式和税率的调整。当国家税务总局发布的计税方式或税率改变时,无论合同是否约定,工程价款都必须按照法律规定调整。计价规范也明确规定:规费和税金必须按照国家或省级、行业建设主管部门的规定计算,不得作为竞争费用。因此,当税前造价发生变化时,应按变化后的税前造价和不可竞争的税率计算税金;当税率发生变化时,应按照规定的时间节点和要求处理税金的计算,任何少算、漏算都是违法违规行为。

3.2　工程变更引起的合同价款调整

工程变更是指在工程施工过程中,根据合同约定对施工的程序,工程的内容、数量、质量要求及标准等作出的变更。因工程变更引起已标价工程量清单项目或其工程数量发生变化、措施项目发生变化的,应调整合同价款。工程变更可由业主、承包商或设计方任何一方提出。

1)工程变更的原因

①业主对建设项目提出新的要求,如业主为降低造价更换装修材料等;

②由于设计人员、监理人员、承包商原因引起变更,如设计深度不够,实施过程中进行图纸深化时引起变更;

③工程环境变化引起的变更,如地勘资料不够准确,引起土方工程等项目变化;

④由于产生新技术和新知识,有必要改变原设计或原施工方案变化;

⑤政府部门对工程提出新的要求,如城市规划变动等;

⑥由于合同实施出现问题，必须修改合同条款。

2）工程变更的范围

根据《建设工程施工合同（示范文本）》（GF-2017-0201）第 10.1 款变更的范围，除专用合同条款另有约定外，合同履行过程中发生以下情形的，应按照约定进行变更：

①增加或减少合同中任何工作，或追加额外的工作；

②取消合同中任何工作，但转由他人实施的工作除外；

③改变合同中任何工作的质量标准或其他特性；

④改变工程的基线、标高、位置和尺寸；

⑤改变工程的时间安排或实施顺序。

3）工程变更价款调整方法

（1）工程变更引起的分部分项工程费调整

①已标价工程量清单中有适用于变更工程项目的。已标价工程量清单中有适用于变更工程项目，且工程变更导致已标价工程量清单项目的工程数量发生的偏差在 15% 以内时，应直接采用该项目的单价（如工程量偏差超过 15% 时，按后面相关章节调整）。直接采用适用项目单价的前提是其采用的材料、施工工艺和方法不变，也不增加关键线路上工程的施工时间。

【例 3.2】 某公司办公楼在结算过程中，因设计变更引起构造柱工程量变更，施工合同只明确发生工程量偏差时应调整合同价款，但未对工程量偏差引起的价款调整方法作出明确约定。背景资料如下：

背景资料 1：已标价工程量清单摘录，如表 3.1 所示。

表 3.1 分部分项工程和单价措施项目清单与计价表

工程名称：某公司办公大楼　　　　标段：　　　　第 2 页 共 5 页

序号	项目编码	项目名称	项目特征描述	计量单位	工程数量	金额（元）		
						综合单价	合价	其中 暂估价
10	010502002001	C20 混凝土构造柱	1. C20 商品混凝土	m^3	181.03	375.82	68 034.69	

背景资料 2：设计变更，如表 3.2 所示。

背景条件：承包人按设计变更、补充备忘录要求施工完工后，经双方确认的构造柱工程量为 199.13 m^3。

【分析】 根据以上背景资料和图纸，计算工程量增加情况：

$$(199.13-181.03)/181.03\times100\% = 10\%$$

或

$$(199.13/181.03-1)\times100\% = 10\%$$

表 3.2 ××建筑设计研究院有限公司设计变更、补充备忘录

会签						
专业	姓名	××建筑设计研究院有限公司 设计变更、补充备忘录		建字2号 附图1张 第1页共1页		
暖通				出图日期	与本备忘录内容相关的图纸编号	
				2018.12.1		
电气	张允文	业主	××实业有限公司	工程项目	光辉大楼	工程编号 SJ0905-48 档案编号
给排水		变更设计的原因： 根据甲方要求，做以下变更： 1. 在地上1—5层增设部分砖墙，具体位置详附图1。 2. 在地上1—5层增设砖墙的所有转角处增设C20混凝土构造柱，构造柱具体做法详附图1。 3. 增设砖墙墙面做法同已有墙面做法。				
结构	李坤					
建筑	王华					
		审批人：张华	审定人：柳叶	设计总负责人：黄伟	专业负责人：刘晃	校对人：王政 修改人：李坤

工程变更引起的构造柱工程量变化为 10%，小于 15%，综合单价不调整，变更引起增加金额如表 3.3 所示。

表 3.3 分部分项工程和单价措施项目清单与计价表

工程名称：某公司办公大楼　　　　标段：　　　　第 2 页 共 5 页

序号	项目编码	项目名称	项目特征描述	计量单位	工程数量	金额（元）		
						综合单价	合价	其中 暂估价
10	010502002002	C20 混凝土构造柱（增加部分）	1. C20 商品混凝土	m^3	18.1	375.82	6 802.34	

②已标价工程量清单中没有适用但有类似于变更项目的。已标价工程量清单中没有适用但有类似于变更项目的，可以在合理范围内参照类似项目的单价。类似项目是指变更后的项目采用的材料、施工工艺和方法与已标价工程量清单中的项目基本相似。

【例3.3】 某公司办公楼在结算过程中,因变更引起构造柱工程量变更。背景资料如下:

背景资料1:已标价工程量清单,如表3.4所示。

表3.4 分部分项工程和单价措施项目清单与计价表

工程名称:某公司办公大楼　　标段:　　第2页 共5页

序号	项目编码	项目名称	项目特征描述	计量单位	工程数量	金额(元)		
						综合单价	合价	其中 暂估价
10	010502002001	C20 混凝土构造柱	1. C20 商品混凝土	m^3	181.03	375.82	68 034.69	

背景资料2:已标价工程量清单中的综合单价分析表,如表3.5所示。

表3.5 工程量清单综合单价分析表

工程名称:某公司办公大楼　　标段:　　第10页 共58页

清单项目编码	010502002001		清单项目名称	C20 混凝土构造柱		计量单位	m^3		工程量	181.03	
清单综合单价组成明细											
定额编号	定额项目名称	定额单位	数量	单价(元)				合价(元)			
				人工费	材料费	机械费	综合费	人工费	材料费	机械费	综合费
AE0094	C20 混凝土构造柱	10 m^3	0.1	327.60	3 325.10	16.10	89.36	32.76	332.51	1.61	8.94
小　计								32.76	332.51	1.61	8.94
未计价材料(设备)费(元)											
清单项目综合单价(元)								375.82			
材料费明细	主要材料名称、规格、型号			单位	数量	单价(元)	合价(元)	暂估单价(元)	暂估合价(元)		
	商品混凝土 C20			m^3	1.005	330.00	331.65				
	水			m^3	0.383	2.00	0.77				
	其他材料费						0.09				
	材料费小计						332.51				

背景资料3:技术核定单,如表3.6所示。

表3.6　技术核定单

提出单位	××建筑工程公司	施工图号或部位	地上1—5层
工程名称	某公司办公大楼	核定性质	变更
核定内容	地上1—5层C20混凝土构造柱变更为C25混凝土构造柱。 注册建造师(项目经理):王月明　　技术负责人:张坤		
监理(建设)单位意见	请设计单位确认后施工。 签字:李维 2018年12月14日		
设计单位意见	同意按此核定施工。 签字:刘明 2018年12月15日		

注:本表一式五份,建设单位、施工单位、监理单位、设计单位、城建档案馆各一份。

背景资料4:施工合同关于变更价格部分摘录。

10.4 变更的估价原则

……

除合同另有规定外,工程变更或设计变更后单价的确定,按下列方法进行:

……

材料单价确定办法:①投标文件中已有的执行投标文件中的材料单价;②投标文件中没有的材料单价依据工程发生同期的《工程造价信息》确定;③投标文件和工程实施同期的《工程造价信息》中均没有的材料单价,由发包人、监理人、承包人根据市场价共同确认材料价格。

背景条件:已标价工程量清单中已有C25混凝土的单价为360元/m^3。

【分析】 该变更项目未改变施工工艺或方法,只是改变了混凝土强度等级,属于有类似项目的变更情况,应参照已标价工程量清单中C20混凝土构造柱的综合单价。价款结算时,将C20混凝土单价变更为C25混凝土单价,其余不变。依据某省定额及以上背景资料,结算如表3.7、表3.8所示。

表3.7　分部分项工程和单价措施项目清单与计价表

工程名称:某公司办公大楼　　　　标段:　　　　第2页 共5页

序号	项目编码	项目名称	项目特征描述	计量单位	工程数量	金额(元)		
						综合单价	合价	其中 暂估价
10	010502002001	C25混凝土构造柱	1. C25商品混凝土	m^3	181.03	405.97	73 492.75	

表 3.8　工程量清单综合单价分析表

工程名称：某公司办公大楼　　　　标段：　　　　第 10 页 共 58 页

清单项目编码	010502002001	清单项目名称	C25 混凝土构造柱	计量单位	m^3	工程量	181.03

清单综合单价组成明细											
定额编号	定额项目名称	定额单位	数量	单价(元)				合价(元)			
				人工费	材料费	机械费	综合费	人工费	材料费	机械费	综合费
AE0094	C25 混凝土构造柱	10 m^3	0.1	327.60	3 626.60	16.10	89.36	32.76	362.66	1.61	8.94
小　计								32.76	362.66	1.61	8.94
未计价材料(设备)费(元)											
清单项目综合单价(元)								405.97			

材料费明细	主要材料名称、规格、型号	单位	数量	单价(元)	合价(元)	暂估单价(元)	暂估合价(元)
	商品混凝土 C25	m^3	1.005	360.00	361.80		
	水	m^3	0.383	2.00	0.77		
	其他材料费				0.09		
	材料费小计				362.66		

③已标价工程量清单中没有类似于变更工程项目的。

a. 已标价工程量清单中没有类似于变更工程项目的，应由承包人根据变更工程资料、计量规则和计价办法、工程造价管理机构发布的信息价格和承包人报价浮动率提出变更工程项目的单价，并报发包人确认后调整。

承包人报价浮动率主要反映承包人报价(非招标工程为报价值)与招标控制价(非招标工程为施工图预算)相比下调的幅度。

$$承包人报价浮动率\ L = (1 - 中标价 / 招标控制价) \times 100\% \tag{3.1}$$

【例 3.4】　某职工宿舍 3#楼在土方施工过程中新增淤泥处理项目。背景资料如下：

背景资料 1：技术、经济签证核定单，如表 3.9 所示。

表 3.9　技术、经济签证核定单

受文单位：明华建设公司　　　　编号：第 17 号　　　　共 1 页 第 1 页

工程名称或编号	职工宿舍 3#楼	施工单位	××建筑工程公司
分部分项工程名称	土石方	图纸编号	
核定内容	挖淤泥		
内容：我施工单位承建的职工宿舍 3#楼，2018 年 12 月 3 日在开挖②—⑤轴处挖出淤泥。上述原因造成我单位增加工程量如下： 1. 挖除坑内淤泥，工程量为 3.15×10.25×0.3＝9.69(m^3) 2. 运输淤泥至甲方指定地点，运距为 1 km			

续表

受文单位签证:(章) (略) 张华 2019年4月4日	建设单位代表: 情况属实,价格由造价组核对确定。 刘文娜 2019年4月4日	监理工程师(注册方章) 情况属实! 李东 2019年4月4日
填表人:(签字) 李玲 2019年4月4日	项目技术负责人:(签字) 陶兵 2019年4月4日	

注:本表一式四份,建设单位、施工单位、监理单位、城建档案馆各一份。

背景资料2:施工合同关于变更价格部分摘录。

10.4 变更的估价原则

……

除合同另有规定外,工程变更或设计变更后单价的确定,按下列方法进行:

①合同中已有适用于变更工程的价格,按合同已有的价格(中标人的中标单价)变更合同价款;②合同中只有类似于变更工程的价格,可以参照类似价格(中标人的中标单价)变更合同价款;③合同中没有适用或类似于变更工程的价格,由承包人按本省计价定额、相关配套文件、发包人确认的材料单价及承包人报价浮动率计算出综合单价。

背景条件:

①已标价工程量清单中没有挖运淤泥项目,也没有类似项目,该内容为新增项目;

②某省定额人工费调整:造价总站对现行定额的人工费调整批复的人工费调整系数为22.78%;

③该工程招标控制价为230.46万元,中标价为221.24万元;

④某省计价定额如表3.10所示。

该省定额规定:机械挖运淤泥时,按机械挖运土方定额乘以系数1.5。土石方运输按实际体积和运距计算。机械挖土外运时不套用“机械运土≤1 000 m”的项目,但外运距离也不扣除基本运距。

表3.10　挖土方项目定额表

定额编号			AA0016	AA0087	AA0088
项目		单位	100 m^3	1 000 m^3	
			机械挖土方(基坑 底面积≤100 m^2)	机械运土方,运距≤10 km	
				运距≤1 000 m	每增加1 000 m
综合单(基)价		元	961.99	6 189.73	1 012.13
其中	人工费	元	574.80	774.00	123.25
	材料费	元	—	21.60	—
	机械费	元	291.86	4 782.87	788.58
	综合费	元	95.33	611.26	100.30

【分析】　根据背景条件已知,该签证单上的内容为新增内容,依据以上背景资料,挖淤泥项目结算如下:

第 1 步:根据计价定额、人工费调整文件规定,计算出综合单价为 17.96 元/m^3,计算过程详见表 3.11。

表 3.11 综合单价分析表

工程名称:职工宿舍 3#楼　　标段:　　第 50 页 共 62 页

清单项目编码	010101006001	清单项目名称		挖淤泥		计量单位		m^3		工程量	9.69
清单综合单价组成明细											
定额编号	定额项目名称	定额单位	数量	单价(元)				合价(元)			
				人工费	材料费	机械费	综合费	人工费	材料费	机械费	综合费
AA0016 换	挖淤泥	100 m^3	0.015	705.74	—	291.86	95.33	10.59	—	4.38	1.43
AA0088 换	淤泥运输 1 km	1 000 m^3	0.001 5	151.33	—	788.58	100.30	0.23	—	1.18	0.15
小　计								10.82	—	5.56	1.58
未计价材料(设备)费(元)											
清单项目综合单价(元)								17.96			
材料费明细	主要材料名称、规格、型号			单位	数量	单价(元)		合价(元)	暂估单价(元)	暂估合价(元)	
	其他材料费										

数量计算过程:

①挖淤泥数量=计量单位换算系数×定额换算系数×清单工程量/定额工程量

=0.01×1.50×9.69/9.69=0.015

②淤泥运输 1 km 数量=0.001×1.50×9.69/9.69=0.001 5

③挖淤泥人工调整:　574.80×1.227 8=705.74

淤泥运输 1 km 人工调整:　123.25×1.227 8=151.33

第 2 步:根据承包人投标浮动率确定综合单价。

承包人投标浮动率 L=(1−中标价/招标控制价)×100%

=(1−221.24/230.46)×100% =4%

该项目综合单价=17.96×(1−4%)

=17.24(元/m^3)

第 3 步:新增分项工程费计算,如表 3.12 所示。

表 3.12 分部分项工程和单价措施项目清单与计价表

工程名称:某公司办公大楼　　标段:　　第 5 页 共 6 页

序　号	项目编码	项目名称	项目特征描述	计量单位	工程数量	金额(元)		
						综合单价	合价	其　中 暂估价
10	010101005001	挖淤泥	1. 挖淤泥 2. 运距为 1 km	m^3	9.69	17.24	167.06	

注意：该类变更也可通过填写“费用索赔申请(核准)表”，按施工中遇到不利物质条件情况处理，进度款申请时费用计入“本周期应增加的合同价款”中。

b. 已标价工程量清单中没有类似于变更项目，但工程造价管理机构发布的信息价缺价的，应由承包人根据变更工程资料、计量规则、计价办法和通过市场调查等取得合法依据的市场价格，提出变更工程项目的单价，并报发包人确认后调整。

(2)工程变更引起的措施费调整方法

工程变更引起施工方案改变并使措施项目发生变化时，承包人提出调整措施项目费的，应事先将拟实施的方案提交发包人确认，并应详细说明与原方案措施项目相比的变化情况。拟实施的方案经发承包双方确认后执行，并按照下列规定调整措施项目费：

①安全文明施工费必须按国家或省级、行业建设主管部门的规定计算；

②采用单价计算的措施项目费，变更原则同分部分项工程；

③按总价(或系数)计算的措施项目费，按照实际发生变化的措施项目调整，但应考虑承包人报价浮动因素，即调整金额按照实际调整金额乘以承包人报价浮动率计算。

如果承包人未事先将拟实施的方案提交给发包人确认，则应视为工程变更不引起措施项目费的调整或承包人放弃调整措施项目费的权利。

【例3.5】　某医院住院部项目，独立基础有坡形和阶形两种，在保证质量的前提下为加快施工进度，将所有的坡形基础变更为台阶形基础，具体情况如下：

背景资料1：技术核定单，如表3.13所示。

表3.13　技术核定单

提出单位	××建设公司	施工图号或部位	基础
工程名称	××医院住院部	核定性质	变更
核定内容	××医院住院部项目，所有独立基础均改为阶形基础，钢筋按原图施工，模板材料不变。做法详下图： 柱墩宽　L　L/2　L/2　同原图　100　同原图　基础底标高 注册建造师(项目经理)：王月明　　技术负责人：张坤		
监理(建设)单位意见	请设计单位确认后施工。 签字：王峃 2018年12月14日		
设计单位意见	同意按此核定施工。 签字：吴佑 2018年12月15日		

注：本表一式五份，建设单位、施工单位、监理单位、设计单位、城建档案馆各一份。

背景资料2:已标价工程量清单摘录,如表3.14所示。

表3.14　分部分项工程和单价措施项目清单与计价表

工程名称:××医院住院部　　　　标段:　　　　第6页 共8页

序号	项目编码	项目名称	项目特征描述	计量单位	工程数量	金额(元)		
						综合单价	合价	其中 暂估价
10	011702001002	基础模板安拆	1. 阶形基础	m^2	43.23	31.96	2 851.79	

背景资料3:施工方案关于模板支撑部分摘录。

……

(二)模板工程

1. 钢筋混凝土独立柱基础模板采用定型钢模板支侧模,坡面不支模,采用钢丝网即可;尺寸不足处用木板补拼,支承材料用ϕ48钢管和木撑条固定。

背景资料4:施工合同摘录。

……

12.2 风险范围以外的计算办法

①总价措施费:安全文明施工费、临时设施费按本省最新规定执行;

②单价措施项目:实际完成工程量与清单工程量偏差小于15%时,综合单价不予调整;结算时超过15%部分的措施费,由承包人按本省清单计价定额水平下调5%计算。

背景条件:

①基础模板实际工程量为49.01 m^2;

②基础混凝土工程量增加了11.5 m^3;

③根据已标价工程量清单中的混凝土独立基础综合单价分析表可知,定额人工费为138.15元/10 m^3;

④根据当地相关规定,安全文明施工费经现场打分后计算出的费率为51%,取费基础为分部分项定额人工费。

【分析】

(1)单价措施费调整。变更引起的模板工程量增量为:$49.01-43.23=5.78<43.23\times 15\%$(合同约定),故综合单价不予调整。

(2)安全文明施工费调整。混凝土工程量增加为11.5 m^3,定额人工费增加11.5 $m^3\times(138.15/10)$元/$m^3=158.87$元,当安全文明施工费按定额人工费为计算基础时,安全文明施工费的计价基础应按实调整。

该案例结算过程如下:

①变更引起的单价措施增加金额,如表3.15所示。

表 3.15 分部分项工程和单价措施项目清单与计价表

工程名称:××医院住院部　　标段:　　第 6 页 共 8 页

序号	项目编码	项目名称	项目特征描述	计量单位	工程数量	金额(元)		
						综合单价	合价	其中 暂估价
10	011702001002	基础模板安拆(增加部分)	1. 阶形基础	m^2	5.78	31.96	184.73	

②安全文明施工费增加额:158.87×51% =81.02(元)

注意:在申请进度款支付时,安全文明施工费可按两种方式计入:第一种方式,在每个计算期内,计算基础(按实际发生额)乘以合同约定(或相关规定)的费率计算,单位工程(单项工程)竣工结算时进行调整;第二种方式,根据已标价工程量清单中"总价项目进度款支付分解表"标明的价款计入,单位工程(单项工程)竣工结算时进行调整。具体采用哪种方式应在合同中约定。

4)工程变更引起删减工程或工作的补偿

当发包人提出的工程变更因非承包人原因删减了合同中的某项原定工程或工作,致使承包人发生的费用或得到的收益不能被包括在其已支付或应支付的项目中,也未被包含在任何替代的工作或工程中,承包人有权提出并应得到合理的费用及利润补偿。

练一练

扫描右侧二维码,根据内容动手练一练。

工程变更引起的合同价款调整

3.3 项目特征不符引起的合同价款调整

特征描述是指构成分部分项工程项目、措施项目自身价值的本质特征。因此,项目特征是区分清单项目的依据,是确定综合单价的前提,是履行合同义务的基础,当实际施工的项目特征与已标价工程量清单项目特征不符时,应视情况对综合单价进行调整。

1)项目特征描述的要求

招标工程量清单中项目特征描述的准确性、全面性由发包人负责,承包人按照发包人提供的项目特征描述的内容及有关要求进行报价。因此,已标价工程量清单中综合单价的高低与项目特征有必然联系。发包人在招标工程量清单中对项目特征的描述,应被认为是准确和全面的,并且与实际施工要求相符合。

【例 3.6】 试分析表 3.16 中"余土外运"项目特征描述对结算以及工程造价控制的影响。

表 3.16　特征描述比较

项目编码	项目名称	特征描述 1	特征描述 2	特征描述 3	特征描述 4
010103002001	余土外运	1. 挖填余土 2. 运距由投标人自行考虑	1. 挖填余土 2. 运距 2 km	1. 挖填余土 2. 运至政府指定堆放地点，结算时运距不再调整	1. 挖填余土 2. 运距 50 km

背景资料：通过勘察现场发现，现场无堆放余土的场地，余土需运至 5 km 以外的堆放场。

【分析】　招标人的特征描述主要是明确运距因素在综合单价中考虑，结算时运距发生变化综合单价不再调整。

特征描述 1：在实际工作中很多造价人员采取这种方式表述，这也是规范允许的描述方式，旨在让投标人根据现场踏勘自主报价，体现竞争。但可能出现投标人以零千米计算并在技术标中确认，评标时没有发现，在结算时可能发生纠纷，不利于造价控制。采取这种描述方式，宜在合同中有关于“投标人应充分考虑各种运距，结算时一律不得调整”的意思表示，同时评标时注意这个问题。

特征描述 2：在本题的背景资料下，在结算时该种描述方法必然会调整综合单价。

特征描述 3：该种描述方法已明确运距不再调整，大大减少了招标人对造价控制的风险。

特征描述 4：工程量清单计价方式的评标原则是合理低价中标，投标人在投标时会按照实际情况报价，一般不会引起运距的结算纠纷，但是过分夸大运距，抬高了招标控制价，也不利于造价控制。

2）特征描述错误或有变更的，结算时综合单价应按实调整

在工程实施期间，承包人按照设计图纸、施工合同施工，若出现招标工程量清单中的特征描述与实施的图纸中的描述不一致，或是因设计变更引起特征描述不一致时，应按实际施工结算工程价款，价款调整方法同工程变更价款调整方法。

【例 3.7】　某学校教学楼项目，后浇带的特征描述与图纸不一致时的结算处理。

背景资料：已标价工程量清单摘录，如表 3.17 所示。

表 3.17　分部分项工程和单价措施项目清单与计价表

工程名称：××学校教学楼　　　　标段：　　　　第 2 页 共 8 页

序号	项目编码	项目名称	项目特征描述	计量单位	工程数量	金额（元）		
						综合单价	合价	其中 暂估价
29	010508001001	板后浇带	1. C25 商品混凝土	m^3	5.77	393.16	2 268.53	

背景条件：施工图纸中明确有梁板混凝土强度等级为 C25，后浇带混凝土强度等级比相应构件混凝土强度等级高 C5，而且是采取细石混凝土。

【分析】　以上情况是招标工程量清单特征描述与施工图纸不一致的情况，实际施工时后浇带混凝土强度等级为 C30，结算时应按 C30 细石混凝土价格计入。

练一练

扫描右侧二维码,根据内容动手练一练。

项目特征不符引起的价款调整

3.4　工程量清单缺项引起的合同价款调整

招标工程量清单作为招标文件的组成部分,其准确性与完整性由招标人负责,当招标工程量清单出现缺项、漏项以及计算错误时,结算过程中应按实际发生内容调整合同价款。

1)工程量清单缺项的原因

导致工程量清单缺项的原因主要是:设计变更;施工条件改变;工程量清单编制错误。

2)工程量清单缺项引起的价款调整

(1)新增分部分项工程项目的调整方法

在施工期间,由于招标工程量清单出项缺项、漏项,造成新增分部分项工程清单项目的,应按照工程变更项目相关调整原则调整合同价款。

【例 3.8】　某工程在施工过程中,施工单位提出建议增加地圈梁,具体情况如下:

背景资料 1:技术核定单,如表 3.18 所示。

表 3.18　技术核定单

<table>
<tr><td>提出单位</td><td>××建设有限公司</td><td>施工图号或部位</td><td>基础</td></tr>
<tr><td>工程名称</td><td>食堂</td><td>核定性质</td><td>变更</td></tr>
<tr><td rowspan="2">核定内容</td><td colspan="3">因砖基础从-1.3 m 开始砌筑,整个底层砖砌体高度大于 4 m,因此建议在±0.00 处有砌体部位增加一道 C20 混凝土地圈梁,尺寸为 240 mm×180 mm,配筋为主筋 4 Φ10,箍筋Φ6.5@200。</td></tr>
<tr><td colspan="2">注册建造师(项目经理):王明</td><td>技术负责人:张坤</td></tr>
<tr><td>监理(建设)单位意见</td><td colspan="3">请设计单位确认后施工。
签字:王甾
2018 年 12 月 14 日</td></tr>
<tr><td>设计单位意见</td><td colspan="3">同意按此核定施工。
签字:吴佑
2018 年 12 月 15 日</td></tr>
</table>

注:本表一式五份,建设单位、施工单位、监理单位、设计单位、城建档案馆各一份。

背景资料2:施工合同关于变更价格部分摘录。

10.4 变更的估价原则

……

除合同另有规定外,工程变更或设计变更后单价的确定,按下列方法进行:

①合同中已有适用于变更工程的价格,按合同已有的价格(中标人的中标单价)变更合同价款;②合同中只有类似于变更工程的价格,可以参照类似价格(中标人的中标单价)变更合同价款;③合同中没有适用或类似于变更工程的价格,由承包人按本省清单计价定额、相关配套文件、发包人确认的材料单价及承包人报价浮动率计算出综合单价。

材料单价确定办法:①投标文件中已有的执行投标文件中的材料单价;②投标文件中没有的材料单价依据工程发生同期的《工程造价信息》确定;③投标文件和工程实施同期的《工程造价信息》中均没有的材料单价由发包人、监理人、承包人根据市场价共同确认材料价格。

背景条件:

①招标工程量清单中没有该项,也没有类似项目;

②地圈梁工程量为3.25 m^3,模板工程量为24.34 m^2(以接触面积计算);

③已标价工程量清单中,C20商品混凝土单价为315元/m^3,当期工程造价信息中单价为305元/m^3。

【分析】 根据背景资料可知,该案例属于因变更引起的清单项目缺项,结算时应新增地圈梁项目,合同价款调整方法同工程变更调整。注意:在选取C20商品混凝土单价时应遵循施工合同约定,正确选择单价。

(2)新增措施项目费的调整

新增措施项目可能是由新增分部分项工程项目清单引起,也可能是由招标工程量清单中措施项目缺失引起。

由于招标工程量清单中分部分项工程缺项、漏项引起措施项目发生变化的,应按照工程变更事件中关于措施项目费调整方法调整合同价款。

由于招标工程量清单中措施项目缺项,承包人应将新增措施项目实施方案提交发包人批准后,按照工程变更事件中的有关规定调整合同价款。

练一练

扫描右侧二维码,根据内容动手练一练。

工程量清单缺项引起的合同价款调整

3.5 工程量偏差引起的合同价款调整

1)工程量偏差的含义

工程量偏差是指承包人按照合同工程的图纸(含经发包人批准由承包人提供的图纸)实

施，按照现行国家计量规范规定的工程量计算规则计算得到的完成合同工程项目应予计量的工程量与相应的招标工程量清单项目列出的工程量之间出现的量差。

由于施工条件、地质水文、工程变更等变化以及招标工程量清单编制人专业水平的差异，导致实际工程量与招标工程量清单之间会存在偏差；同时，该偏差对工程量清单项目的综合单价将产生影响，结算时应确认是否进行调整。从综合成本分摊的角度来看，工程量增加太多，结算按原综合单价计价，对发包人不公平；工程量减少太多，结算按原综合单价计价，对承包人不公平。为维护合同的公平，工程量偏差引起的工程价款调整应按合同约定进行，合同未约定时按以下方法进行。

2）合同价款调整方法

(1)分部分项工程费的调整

当工程量增加超过15%时，增加部分的工程量的综合单价应予以调低；当工程量减少超过15%时，剩余部分的工程量的综合单价应予以调高，其调整公式如下：

①当 $Q_1>1.15Q_0$ 时

$$S = 1.15Q_0 \times P_0 + (Q_1 - 1.15Q_0) \times P_1 \tag{3.2}$$

②当 $Q_1<0.85Q_0$ 时

$$S = Q_1 \times P_1 \tag{3.3}$$

式中　S——调整后的某一分部分项费结算价；

Q_1——最终完成的工程量；

Q_0——招标工程量清单中列出的工程量；

P_1——按照最终完成工程量重新调整后的综合单价；

P_0——承包人在工程量清单中填报的综合单价。

采用上述两式的关键是确定新的综合单价 P_1。确定的方法有以下两种，具体由发承包双方在合同中约定。

①发承包双方协商确定。

【例3.9】　某主厂房项目在实际施工中土方工程量增加，背景资料如下：

背景资料1：已标价工程量清单摘录，如表3.19所示。

表3.19　分部分项工程和单价措施项目清单与计价表

工程名称：主厂房　　　　标段：　　　　第1页 共8页

序号	项目编码	项目名称	项目特征描述	计量单位	工程数量	金额(元)		
						综合单价	合价	其中 暂估价
1	010101002001	挖土方	1. 土壤为综合土壤 2. 挖土深度6 m以内 3. 土壤场内指定地点堆放	m^3	1 456.43	7.05	10 267.83	

背景资料2：施工合同摘录。

10.4 变更的估价原则

……

除合同另有规定外，工程变更或设计变更后单价的确定，按下列方法进行：

①合同中已有适用于变更工程的价格，且工程量增减在15%以内(包含15%)，按合同已有的价格(中标人的中标单价)变更合同价款；②合同中已有适用于变更工程的价格，但工程量增(减)超过15%的，按合同已有的单价下调(或上浮)5%变更合同价款。

背景资料3：地基验槽记录，如表3.20所示。

表3.20　地基验槽记录

施工单位：××建设工程公司

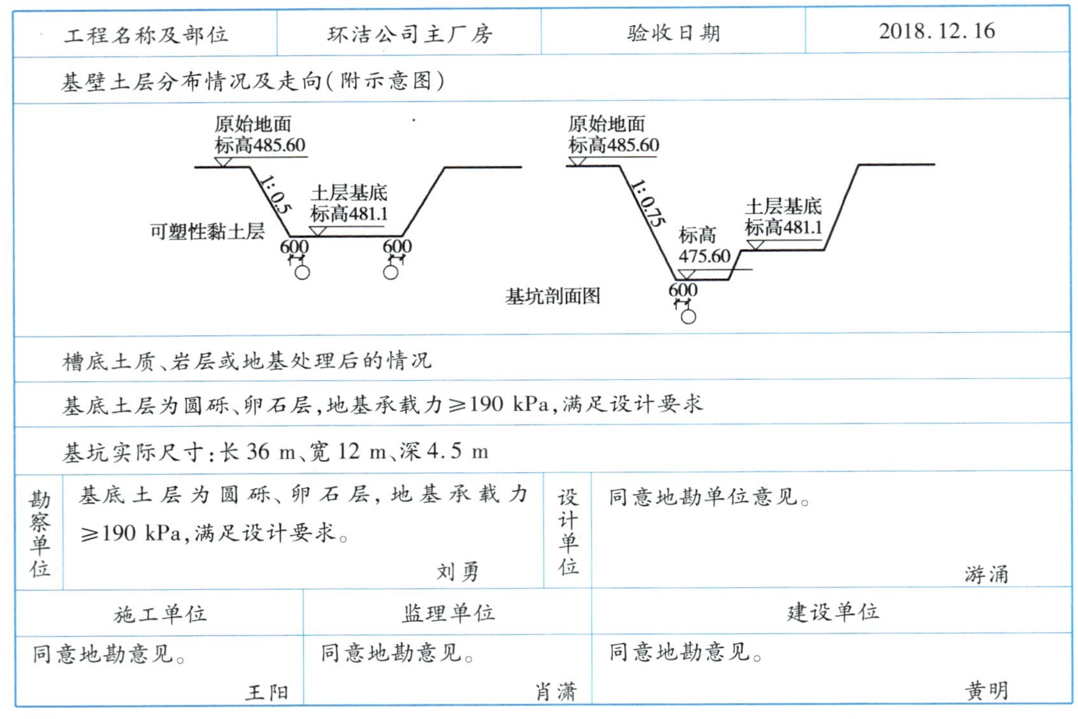

工程名称及部位	环洁公司主厂房	验收日期	2018.12.16
基壁土层分布情况及走向(附示意图)			
槽底土质、岩层或地基处理后的情况			
基底土层为圆砾、卵石层，地基承载力≥190 kPa，满足设计要求			
基坑实际尺寸：长36 m、宽12 m、深4.5 m			
勘察单位	基底土层为圆砾、卵石层，地基承载力≥190 kPa，满足设计要求。 刘勇	设计单位	同意地勘单位意见。 游涌
施工单位	监理单位	建设单位	
同意地勘意见。 王阳	同意地勘意见。 肖潇	同意地勘意见。 黄明	

注：槽底土质或岩层情况由勘察单位填写，地基处理情况由专业施工单位填写，并附检测报告。

背景条件：挖土方实际工程量为1 982.44 m^3。

【分析】

(1)确定土方工程量的增加量：$V=1\ 982.44-1\ 456.43=526.01(m^3)>1\ 456.43\times15\%$

(2)根据合同约定，超过部分的单价在已标价工程量清单单价基础上下调5%，即

$$7.05\times95\%=6.7(元/m^3)$$

(3)土方结算价款为：

$$1\ 456.43\times1.15\times7.05+(1\ 982.44-1\ 456.43\times1.15)\times6.7$$
$$=11\ 808.01+2\ 060.55$$
$$=13\ 868.56(元)$$

②与招标控制价相关联予以处理。当工程量偏差出现已标价工程量清单中填报的综合单价与发包人招标控制价相应清单项目的综合单价偏差超过15%时，工程量偏差项目综合单价的调整可以参考以下公式：

a. 当$P_0<P_2\times(1-L)\times(1-15\%)$时，该类项目的综合单价：

$$P_1=P_2\times(1-L)\times(1-15\%) \tag{3.4}$$

式中　P_0——承包人在工程量清单中填报的综合单价；

P_1——按照最终完成工程量重新调整后的综合单价；

P_2——发包人在招标控制价相应项目的综合单价；

L——承包人报价浮动率。

即投标报价该项目报价太低，应予以调增，按照该公式计算。

b. 当$P_0>P_2\times(1+15\%)$时，该类项目的综合单价：

$$P_1=P_2\times(1+15\%) \tag{3.5}$$

即投标报价较高，应予以调减，按照该公式计算。

c. 当$P_0>P_2\times(1-L)\times(1-15\%)$或$P_0<P_2\times(1+15\%)$时，综合单价可以不调整。即投标报价不是特别高，也不是特别低，综合单价可以不调整。

【例3.10】　某工程项目招标工程量清单中C25商品混凝土矩形柱为1 500 m^3，招标控制价为360元/m^3，投标报价的综合单价为290元/m^3，该项目投标报价下浮率为5%，施工中由于设计变更实际应予以计量的工程量为1 000 m^3，合同约定按照已标价工程量清单与招标控制价中相关综合单价的关系即式(3.4)、式(3.5)予以处理。

【分析】　(1)综合单价是否调整？

工程量偏差=(1 500−1 000)/1 500×100%=33%，应考虑综合单价调整，分析报价与控制价相关综合单价的关系。

290/360×100%=80.56%，偏差19.44%>15%，综合单价应予以调整。

按照式(3.4)计算：

$$P_1=360\times(1-5\%)\times(1-15\%)=290.70(\text{元}/\text{m}^3)$$

$$P_0<P_1$$

综合单价应该调整为290.70元/m^3。

(2)价款如何调整？

$$S=1\,000\times290.70=290\,700(\text{元})$$

思考：①C25商品混凝土柱实际结算工程量为1 800 m^3，价款如何调整？

②C25商品混凝土柱实际结算工程量为1 800 m^3，投标报价的综合单价为300元/m^{3}时，价款如何调整？

(2)措施项目费的调整

当应予计算的实际工程量与招标工程量清单出现偏差(包括因工程变更等原因导致的工程量偏差)超过15%，且该变化引起措施项目相应发生变化，如该措施项目是按系数或单一总价方式计价的，对措施项目费的调整方法是：工程量增加的措施项目费调增，工程量减少的措施项目费调减。

练一练

扫描右侧二维码,根据内容动手练一练。

工程量偏差引起的合同价款调整

3.6 计日工引起的合同价款调整

1)计日工的含义

计日工是指在施工过程中,承包人完成发包人提出的工程合同范围以外的零星项目或工作,按合同中约定的单价计价的一种方式。

2)计日工调整的方法

发包人通知承包人以计日工方式实施的零星工作,承包人应予执行。结算时,工程数量按照现场签证报告核实的数量计算,单价按承包人已标价工程量清单中的计日工单价计算,若已标价工程量中没有该类计日工单价的,由发承包双方按照"工程变更"价款调整的规定商定计日工单价计算。

3)计日工调整的程序

(1)承包人提交报表及现场签证

在实施过程中,承包人应按合同约定提交报表和有关凭证送发包人复核,内容应该包括:

①工作名称、内容和数量;

②投入该工作的所有人员的姓名、工种、级别和耗用工时;

③投入该工作的材料名称、类别和数量;

④投入该工作的施工设备型号、台数和耗用台时;

⑤发包人要求提交的其他资料和凭证。

计日工事件实施结束,承包人应在结束后24小时内向发包人提交有计日工记录汇总的现场签证报告(一式三份)。

(2)发包人复核

发包人在收到现场签证报告后的2天内予以确认,发包人逾期未确认也未提出意见的,应视为认可。

(3)计日工价款支付

每个支付期末,承包人应按照施工合同相关约定向发包人提交本期间所有计日工记录的签证汇总表,以及本期发生的计日工金额,在进度款中一并申请支付。

【例3.11】 某幼儿园项目在实施过程中发生了部分合同外用工,背景资料如下:

背景资料1:技术、经济签证核定单,如表3.21所示。

表 3.21　技术、经济签证核定单

受文单位：××建设公司　　编号：第 7 号　　共 1 页 第 1 页

<table>
<tr><td>工程名称或编号</td><td>幼儿园</td><td>施工单位</td><td>××建筑工程公司</td></tr>
<tr><td>分部分项工程名称</td><td></td><td>图纸编号</td><td></td></tr>
<tr><td>核定内容</td><td colspan="3">旧板材搬运</td></tr>
<tr><td colspan="4">2019 年 2 月 4 日，应甲方要求搬运场地外侧堆放的旧板材至指定地点，共用建筑普工 95 工日。</td></tr>
<tr><td>受文单位签证：
2019 年 4 月 4 日</td><td>建设单位代表：（签字）
张超
2019 年 4 月 4 日</td><td colspan="2" rowspan="2">监理工程师（注册方章）
刘宏
2019 年 4 月 4 日</td></tr>
<tr><td>填表人：（签字）
李玲
2019 年 4 月 4 日</td><td>项目技术负责人：（签字）
陶兵
2019 年 4 月 4 日</td></tr>
</table>

背景资料 2：已标价工程量清单摘录，如表 3.22 所示。

表 3.22　计日工表

工程名称：幼儿园　　标段：　　第 1 页 共 1 页

<table>
<tr><td rowspan="2">编号</td><td rowspan="2">项目名称</td><td rowspan="2">单位</td><td rowspan="2">暂定数量</td><td rowspan="2">实际数量</td><td rowspan="2">综合单价（元）</td><td colspan="2">合价（元）</td></tr>
<tr><td>暂定</td><td>实际</td></tr>
<tr><td>一</td><td>人工</td><td></td><td></td><td></td><td></td><td></td><td></td></tr>
<tr><td>1</td><td>建筑普工</td><td>工日</td><td>10</td><td></td><td>120</td><td>1 200</td><td></td></tr>
<tr><td>2</td><td>建筑技工</td><td>工日</td><td>10</td><td></td><td>180</td><td>1 800</td><td></td></tr>
<tr><td>3</td><td>装饰普工</td><td>工日</td><td>10</td><td></td><td>120</td><td>1 200</td><td></td></tr>
<tr><td>4</td><td>装饰技工</td><td>工日</td><td>10</td><td></td><td>180</td><td>1 800</td><td></td></tr>
<tr><td>5</td><td>装饰细木工</td><td>工日</td><td>10</td><td></td><td>200</td><td>2 000</td><td></td></tr>
<tr><td>6</td><td>装饰抹灰工</td><td>工日</td><td>10</td><td></td><td>200</td><td>2 000</td><td></td></tr>
<tr><td>7</td><td>安装普工</td><td>工日</td><td>10</td><td></td><td>120</td><td>1 200</td><td></td></tr>
<tr><td>8</td><td>安装技工</td><td>工日</td><td>10</td><td></td><td>180</td><td>1 800</td><td></td></tr>
<tr><td colspan="6">人工小计</td><td>13 000</td><td></td></tr>
<tr><td>二</td><td>材料</td><td></td><td></td><td></td><td></td><td></td><td></td></tr>
<tr><td colspan="6">材料小计</td><td></td><td></td></tr>
<tr><td>三</td><td>施工机械</td><td></td><td></td><td></td><td></td><td></td><td></td></tr>
<tr><td colspan="6">机械小计</td><td></td><td></td></tr>
<tr><td colspan="6">四、企业管理费和利润　按人工费 20% 计取</td><td>2 600</td><td></td></tr>
<tr><td colspan="6">总　计</td><td>15 600</td><td></td></tr>
</table>

注：此表项目名称、暂定数量由招标人填写，编制招标控制价时，单价由投标人按有关计价规定确定；投标时，单价由投标人自主报价，按暂定数量计算合价计入投标总价。结算时，按发承包双方确认的实际数量计算合价。

【分析】 该事件可申请的计日工价款为：

$$95 \times 120 \times (1+20\%) = 13\ 680(元)$$

3.7 物价变化引起的合同价款调整

建筑工程具有施工时间长的特点，在施工合同履行过程中常出现人工、材料、工程设备和机械台班等市场价格变动引起价格波动的现象，该种变化一般会造成承包人施工成本的增加或减少，进而影响合同价款调整，最终影响合同当事人的权益。

为解决由于市场价格波动引起的合同履行的风险问题，《建设工程工程量清单计价规范》（GB 50500—2013）、《建设工程施工合同（示范文本）》（GF-2017-0201）中都明确了合理调价制度，其法律基础是合同风险的公平合理分担原则。承包人采购材料和工程设备的，应在合同中约定主要材料、工程设备价格变化的范围幅度；当没有约定，且材料、工程设备单价变化超过5%时，超过部分的价格应按照价格指数调整法或造价信息差额调整法计算调整材料、工程设备费。甲方供应材料和工程设备的，由发包人按照实际变化调整，列入合同工程的工程造价内。

1）采用价格指数调整价格差额

价格指数调整价格差额方法主要适用于施工中所用材料品种较少，但每种材料使用量较大的土木工程，如公路工程等。

（1）计算公式

价格指数调整价格差额，按以下公式计算：

$$\Delta P = P_0\left[A + \left(B_1 \times \frac{F_{t1}}{F_{01}} + B_2 \times \frac{F_{t2}}{F_{02}} + B_3 \times \frac{F_{t3}}{F_{03}} + K + B_n \times \frac{F_{tn}}{F_{0n}}\right) - 1\right] \tag{3.6}$$

式中 ΔP——需调整的价格差额；

P_0——约定的付款证书中承包人应得到的已完成工程量的金额。此项金额应不包括价格调整，不计质量保证金的扣留和支付、预付款的支付和扣回。约定的变更及其他金额已按现行价格计价的，也不计在内；

A——定值权重（即不调部分的权重）；

$B_1, B_2, B_3, \cdots, B_n$——各可调因子的变值权重（即可调部分的权重），为各可调因子在投标函投标总报价中所占的比例；

$F_{t1}, F_{t2}, F_{t3}, \cdots, F_{tn}$——各可调因子的现行价格指数，指约定的付款证书相关周期最后一天的前42天的各可调因子的价格指数；

$F_{01}, F_{02}, F_{03}, \cdots, F_{0n}$——各可调因子的基本价格指数，指基准日期的各可调因子的价格指数。

（2）计算公式应用时应注意的问题

①价格调整公式中的各可调因子、定值和变值权重，以及基本价格指数及其来源在投标函附录价格指数和权重表中约定；

②价格指数应首先采用有关部门提供的价格指数，缺乏上述价格指数时，可采用有关部门提供的价格代替；

③约定的变更导致原订合同中的权重不合理时，由承包人和发包人协商后进行调整。

【例3.12】 某工程在施工过程中主要材料价格上涨，背景资料如下：

背景资料1：施工合同摘录。

16.1 物价波动引起的价格调整

除专用合同条款另有约定外，砖、石、水泥、钢材、混凝土因物价波动引起的价格调整按照本款约定处理，价格变更幅度超过5%时需调整。

16.1.1 采用价格指数调整价格差额

16.1.1.1 价格调整公式

因人工、材料和设备等价格波动影响合同价格时，根据投标函附录中的价格指数和权重表约定的数据，按以下公式计算差额并调整合同价格。

$$\Delta P = P_0\left[A + \left(B_1 \times \frac{F_{t1}}{F_{01}} + B_2 \times \frac{F_{t2}}{F_{02}} + B_3 \times \frac{F_{t3}}{F_{03}} + K + B_n \times \frac{F_{tn}}{F_{0n}}\right) - 1\right]$$

式中 ΔP——需调整的价格差额；

P_0——第17.3.3项、第17.5.2项和第17.6.2项约定的付款证书中承包人应得到的已完成工程量的金额。此项金额应不包括价格调整，不计质量保证金的扣留和支付、预付款的支付和扣回。第15条约定的变更及其他金额已按现行价格计价的，也不计在内；

A——定值权重（即不调部分的权重）；

$B_1, B_2, B_3, \cdots, B_n$——各可调因子的变值权重（即可调部分的权重），为各可调因子在投标函投标总报价中所占的比例；

$F_{t1}, F_{t2}, F_{t3}, \cdots, F_{tn}$——各可调因子的现行价格指数，指第17.3.3项、第17.5.2项和第17.6.2项约定的付款证书相关周期最后一天的前42天的各可调因子的价格指数；

$F_{01}, F_{02}, F_{03}, \cdots, F_{0n}$——各可调因子的基本价格指数，指基准日期的各可调因子的价格指数。

以上价格调整公式中的各可调因子、定值和变值权重，以及基本价格指数及其来源在投标函附录价格指数和权重表中约定。价格指数应首先采用有关部门提供的价格指数，缺乏上述价格指数时，可采用有关部门提供的价格代替。

……

背景资料2：已标价工程量清单摘录，如表3.23所示。

表 3.23 承包人提供材料和工程设备一览表

（适用于价格指数调整法）

工程名称：××工程　　　　标段：　　　　第 1 页 共 1 页

序号	名称、规格、型号	变值权重 B	基本价格指数 F_0	现行价格指数 F_1	备注
1	商品混凝土 C25	0.18	295 元/m^3	315 元/m^3	
2	钢材综合	0.12	3 900 元/t	4 210 元/t	
3	水泥 32.5	0.02	0.35 元/kg	0.40 元/kg	
4	多孔砖	0.07	300 元/m^3	315 元/m^3	
5	机械费	0.06	100%	100%	
	定值权重 A	0.55			
	合　计	1			

背景条件：本期完成合同价款为 945 384.3 元，其中已按现行价格计算的计日工价款为 3 600 元，已确认增加的索赔金额为 32 654.3 元。

【分析】 第 1 步：本期价款调整部分应扣除计日工和已确认的索赔金额。

$$945\ 384.3-3\ 600-32\ 654.3=909\ 130(\text{元})$$

第 2 步：通过价格调整公式计算增加的价款。

$$\begin{aligned}\Delta P &= P_0\left[A+\left(B_1\times\frac{F_{t1}}{F_{01}}+B_2\times\frac{F_{t2}}{F_{02}}+B_3\times\frac{F_{t3}}{F_{03}}+K+B_n\times\frac{F_{tn}}{F_{0n}}\right)-1\right]\\ &=909\ 130\times[0.55+(0.18\times315/295+0.12\times4\ 210/3\ 900+0.02\times\\ &\quad 0.40/0.35+0.07\times315/300+0.06\times100\%/100\%)-1]\\ &=909\ 130\times0.028\ 1\\ &=25\ 546.55(\text{元})\end{aligned}$$

本期应增加 25 546.55 元。

2）造价信息调整价格差额法

施工期内，因人工、材料、工程设备和机械台班价格波动影响合同价格时，人工、机械按照国家或省、自治区、直辖市建设行政管理部门、行业建设管理部门或其授权的工程造价管理机构发布的人工成本信息、机械台班单价或机械使用费系数进行调整；材料的数量和价格由发包人复核，发包人确认需调整的材料单价及数量作为调整合同价款差额的依据。

（1）人工单价的调整

人工单价发生变化且符合计价规范中计价风险相关规定时，发承包双方应按省级或行业建设主管部门或其授权的工程造价管理机构发布的人工成本文件调整合同价款。

【例 3.13】 某工程在实施过程中，省工程造价管理机构发布了人工费调整系数，工程所在地建筑工程、措施项目、抹灰工程人工费调整幅度为 96.76%，装饰工程（除非抹灰工程外）人工费调整幅度为 87.73%。该次调整后，人工费调整幅度与上次人工费调整幅度差值分别为5.6%和5.12%，该工程承包人投标时按工程造价信息颁布的同期人工费调整系数予以报价。该工程本期完成合同价款4 353 245元，其中建筑工程、措施项目、抹灰工程的定额人工费为783 584.1元，装饰工程（除非抹灰工程外）的定额人工费为25 605.50元，本期人工费调整为多少元？

【分析】 人工费应按照文件规定分别调整，调整费用为：

783 584.1×0.056+25 605.50×0.051 2=43 880.71+1 311.00=45 191.71（元）

（2）材料、工程设备的价格调整方法

材料、工程设备价格变化的价款调整按照发包人提供的主要材料和工程设备一览表，由发承包双方约定的风险范围按以下规定调整合同价款：

①承包人投标报价材料单价低于基准单价的。工程实施阶段，当材料单价上涨时，以基准单价为基础，超过合同约定的风险幅度值的，其超过部分按实调整；材料单价下跌以投标报价为基础，超过合同约定的风险幅度值的，其超过部分按实调整。

②承包人投标报价中材料单价高于基准单价的。工程实施阶段，材料单价上涨时，以投标报价为基础，超过合同约定的风险幅度值时，其超过部分按实调整；材料单价下跌时，以基准价为基础，超过合同约定的风险幅度值的，其超过部分按实调整。

③承包人投标报价中材料单价等于基准价格的。施工期间材料单价涨、跌幅以基准单价为基础，超过合同约定的风险幅度的，其超过部分按实调整。

④承包人在采购材料前应将数量和单价报发包人核对。若承包人未报发包人核对即自行采购材料，发包人可不同意调整价款。

（3）施工机械台班单价的调整

施工机械台班单价或施工机具使用费发生变化，超过省级或行业建设主管部门或其授权的工程造价管理机构规定的范围时，按照其规定调整合同价款。

【例3.14】 某工程在施工期间部分材料费上涨，背景资料如下：

背景资料1：已标价工程量清单摘录，如表3.24所示。

表3.24　承包人提供材料和工程设备一览表

（适用于造价信息差额调整法）

工程名称：××工程　　　　标段：　　　　第1页 共1页

序号	名称、规格、型号	单位	数量	风险系数	基准单价	投标单价	发承包人确认单价（元）	备注
1	商品混凝土C25	m^3	1 200	≤5	315元/m^3	312元/m^3		
2	钢材综合	t	340	≤5	3 890元/t	3 900元/t		
3	水泥32.5	kg	14 512	≤5	0.35元/kg	0.35元/kg		
	…							

背景资料2：施工合同摘录。

……

12.3 其他因素的价格调整

双方约定合同价款的其他调整因素：①施工期间建筑材料价格波动幅度。主要材料价格（钢材、商品混凝土、水泥、红砖）以20××年《工程造价信息》第六期发布的材料价格信息为基准价，施工期间调价时选择基准价，投标报价中相对较高的价格与当期发生的主要建筑材料价格相比，价格波动幅度在5%（含5%）以内不予调整，施工期间价格波动幅度超过5%时，结算时只对合同约定的主要建筑材料价格超过5%部分予以调整，除主要建筑材料外的其余材料不予调整；②其他经发包人认可的因素。

背景条件：

实施当期材料价格：C25 商品混凝土为 335 元/m³；钢材综合为 3 900 元/t；32.5 水泥为 0.4 元/kg。

【分析】(1)C25 商品混凝土投标报价低于基准价，以基准价计算涨幅。

$$335 \div 315 - 1 = 6.35\%$$

涨幅超过5%，合同条款约定：只对已标价工程量清单中约定材料价格的超过部分调整。因此，调整价格为：

$$312 + 315 \times (6.35\% - 5\%) = 316.25(\text{元}/\text{m}^3)$$

(2)钢材综合投标报价高于基准价，以投标报价计算涨幅；投标报价与当期实施价格相同，不调整单价。

(3)32.5 水泥基准价与投标报价相同，涨幅为：

$$0.4 \div 0.35 = 14.29\%$$

涨幅超过5%，合同条款约定调整价格为：

$$0.35 + 0.35 \times (14.29\% - 5\%) = 0.38(\text{元}/\text{kg})$$

结算书中价格调整结果如表 3.25 所示。

表 3.25　承包人提供材料和工程设备一览表

（适用于造价信息差额调整法）

工程名称：××工程　　　　标段：　　　　第 1 页 共 1 页

序号	名称、规格、型号	单　位	数　量	风险系数	基准单价	投标单价	发承包人确认单价（元）	备注
1	商品混凝土 C25	m³	1 200	≤5	315 元/m³	312 元/m³	316.25 元/m³	
2	钢材综合	t	340	≤5	3 890 元/t	3 900 元/t	3 900 元/t	
3	水泥 32.5	kg	14 512	≤5	0.35 元/kg	0.35 元/kg	0.38 元/kg	
	…							

3）合同工期延误发生时，合同履行期的价格调整原则

发生合同工程工期延误且出现物价波动时，应按照不利于责任方原则调整合同价款：

①因非承包人原因导致工期延误的,计划进度日期后续工程的价格应采用计划进度日期与实际进度日期两者的较高者。

②因承包人原因导致工期延误的,计划进度日期后续工程的价格应采用计划进度日期与实际进度日期两者的较低者。

4)施工期可调人工费和材料数量的确定

合同约定施工期人工费和材料数量可调时,通常表述为施工期价格与投标基准期价格超约定幅度。调价时,造价人员除要计算相应的价差,还要计算相应的人工费和材料数量。当承发包双方未对施工期人工费和材料数量进行约定时,合同约定了进度产值计量的,可按当期计量的进度产值中的人工费和材料数量作为调差数量;若合同未约定进度产值计量的,结算时可由各方共同确定各期的产值占比后,以结算数量乘以占比作为当期的人工费和材料数量;若各方会商对占比不能达成一致时,应根据施工日志、监理日志等其他有效资料确定占比。

3.8 暂估价引起的合同价款调整

暂估价是指招标人在工程量清单中提供的用于支付必然发生,但暂时不能确定价格的材料、工程设备的单价以及专业工程的金额。暂估价在招标时暂估,在实施期间才能得以确定。

1)暂估材料、工程设备结算方法

①依法必须招标的。发包人在招标工程清单中给定暂估价的材料、工程设备,属于依法必须招标的,应由发承包双方以招标的方式选择供应商,确定价格。

②不属于依法必须招标的。发包人在招标工程清单中给定暂估价的材料、工程设备,不属于依法必须招标的,应由承包人按照合同约定采购,经发包人确认单价后调整合同价款。

【例3.15】 某工程在实施当期结算过程中,涉及暂估材料价格确定,背景资料如下:

背景资料1:已标价工程量清单摘录,如表3.26、表3.27、表3.28所示。

表3.26 分部分项工程和单价措施项目清单与计价表

工程名称:某公司办公大楼　　　　标段:　　　　第4页 共5页

序号	项目编码	项目名称	项目特征描述	计量单位	工程数量	金额(元)		
						综合单价	合价	其中
								暂估价
22	011001003001	保温隔热墙面	1.20 mm厚挤塑板外墙外保温 2.具体做法详见05J909屋15(面层装饰另列)	m^2	6 811	62.64	426 641.04	181 513.28

表 3.27　材料(工程设备)暂估单价及调整表

工程名称:某公司办公大楼　　　　标段:　　　　第 1 页 共 1 页

序号	材料(工程设备)名称、规格、型号	计量单位	数量		暂估(元)		确认(元)		价差±(元)		备注
			暂估	确认	单价	合价	单价	合价	单价	合价	
1	阻燃性挤塑板 20 mm 厚	m^2	6 981.28		26.00	181 513.28					
	…										

表 3.28　工程量清单综合单价分析表

工程名称:某公司办公大楼　　　　标段:　　　　第 22 页 共 48 页

清单项目编码	011001003001	清单项目名称	保温隔热墙面	计量单位	m^2	工程量	6 811				
清单综合单价组成明细											
定额编号	定额项目名称	定额单位	数量	单价(元)				合价(元)			
				人工费	材料费	机械费	综合费	人工费	材料费	机械费	综合费
AK0045	外墙外保温(板材)	100 m^2	0.01	1 555.15	4 362.00	29.79	316.99	15.55	43.62	0.30	3.17
小　计								15.55	43.62	0.30	3.17
未计价材料(设备)费(元)											
清单项目综合单价(元)								62.64			

材料费明细	主要材料名称、规格、型号	单位	数量	单价(元)	合价(元)	暂估单价(元)	暂估合价(元)
	阻燃性挤塑板	m^2	1.025			26.0	26.65
	胶黏剂	kg	2.48	5.20	12.90		
	水泥 32.5	kg	2.48	0.40	0.99		
	界面剂	kg	1.12	2.50	2.80		
	其他材料费	元			0.28		
	材料费小计				16.97		26.65

背景资料 2:通过招标人确定的材料暂估价。

某公司办公大楼材料价格确认表

工程部 2018 第[120]号

××建筑工程公司办公大楼项目部:

经我公司工程管理办公室对你部报办公大楼材料产品报价进行审核,材料结算价格核定如表 3.29 所示。

表 3.29　办公大楼材料产品价格确认表

序号	材料名称	规格型号	品牌	单位	单价(元)	备注
1	金属氟碳漆	25 kg	华图	m²	160 元	
2	阻燃性挤塑板 20 mm 厚	B2 阻燃性	新特达	m²	24 元	
	…					

某公司工程管理办公室

2018 年 5 月 4 日

【分析】 该案例相应结算如表 3.30、表 3.31、表 3.32 所示。

表 3.30　分部分项工程和单价措施项目清单与计价表

工程名称:某公司办公大楼　　　　标段:　　　　第 4 页　共 5 页

序号	项目编码	项目名称	项目特征描述	计量单位	工程数量	金额(元)		
						综合单价	合价	其中 暂估价
22	011001003001	保温隔热墙面	1. 20 mm 厚挤塑板外墙外保温 2. 具体做法详见 05J909 屋 15(面层装饰另列)	m²	6 811	60.59	412 678.49	

表 3.31　材料(工程设备)暂估单价及调整表

工程名称:某公司办公大楼　　　　标段:　　　　第 1 页　共 1 页

序号	材料(工程设备)名称、规格、型号	计量单位	数量		暂估(元)		确认(元)		价差±(元)		备注
			暂估	确认	单价	合价	单价	合价	单价	合价	
1	阻燃性挤塑板 20 mm 厚	m²	6 981.28	6 981.28	26.00	181 513.28	24.00	167 550.72	2	13 962.56	
	…										

表 3.32　工程量清单综合单价分析表

工程名称:某公司办公大楼　　　　标段:　　　　第 22 页 共 48 页

清单项目编码	011001003001		清单项目名称		保温隔热墙面		计量单位	m²		工程量	6 811
清单综合单价组成明细											
AK0045	外墙外保温(板材)	100 m²	0.01	1 555.15	4 157	29.79	316.99	15.55	41.57	0.30	3.17
小　计								15.55	41.57	0.30	3.17
未计价材料(设备)费(元)											
清单项目综合单价(元)								60.59			

续表

	主要材料名称、规格、型号	单位	数量	单价(元)	合价(元)	暂估单价(元)	暂估合价(元)
材料费明细	阻燃性挤塑板	m^2	1.025	24.0	24.60		
	胶黏剂	kg	2.48	5.20	12.90		
	水泥 32.5	kg	2.48	0.40	0.99		
	界面剂	kg	1.12	2.50	2.80		
	其他材料费	元			0.28		
	材料费小计				41.57		

2)专业工程暂估价的确定方法

(1)依法必须招标的

发包人在招标工程清单中给定暂估价的材料、工程设备,属于依法必须招标的,应由发承包双方依法组织招标,选择专业分包人,接受有管辖权的建设工程招标投标管理机构监督。

①除合同另有约定外,专业工程分包招标时,承包人不参加投标的,应由承包人作为招标人,但拟定的招标文件、评标工作、评标结果应报送发包人批准。与组织招标工作有关的费用应当被认为已经包括在承包人的签约合同价(投标总报价)中。

②承包人参加投标的专业工程发包招标,应由发包人作为招标人,与组织招标工作有关的费用由发包人承担。同等条件下,应优先选择承包人中标。

③专业工程招标后,应以专业工程的中标价为依据调整合同价款。

(2)不属于依法必须招标的

发包人在招标工程清单中给定暂估价的专业工程不属于依法必须招标的,应按工程变更相关规定确定专业工程价款,并应以此为依据取代专业工程暂估价,调整合同价款。

【例 3.16】 某食堂工程在本计算周期内需要对专业工程暂估内容进行结算,背景资料如下:

背景资料 1:已标价工程量清单摘录,如表 3.33、表 3.34 所示。

表 3.33　专业工程暂估价及结算价表

工程名称：食堂　　　　标段：　　　　第 1 页 共 1 页

序号	工程名称	工程内容	暂估金额（元）	结算金额（元）	差额±（元）	备注
1	玻璃幕墙	1. 细化设计； 2. 制作、运输、安装、油漆等全过程	150 400			工程量为 320 m^2
2	防火卷帘门	1. 制作、运输、安装、油漆等全过程	6 615			工程量为 22.05 m^2
	…					

表 3.34　总承包服务费计价表

工程名称：食堂　　　　标段：　　　　第 1 页 共 1 页

序号	项目名称	项目价值（元）	服务内容	计算基础	费率（%）	金额（元）
1	玻璃幕墙	150 400	配合、管理协调、服务、竣工资料汇总	项目价值	5%	7 520
2	防火卷帘门	6 615	配合、管理协调、服务、竣工资料汇总	项目价值	5%	330.75
	…					

背景条件：

①在施工过程中，由总承包单位和发包人共同组织招标，通过完整的招标程序确定出玻璃幕墙的单价为 520 元/m^2，防火卷帘门的单价为 280 元/m^2。

②施工过程中，工程量未发生变化。

【分析】　通过招标确定出的单价包括除规费、税金以外的所有价格，结算表格处理如表 3.35、表 3.36 所示。

表 3.35　专业工程暂估价及结算价表

工程名称：食堂　　　　标段：　　　　第 1 页 共 1 页

序号	工程名称	工程内容	暂估金额（元）	结算金额（元）	差额±（元）	备注
1	玻璃幕墙	1. 细化设计； 2. 制作、运输、安装、油漆等全过程	150 400	166 400	16 000	工程量为 320 m^2
2	防火卷帘门	1. 制作、运输、安装、油漆等全过程	6 615	6 174	−441	工程量为 22.05 m^2
	…					

表 3.36　总承包服务费计价表

工程名称:食堂　　　　标段:　　　　第 1 页 共 1 页

序号	项目名称	项目价值(元)	服务内容	计算基础	费率(%)	金额(元)
1	玻璃幕墙	166 400	配合、管理协调、服务、竣工资料汇总	项目价值	5%	8 320
2	防火卷帘门	6 174	配合、管理协调、服务、竣工资料汇总	项目价值	5%	308.70
	…					

总承包招标时,专业工程设计深度往往是不够的,出于提高可建造性考虑,国际上一般由专业承包人负责设计,以充分发挥专业技能和专业施工经验。这种方式在我国工程建设领域也比较普遍。公开透明、合理地确定这类暂估价的实际开支金额的最佳途径,就是通过总承包人与招标人共同组织的招标。

3.9　不可抗力引起的合同价款调整

1)不可抗力的含义

不可抗力是指发承包双方在工程合同签订时不能预见的,对其发生的后果不能避免,并且不能克服的自然灾害和社会性突发事件,如地震、暴动、军事政变等。双方当事人应在合同专用条款中明确约定不可抗力的范围以及具体的判断标准。

2)损失承担以及价款调整的要求

因不可抗力事件导致的人员伤亡、财产损失及费用增加,发承包双方应按下列原则分别承担并调整合同价款和工期:

①合同本身的损害、因工程损耗导致第三方人员伤亡和财产损失,以及运至施工场地用于施工的材料和待安装的设备的损害,应由发包人承担;

②发包人、承包人人员伤亡应由其所在单位负责,并应承担相应费用;

③承包人的施工机械设备损坏及停工损失,应由承包人承担;

④停工期间,承包人应发包人要求留在施工场地的必需的管理人员及保卫人员,其费用应由发包人承担;

⑤工程所需清理、修复费用,应由发包人承担。

【例 3.17】　某工程在施工过程中遇到不可预见的异常恶劣气候,造成施工单位的施工机械损坏,修理费用 2 万元,到场材料损失 2 万元。施工单位接建设单位通知,需在施工现场加强安保,增加的费用为 0.2 万元,背景资料如表 3.37 所示。

表3.37 费用索赔申请(核准)表

工程名称:某职工食堂　　　　标段:　　　　第1页 共1页

<table>
<tr><td colspan="2">致:××工程建设管理部
根据施工合同第8条的约定,由于不可抗力原因,我方要求索赔金额为(大写)贰万贰仟元整(小写22 000.00元),请予批准。
附:1. 费用索赔的详细理由及依据:发生罕见大暴雨,且甲方要求加强安保。
2. 索赔金额的计算:
(1)已运至施工现场的材料费20 000元
(2)期间加强安保费2 000元
索赔总金额:20 000元+2 000元=22 000元
承包人:(章)(略)
承包人代表:李明
日期:2019.5.13</td></tr>
<tr><td>复核意见:
根据施工合同第8条的约定,你方提出的此项索赔申请经复核:
□不同意此项索赔,具体意见见附件。
☑同意此项索赔,签证金额的计算由造价工程师复核。
监理工程师:肖越
日期:2019.5.13</td><td>复核意见:
根据施工合同第8条的约定,你方提出的此项索赔申请经复核,索赔金额为(大写)贰万贰仟元整(小写22 000.00元)。
造价工程师:张华
日期:2019.5.14</td></tr>
<tr><td colspan="2">审核意见:</td></tr>
<tr><td colspan="2">□不同意此项索赔。
☑同意此项索赔,价款与本期进度款同期支付。
发包人(章)略
发包人代表:王淼
日期:2019.5.15</td></tr>
</table>

【分析】 异常恶劣天气属于不可抗力,施工单位的施工机械损坏由承包人负责,不能索赔;材料已到场,损失由发包人承担,如果材料在途损失则不由发包人承担;施工单位应发包人要求加强安保工作,应由发包人承担费用。

3)不可抗力解除后复工的工期及费用承担的要求

不可抗力解除后复工的,如不能按期竣工,应合理延长工期。发包人要求赶工的,赶工费用应由发包人承担。

4)不可抗力解除后解除合同的

若因不可抗力事件发生解除合同的,按本书2.5节介绍的相关规定结算工程价款。

练一练

扫描右侧二维码,根据内容动手练一练。

不可抗力引起的合同价款调整

3.10 提前竣工与误期赔偿引起的合同价款调整

1)提前竣工(赶工补偿)

(1)提前竣工费的含义

提前竣工费是指承包人应发包人的要求而采取加快工程进度措施,使合同工程工期缩短,由此产生的应由发包人支付的费用。招标人应依据相关工程的工期定额合理计算工期,压缩的工期天数不得超过定额工期的20%,超过者,应在招标文件中明示增加赶工费用。发包人要求合同工程提前竣工的,应征得承包人同意后与承包人商定采取加快工程进度的措施,并应修订合同工程进度计划,发包人应承担承包人由此增加的提前竣工(赶工补偿)费。

提前竣工费主要包括:

①人工费的增加,例如新增加人工的报酬、不经济使用的补贴等;

②材料费的增加,例如可能造成不经济使用材料而损耗过大、材料提前交货可能增加的费用、材料运输费的增加等;

③机械费的增加,例如可能增加机械设备投入、不经济的使用机械等。

(2)提前竣工奖励

发承包双方应在合同中约定提前竣工每日历天应补偿额度,此项费用应作为增加合同价款列入竣工结算文件中,应与结算款一并支付。提前竣工奖是发包人对承包人的一种奖励措施。

【例3.18】 某工程按照合同约定的工期提前5天竣工,关于工期提前的规定如下(施工合同摘录):

9. 开工和竣工

9.1 承包人的工期延误

本合同中关于承包人违约的具体责任如下:

本合同通用条款第11.5款约定承包人违约应承担的违约责任:工期每延误一天,承包人按20 000元/天向发包人支付违约金。

9.2 工期提前

每提前一天,发包人均按20 000元/天向承包人支付奖励金。

【分析】 (1)合同约定提前1天奖励20 000元,提前5天竣工,可获100 000元提前竣工奖励。

(2)对发生的提前竣工费用,承包人根据双方商定的赶工方案通过“现场签证”在竣工结算时向发包人计取。

2)误期赔偿

(1)误期赔偿的含义

承包人未按照合同工程的计划进度施工,导致实际工期超过合同工期(包括经发包人批准的延长工期),承包人应向发包人赔偿损失的费用。由于承包人原因导致合同工程发生工期延误的,承包人应赔偿发包人由此造成的损失并支付误期赔偿费;同时,即使承包人支付误期赔偿费,也不能免除承包人按照合同约定应承担的任何责任和应履行的任何义务。

(2)误期赔偿价款确认

发承包双方应在合同中约定误期赔偿费,并应明确日历天应赔额度。误期赔偿费应列入竣工结算文件中,并应在结算款中扣除。

工程竣工之前,合同工程内的单项(位)工程已通过竣工验收,且该单项(位)工程接收证书中标明的竣工日期并未延误,而是合同工程的其他部分产生工期延误时,误期赔偿费应按照已颁发工程接收证书的单项(位)工程造价占合同价款的比例幅度予以扣减。

【例3.19】 某工程关于提前竣工、误期赔偿的合同约定如下:

通用合同条款(摘录)

……

7.3 开工

7.3.1 开工准备

除专用合同条款另有约定外,承包人应按照第7.1款〔施工组织设计〕约定的期限,向监理人提交工程开工报审表,经监理人报发包人批准后执行。开工报审表应详细说明按施工进度计划正常施工所需的施工道路、临时设施、材料、工程设备、施工设备、施工人员等落实情况以及工程的进度安排。

除专用合同条款另有约定外,合同当事人应按约定完成开工准备工作。

7.3.2 开工通知

发包人应按照法律规定获得工程施工所需的许可。经发包人同意后,监理人发出的开工通知应符合法律规定。监理人应在计划开工日期7天前向承包人发出开工通知,工期自开工通知中载明的开工日期起算。

除专用合同条款另有约定外,因发包人原因造成监理人未能在计划开工日期之日起90天内发出开工通知的,承包人有权提出价格调整要求,或者解除合同。发包人应当承担由此增加的费用和(或)延误的工期,并向承包人支付合理利润。

……

7.5 工期延误

7.5.1 因发包人原因导致工期延误

在合同履行过程中,因下列情况导致工期延误和(或)费用增加的,由发包人承担由此延

误的工期和(或)增加的费用,且发包人应支付承包人合理的利润:

(1)发包人未能按合同约定提供图纸或所提供图纸不符合合同约定的;

(2)发包人未能按合同约定提供施工现场、施工条件、基础资料、许可、批准等开工条件的;

(3)发包人提供的测量基准点、基准线和水准点及其书面资料存在错误或疏漏的;

(4)发包人未能在计划开工日期之日起7天内同意下达开工通知的;

(5)发包人未能按合同约定日期支付工程预付款、进度款或竣工结算款的;

(6)监理人未按合同约定发出指示、批准等文件的;

(7)专用合同条款中约定的其他情形。

因发包人原因未按计划开工日期开工的,发包人应按实际开工日期顺延竣工日期,确保实际工期不低于合同约定的工期总日历天数。因发包人原因导致工期延误需要修订施工进度计划的,按照第7.2.2项〔施工进度计划的修订〕执行。

7.5.2 因承包人原因导致工期延误

因承包人原因造成工期延误的,可以在专用合同条款中约定逾期竣工违约金的计算方法和逾期竣工违约金的上限。承包人支付逾期竣工违约金后,不免除承包人继续完成工程及修补缺陷的义务。

7.6 不利物质条件

不利物质条件是指有经验的承包人在施工现场遇到的不可预见的自然物质条件、非自然的物质障碍和污染物,包括地表以下物质条件和水文条件以及专用合同条款约定的其他情形,但不包括气候条件。

承包人遇到不利物质条件时,应采取克服不利物质条件的合理措施继续施工,并及时通知发包人和监理人。通知应载明不利物质条件的内容以及承包人认为不可预见的理由。监理人经发包人同意后应当及时发出指示,指示构成变更的,按第10条〔变更〕约定执行。承包人因采取合理措施而增加的费用和(或)延误的工期由发包人承担。

7.7 异常恶劣的气候条件

异常恶劣的气候条件是指在施工过程中遇到的,有经验的承包人在签订合同时不可预见的,对合同履行造成实质性影响的,但尚未构成不可抗力事件的恶劣气候条件。合同当事人可以在专用合同条款中约定异常恶劣的气候条件的具体情形。

承包人应采取克服异常恶劣的气候条件的合理措施继续施工,并及时通知发包人和监理人。监理人经发包人同意后应当及时发出指示,指示构成变更的,按第10条〔变更〕约定办理。承包人因采取合理措施而增加的费用和(或)延误的工期由发包人承担。

7.8 暂停施工

7.8.1 发包人原因引起的暂停施工

因发包人原因引起暂停施工的,监理人经发包人同意后,应及时下达暂停施工指示。情况紧急且监理人未及时下达暂停施工指示的,按照第7.8.4项〔紧急情况下的暂停施工〕执行。

因发包人原因引起的暂停施工,发包人应承担由此增加的费用和(或)延误的工期,并支付承包人合理的利润。

7.8.2 承包人原因引起的暂停施工

因承包人原因引起的暂停施工,承包人应承担由此增加的费用和(或)延误的工期,且承包人在收到监理人复工指示后84天内仍未复工的,视为第16.2.1项〔承包人违约的情形〕第(7)目约定的承包人无法继续履行合同的情形。

7.8.3 指示暂停施工

监理人认为有必要时,并经发包人批准后,可向承包人作出暂停施工的指示,承包人应按监理人指示暂停施工。

7.8.4 紧急情况下的暂停施工

因紧急情况需暂停施工,且监理人未及时下达暂停施工指示的,承包人可先暂停施工,并及时通知监理人。监理人应在接到通知后24小时内发出指示,逾期未发出指示,视为同意承包人暂停施工。监理人不同意承包人暂停施工的,应说明理由,承包人对监理人的答复有异议,按照第20条〔争议解决〕约定处理。

7.8.5 暂停施工后的复工

暂停施工后,发包人和承包人应采取有效措施积极消除暂停施工的影响。在工程复工前,监理人会同发包人和承包人确定因暂停施工造成的损失,并确定工程复工条件。当工程具备复工条件时,监理人应经发包人批准后向承包人发出复工通知,承包人应按照复工通知要求复工。

承包人无故拖延和拒绝复工的,承包人承担由此增加的费用和(或)延误的工期;因发包人原因无法按时复工的,按照第7.5.1项〔因发包人原因导致工期延误〕约定办理。

7.8.6 暂停施工持续56天以上

监理人发出暂停施工指示后56天内未向承包人发出复工通知,除该项停工属于第7.8.2项〔承包人原因引起的暂停施工〕及第17条〔不可抗力〕约定的情形外,承包人可向发包人提交书面通知,要求发包人在收到书面通知后28天内准许已暂停施工的部分或全部工程继续施工。发包人逾期不予批准的,则承包人可以通知发包人,将工程受影响的部分视为按第10.1款〔变更的范围〕第(2)项的可取消工作。

暂停施工持续84天以上不复工的,且不属于第7.8.2项〔承包人原因引起的暂停施工〕及第17条〔不可抗力〕约定的情形,并影响到整个工程以及合同目的实现的,承包人有权提出价格调整要求,或者解除合同。解除合同的,按照第16.1.3项〔因发包人违约解除合同〕执行。

7.8.7 暂停施工期间的工程照管

暂停施工期间,承包人应负责妥善照管工程并提供安全保障,由此增加的费用由责任方承担。

7.8.8 暂停施工的措施

暂停施工期间,发包人和承包人均应采取必要的措施确保工程质量及安全,防止因暂停施工扩大损失。

7.9 提前竣工

7.9.1 发包人要求承包人提前竣工的,发包人应通过监理人向承包人下达提前竣工指示,承包人应向发包人和监理人提交提前竣工建议书,提前竣工建议书应包括实施的方案、缩短的时间、增加的合同价格等内容。发包人接受该提前竣工建议书的,监理人应与发包人和承包人协商采取加快工程进度的措施,并修订施工进度计划,由此增加的费用由发包人承担。承包人认为提前竣工指示无法执行的,应向监理人和发包人提出书面异议,发包人和监理人应在收到异议后7天内予以答复。任何情况下,发包人不得压缩合理工期。

7.9.2 发包人要求承包人提前竣工,或承包人提出提前竣工的建议能够给发包人带来效益的,合同当事人可以在专用合同条款中约定提前竣工的奖励。

……

专用合同条款(摘录)

……

7.5 工期延误

7.5.1 因发包人原因导致工期延误

(7)因发包人原因导致工期延误的其他情形:①若发生发包人的工期延误事件时,承包人应立即通知发包人和监理人,并在发出该通知后的7天内,向监理人提交一份细节报告,详细说明发生事件的情节和对工期的影响程度,并按第7.2款的规定修订进度计划和编制赶工措施报告报送监理人审批。若发包人要求修订的进度计划仍应保证工程按期竣工,则应由发包人承担由于采取赶工措施所增加的费用。

②若事件的持续时间较长或事件影响工期较长,当承包人采取了赶工措施而无法实现工程按期竣工时,除应按上述第①项规定的程序办理外,承包人应在事件结束后的7天内,提交一份补充细节报告,详细说明要求延长工期的理由,并修订进度计划。此时发包人除按上述第①项规定承担赶工费用外,还应按以下第③项规定的程序批准给予承包人合理延长工期。

③监理人应及时调查核实上述第①和②项中承包人提交的细节报告和补充细节报告,并在审批修订进度计划的同时,与发包人和承包人协商确定延长工期的合理天数,由发包人通知承包人。

7.5.2 因承包人原因导致工期延误

因承包人原因造成工期延误,逾期竣工违约金的计算方法为:

①发包人有权对承包人的工程进度情况进行检查,并对关键工期节点提出监督和整改意见,承包人应严格执行,并采取一切有效措施,确保总工期目标的实现。承包人拒不接受整改意见或整改不力,发包人有权单方面终止合同或组织其他施工力量确保工期目标的实现,而由此发生的所有费用和损失均由承包人承担。如果承包人工作不到位造成工期严重滞后,无法保证工期按期完工或其他对发包人的形象造成重大影响的情况发生,发包人有权单方面终止合同,并勒令承包人退场,或减少承包人的承包内容,所有损失由承包人承担。

②由于承包人原因造成不能按期竣工的，在按合同约定确定的竣工日期（包括按合同延长的工期）后7天内，监理人应按通用合同条款第19.2.2项的约定书面通知承包人，说明发包人有权得到按本款约定的下列标准和方法计算的逾期竣工违约金，但最终违约金的金额不应超过本款约定的逾期竣工违约金最高限额。监理人未在规定的期限内发出本款约定的书面通知的，发包人丧失主张逾期竣工违约金的权利。

③逾期竣工违约金的计算标准：总工期延误，承包人向发包人支付15 000元/天的逾期竣工违约金，其他另行协商解决。

因承包人原因造成工期延误，逾期竣工违约金的上限：因承包人原因导致总工期延误30天以内的，违约金按10 000/天进行处罚；总工期延误超过30天的部分，违约金按20 000/天进行处罚；但累计违约金总金额不应超过签约合同价的0.5%。

7.6 不利物质条件

不利物质条件的其他情形和有关约定：/。

7.7 异常恶劣的气候条件

发包人和承包人同意以下情形视为异常恶劣的气候条件：

出现以月计的每个时期的恶劣气候比本省气象部门40年的统计资料，以20年一遇频率计算的平均气候还要恶劣的异常气候。

7.8 暂停施工

7.9 提前竣工

7.9.2 提前竣工的奖励：/。

3.11 索赔引起的合同价款调整

1）索赔的概念

在工程合同履行过程中，合同当事人一方因非己方的原因而遭受损失，按合同约定或法律法规规定应由对方承担责任，从而向对方提出补偿的要求。索赔是双向的，承包人可向发包人索赔，发包人也可向承包人索赔。索赔是一种补偿，不是惩罚，可以是经济补偿，也可以是工期顺延要求。

索赔必须在合同约定时间内进行，并出具正当的索赔理由和有效证据。对索赔证据的要求是真实性、全面性、关联性、及时性，并具有法律证明效力。

2）索赔的依据

①工程施工合同文件，工程施工合同是工程索赔最关键和最主要的依据；

②国家相关法律、法规、规章、标准、规范和定额；

③工程施工合同履行过程中与索赔事件有关的各种凭证。

3）索赔成立的条件

①与合同对照，事件已造成非责任方的额外支出或直接损失；

②造成费用增加或工期损失的原因,按合同约定不属于己方;

③非责任方按合同规定的程序向责任方提交索赔意向通知书和索赔报告。

4)承包人对发包人的索赔费用计算

(1)索赔费用组成

对于不同原因引起的索赔,承包人可索赔的具体费用内容是不完全一样的。索赔费用的要素与工程造价的构成相似,索赔费用一般可归结为分部分项工程费(包括人工费、设备费、材料费、管理费、利润)、措施项目费(单价措施、总价措施)、规费、税金、其他相关费用。

①分部分项工程费、单价措施项目费。工程量清单漏项或非承包人原因的工程变更,造成增加新的工程量清单项目,其对应的综合单价的确定按照工程变更价款的确定原则进行。

a. 人工费。索赔费用中的人工费包括:合同以外的增加的人工费、非承包人原因引起的人工降效、法定工作时间以外的加班、法定人工费增长、非承包人原因导致的窝工和工资上涨费用。增加工作内容的人工费应按照计日工费计算,停工损失费和工作效率降低的损失费按窝工费计算,窝工费的标准双方可在合同中约定。

【例 3.20】 因场外突然断电造成工地全面停工 2 天,使总工期延长 2 天,造成窝工共 50 工日;复工后建设单位要求施工单位对场外电缆及配电箱进行全面检查,增加 2 工日。人工费为 85 元/工日,按照合同约定非施工单位原因造成窝工的按人工费的 45% 计取。

【问题】 施工单位就该事件提出索赔,索赔是否成立,如成立应索赔的人工费为多少元?

【分析】 施工单位人工费索赔成立。因场外停电造成施工单位窝工,责任由建设单位承担,窝工费用索赔成立;复工后,应建设单位要求对场外的电缆及配电箱进行全面检查,费用应由建设单位承担,增加费用索赔成立。索赔的人工费如下:

$$窝工费用 = 50 \times 85 \times 45\% = 1\ 912.50(元)$$

$$新增人工费 = 2 \times 85 = 170.00(元)$$

b. 施工机械使用费。索赔中的机械费包括:合同以外的增加的机械费、非承包人原因引起的机械降效、由于业主(监理)原因导致机械停工的窝工费。因窝工引起的施工机械费索赔,当施工机械属于施工企业自有时,按照机械折旧费计算;当施工机械是施工企业从外部租赁时,按照租赁费计算。

【例 3.21】 在施工过程中,因甲供材料未按时到达施工场地导致暂停施工 5 天,使总工期延长 4 天。施工现场有租赁的塔吊 1 台,自有的砂浆搅拌机 2 台。塔吊台班单价为 320 元/台班,租赁费为 300 元/台班,砂浆搅拌机台班单价为 120 元/台班,折旧费为 70 元/台班。

【问题】 施工单位就该事件提出工期索赔和机械费索赔,索赔是否成立,如成立应索赔的机械费为多少元?

【分析】 施工单位索赔成立。因甲供材料未按时到场造成停工,责任由建设单位承担,索赔成立。该事件对总工期的影响只有 4 天,故工期可索赔 4 天。索赔的机械费如下:

塔吊应按租赁费用计算,为:$4\times1\times300=1\ 200$(元);

砂浆搅拌机应按机械折旧费计算,为:$4\times2\times70=560$(元)。

c. 材料费。索赔中的材料费包括:索赔事件引起的材料用量增加、材料价格大幅上涨、非承包人原因造成的工期延误而引起的材料价格上涨和材料超期储存费用。

d. 管理费。管理费包括现场管理费和总部（企业）管理费两部分。

e. 利润。因工程范围变更、设计文件缺陷、业主未能提供现场等引起的索赔，承包人可以索赔利润。但对于工程暂停的索赔，由于利润是包括在每项施工工程内容的价格之内的，而延长工期并未消减某些项目的实施，也未导致利润减少，故该种情况下不再索赔利润。

②总价措施项目费。总价措施项目费（安全文明施工费除外）由承包人根据措施项目变更情况，提出适当的措施费变更，经发包人确认后调整。

③其他项目费、规费与税金。其他项目费相关费用按合同约定计算；规费与税金按原报价中的规费费率与税率计算。

④其他相关费用。其他相关费用主要包括因非承包人原因造成工期延误而增加的相关费用，如迟延付款利息、保险费、分包费用等。

【例 3.22】 某建筑项目在施工过程中，由于市政道路施工破坏了入场道路，导致工程停工 1 个月且总工期增加 1 个月。这种情况下，承包单位可索赔以下费用：

①人工费：对于不可辞退的工人，索赔人工窝工费，按人工工日成本计算或按合同约定计算；对于可以辞退的工人，可索赔人工上涨费。

②施工机具使用费：可索赔机具窝工费或机具台班上涨费。自有机械窝工按折旧计算，租赁机械按租金加进出场费的分摊计算。

③材料费：可索赔超期储存费用或材料价格上涨费。

④管理费：现场管理费可索赔增加的现场管理费；总部管理费可索赔延期增加的总部管理费。

⑤利润、总价措施、规费、税金：该索赔不涉及利润、总价措施、规费和税金。

⑥其他相关费用：保险费、保函手续费、利息可索赔延期 1 个月的费用。保险费按保险公司保险费率计算，保函手续费按银行规定的保函手续费率计算，利息按合同约定的利率计算。

(2)索赔费用的计算

索赔费用的计算以赔偿实际损失为原则，包括实际费用法、总费用法、修正总费用法 3 种方法。

①实际费用法。实际费用法是按照各索赔事件所引起损失的费用分别计算，然后将各个项目的索赔值汇总。这种方法以承包商实际支付的价款为依据，是施工索赔时最常用的一种方法。

【例 3.23】 某工程在施工过程中，因使用需要，甲方对已完工程进行整改，具体情况如下：

背景资料 1：甲方有关通知。

关于职工食堂操作间整改有关通知

××建筑公司食堂工程项目部：

由于使用需要，经领导办公会决定，将一层至三层食堂操作间⑤、⑧轴线上已砌好的墙体拆除改为落地窗，落地窗具体做法详附件。

××公司建设管理办公室（章略）
2019 年 5 月 5 日

背景资料 2：费用索赔申请（核准）表，如表 3.38 所示。

表 3.38　费用索赔申请（核准）表

工程名称：某职工食堂　　　　　　　　标段：　　　　　　　　第 1 页 共 1 页

<table>
<tr><td colspan="2">致：××工程建设管理部
根据施工合同第 17 条的约定，由于业主方原因，我方要求索赔金额为（大写）柒万叁仟零捌拾元肆角玖分（小写 73 080.49 元），请予批准。
附：1. 费用索赔的详细理由及依据：业主方要求将已施工完成的墙体拆除更改为落地窗。
2. 索赔金额的计算：
（1）墙体砌筑按已标价工程量清单执行，先不予重复计价；
（2）落地窗价格按已标价工程量清单中已有价格执行，具体情况如下：
318×227＝72 186（元）
（3）原墙体拆除及建渣清运价格如下：
拆除人工：3 工日，单价 120 元/工日（参照已标价工程量清单，已含企业管理费和利润）；
建渣运输（2 km）：318×0.2＝63.60 m^3，单价 7.07 元/m^3（参照已标价工程量清单中的已有项目）；
索赔总金额：72 186+3×120+63.60×7.07＝72 995.65（元）。
备注：以上费用为除税金以外的所有费用。
承包人：（章）略
承包人代表：李明
日期：2019.5.13</td></tr>
<tr><td>复核意见：
根据施工合同第 17 条的约定，你方提出的此项索赔申请经复核：
□不同意此项索赔，具体意见见附件。
☑同意此项索赔，签证金额的计算由造价工程师复核。
监理工程师：肖越
日期：2019.5.13</td><td>复核意见：
根据施工合同第 17 条的约定，你方提出的此项索赔申请经复核，索赔金额为（大写）柒万贰仟玖佰玖拾伍元陆角伍分（小写 72 995.65 元）。
造价工程师：张华
日期：2019.5.14</td></tr>
<tr><td colspan="2">审核意见：
□不同意此项索赔。
☑同意此项索赔，价款与本期进度款同期支付。
发包人：（章）略
发包人代表：王森
日期：2019.5.15</td></tr>
</table>

【分析】 当承包人的费用索赔与工期索赔要求相关联时，发包人在作出费用索赔的批准时，应结合工程延期，综合作出费用索赔和工程延期的决定。此案例经分析其施工进度实施计划后，确认该事件不影响工期。根据背景资料，结算相关内容如表 3.39 所示。

表 3.39 索赔与现场签证计价汇总表

工程名称：某职工食堂　　标段：　　第 1 页 共 1 页

序号	签证及索赔项目名称	计量单位	数量	单价（元）	合价（元）	索赔及签证依据
1	对操作间整改后新增的落地窗	m^2	227		72 995.65	第 7 号
	…				…	
	合　计				128 393.49	

②总费用法。当发生多起索赔事件后，重新计算该工程的实际总费用，再减去原合同价，差额即为承包人的费用。

【例 3.24】 某总价合同的签约合同价为 124.25 万元，在施工过程中因甲方原因产生工程变更，且几项变更交替发生，结算时实际总费用为 136.57 万元，则索赔费用为多少万元？

索赔费用 = 136.57 − 124.25 = 12.32（万元）

③修正费用法。当发生多起索赔事件后，在总费用计算的原则上，去掉一些不合理的因素，使其更合理。修正内容主要包括修正索赔款的时段、修正索赔款时段内受影响的工作、修正受影响工作的单价。按修正后的总费用计算索赔金额的公式为：

索赔金额＝某项工作调整后的实际总费用－该项工作的报价费用

注意：在施工过程中可能出现共同延误的情况，索赔时应先分析初始延误的责任方，再进行索赔。

（3）索赔的最终时限

发承包双方办理竣工结算后，承包人则不能再对已办理完的结算提出索赔。而承包人在提交的最终结清申请中，只针对竣工结算以后发生的事件进行索赔，索赔期限自发承包双方最终结清时终止。

5）发包人对承包人的索赔

在合同履行过程中，由于非发包人原因（材料不合格、未能按照监理人要求完成缺陷补救工作、由于承包人的原因修改进度计划导致发包人有额外投入、管理不善延误工期等）而遭受损失，发包人按照合同约定的时间向承包人索赔。可以选择下列一项或几项方式获得赔偿：

①延长质量缺陷修复期限；

②要求承包人支付实际发生的额外费用；

③要求承包人按合同约定支付违约金。

承包人应付给发包人的索赔金额可以从拟支付给承包人的合同价款中扣回，或由承包人以其他方式支付给发包人，具体由发承包双方在合同中约定。

3.12 现场签证引起的合同价款调整

1）现场签证的范围

现场签证是发包人现场代表（或其授权的监理人、工程造价咨询人）与承包人现场代表就施工过程中涉及的责任事件所作的签认证明。

现场签证的范围一般包括:

①适用于施工合同范围以外零星工程的确认;

②在工程施工过程中发生变更后需要现场确认的工程量;

③符合施工合同规定的非承包人原因引起的工程量或费用增减;

④非承包人原因导致的人工、设备窝工及有关损失;

⑤确认修改施工方案引起的工程量或费用增减;

⑥工程变更导致的工程施工措施费增减等。

2)现场签证的要求

(1)形式规范

承包人应发包人要求完成合同以外的零星项目、非承包人责任事件等工作的,发包人应及时以书面形式向承包人发出指令,并提供所需的相关资料。工程实践中有些突发紧急事件需要处理,监理下达口头指令,施工单位予以实施,施工单位应在实施后及时要求监理单位完善书面指令,或者施工单位通过现场签证方式得到建设单位和监理单位对口头指令的确认。若未经发包人签证确认,承包人擅自施工的,除非征得发包人书面同意,否则发生的费用应由承包人承担。

(2)内容完整

一份完整的现场签证应包括时间、地点、原因、事件后果、如何处理等内容,并由发承包双方授权的现场管理人员签章。

(3)及时进行

承包人应在收到发包人指令后,在合同约定的时间(合同未约定则按规范明确的时间)内办理现场签证。

3)现场签证费用的计算

(1)按计日工单价计算

现场签证的工作如在已标价工程量清单中有计日工单价,现场签证按照计日工单价计算,签证报告中只需列明完成该类项目所需的人工、材料、工程设备和施工机械台班的数量。

(2)根据合同约定按工程变更相关规定计算

签证事项没有相应的计日工单位,则应根据合同约定确定单价,在签证报告中列明完成该类项目所需的人工、材料、工程设备和施工机械台班的数量及单价。

4)现场签证的支付

现场签证工作完成后的7天内,承包人应按照现场签证内容计算价款,报发包人确认后,作为增加合同价款,与进度款同期支付。

现场签证种类繁多,发承包双方在施工过程中的往来信函就责任事件的证明均可称为现场签证,有的应该归属于计日工,有的应该归属于签证或索赔等,如何处理,不同的经办人员可能会有不同的处理方式。一般而言,有计日工单价的,可归于计日工;无计日工单价的,归于现场签证;或是将现场签证全部汇总于计日工,或全部归于签证或索赔。

【例3.25】 某工程在施工过程中发生合同工程外的施工项目,背景资料如下:

背景资料1:现场签证表,如表3.40所示。

表3.40 现场签证表

工程名称:某职工宿舍　　　　标段:　　　　第1页 共1页

<table>
<tr><td>施工部位</td><td>基础基坑内</td><td>日　期</td><td>2019年5月15日</td></tr>
<tr><td colspan="4">致:××工程建设管理部
根据甲方代表王辉的口头指令,我方完成职工宿舍基坑内废旧化粪池处理工作。我方要求完成此项工作应支付价款金额为(大写)伍仟壹佰肆拾伍元肆角伍分(小写5 145.45元),请予批准。
附:1.签证事由及原因:基坑内废旧化粪池处理。
2.计算式:
化粪池内脏污处理:5 000.00元(请专业公司处理,发票附后)
化粪池拆除:1工日,单价120元/工日(参照已标价工程量清单,已含企业管理费和利润)
建渣运输(2 km):$24 \times 0.15 = 3.6\ m^3$,单价7.07元/$m^3$(参照已标价工程量清单中的已有项目)
费用总金额:$5\ 000+120+3.6 \times 7.07 = 5\ 145.45$(元)
备注:以上费用为除规费和税金以外的所有费用。
承包人:(章)(略)
承包人代表:李明
日期:2019.5.16</td></tr>
<tr><td colspan="2">复核意见:
你方提出的此项签证申请经复核:
□不同意此项签证,具体意见见附件。
☑同意此项签证,签证金额的计算由造价工程师复核。
监理工程师:肖越
日期:2019.5.13</td><td colspan="2">复核意见:
☑此项签证按承包人中标的计日工单价计算,金额为(大写)伍仟壹佰肆拾伍元肆角伍分(小写5 145.45元)。
□此项签证无计日工单价,金额为(大写)________(小写________)。
造价工程师:张华
日期:2019.5.14</td></tr>
<tr><td colspan="4">审核意见:
□不同意此项签证。
☑同意此项签证,价款与本期进度款同期支付。
发包人:(章)略
发包人代表:王森
日期:2019.5.15</td></tr>
</table>

【分析】 签证时应注意,现场签证的工作如已有相应的计日工单价,现场签证中应列明完成该类项目所需的人工、材料、工程设备和施工机械台班的数量;如现场签证的工作没有相应的计日工单价,应在现场签证报告中列明完成该签证工作所需的人工、材料、工程设备和施工机械台班的数量及单价。发生现场签证的事项,未经发包人签证确认,承包人便擅自施工的,除非征得发包人书面同意,否则发生的费用应由承包人承担。结算相关内容如表3.41所示。

表 3.41　索赔与现场签证计价汇总表

工程名称:某职工宿舍　　　　标段:　　　　第 1 页 共 1 页

序号	签证及索赔项目名称	计量单位	数量	单价(元)	合价(元)	索赔及签证依据
1	基坑内化粪池处理	座	1		5 145.45	第 2 号
	…					
	合　计				98 393.45	

3.13　未竣工工程的工程结算的特殊调整

未竣工工程结算包含期中结算、中止结算、终止结算等。未竣工工程结算和已竣工工程结算常见的差异是安全文明施工费和措施项目中计量单位为“项”的费用的调整。

1) 安全文明施工费调整

安全文明施工费由环境保护费、文明施工费、安全施工费及临时设施费组成,通常以定额人工费或定额人工费+定额机械费或定额直接费等为计费基础,按规定或测定费率计算。由于这些费率是按已完工程进行综合测定的,其实际支出与未完工工程的工期不成正比,因此通常不能直接用已完成这部分的计费基础直接乘以费率进行计算。

(1)期中结算

若合同未约定期中结算中安全文明施工费的计算方式,且承发包双方无法协商达成一致时,可暂按合同价中安全文明施工费基本费的 70% 计算(预付安全文明施工费),也可暂按已完部分的计费基数乘以安全文明施工费基本费率计算。无论采用何种方式,都应在结算报告中写明为暂定,竣工结算时再按合同约定调整。

(2)中止结算

可参照上述期中结算方式处理,也可按实际修建的临时设施、临时道路、硬化场地等进行现场收方计量计价。无论采用何种方式,都应在结算报告中写明为暂定,竣工结算时再按合同约定调整。

(3)终止结算

合同未约定,且承发包双方无法协商达成一致时,可对实际修建的临时设施、临时道路、硬化场地等进行现场收方计量计价。

2) 措施项目中计量单位为“项”的项目

措施项目中计量单位为“项”的项目有很多,应根据项目的具体情况合理计算。

(1)期中结算

若合同未约定,且承发包双方无法协商达成一致时,可暂按下列方式考虑:费用为计算基数乘费率的,如夜间施工费、二次搬运费等,可暂按已完部分的计算基数和费率计算;费用为可拆分的,如大型机械进出场费,可暂按已进场的设备计算;费用与特定工程部位相关的,如大体积混凝土测温费,可暂按已完大体积混凝土体积与总的大体积混凝土体积的比例计算;无明显合理方法拆分的,可暂按分部分项工程费+单价措施项目费的完成比例计算。

无论采用何种方式,都应在结算报告中写明为暂定,竣工结算时再按合同约定调整。

(2)中止结算

参考上述期中结算的方式处理,并在结算报告中写明为暂定,竣工结算时再按合同约定调整。

(3)终止结算

按上述方式进行处理时,还应考虑合同终止的违约责任方或违约责任的大小,防止出现违约责任方或违约责任更大的一方得利。

素质培养　良好的文字表达和沟通能力

工程结算是建立在项目技术资料和经济资料之上的,资料都是由文字表达的,不同的表达方式会带来不同的造价成果。通过完整有效的文字表述和逻辑组合进行呈现、表达和传递,才能取到良好的商务管理效果,因此文字表达能力是工程结算人员重要的基础能力。任何一份与造价相关的函件、合同、通知、变更、签证、收方、索赔等专业文件的形成,都是字、词、句、段落等组合,再通过合理排版形成单个文档,文档内部以及文档与文档之间需要相互呼应协调从而形成一个闭合有效的文件。所以,工程结算人员要具备良好的文字表达能力。

【案例 3.1】　某市政建设项目施工合同结算条款如下:工程材料价格结算调整原则:主要材料价格由承办人事前报送样品、生产厂家、合格证、价格签证单,经发包人组织有关部门采取市场价格考察、比较、确价方式确定;辅助材料参照××省造价信息价结算。分析该条款表述有无不妥。

案例3.1评析

扫一扫,了解案例 3.1 评析。

【案例 3.2】　某施工合同约定:甲方向乙方供应河沙,每车 500 元,货款每月结算一次。请判断该表述有无不妥。

案例3.2评析

扫一扫,了解案例 3.2 评析。

工程结算要在甲乙双方共同认可的基础上才能顺利进行,沟通是工程结算人员的必备技能。工程结算人员应清晰明了地表达自己的观点、看法、思路和意见,让他人能听明白,还要让他人接受自己的观点,认可自己的观点。因此,工程结算人员要加强沟通能力,才能更好地适应岗位工作。

扫一扫,了解说的基本功。

了解说的基本功

练习题

一、单选题(选择最符合题意的答案)

1. 发承包双方应首先按照(　　)调整合同价款。

A. 合同约定　　B. 法律法规　　C. 计价规范　　D. 计价定额

2. 根据 GB 50500—2013,出现合同价款调增事项(不含计日工等)后的(　　)天内,承包人应向发包人提交合同价款调增报告并附上相关资料。

A. 2　　B. 7　　C. 14　　D. 28

3. 某建设工程开标日期为 2019 年 9 月 20 日,该工程基准日为(　　)。

A. 8 月 20 日　　B. 8 月 23 日　　C. 8 月 24 日　　D. 8 月 25 日

4. 某招标工程的招标控制价为 1 200 万元,中标价为 1 090 万元,结算价为 990 万元,则承包人报价浮动率为(　　)。

A. 9.17%　　B. 17.5%　　C. 10%　　D. 5%

5. 已标价工程量清单中没有适用也没有类似于变更工程项目的,由承包人根据变更工程资料、计量规则和计价办法、工程造价管理机构发布的信息价格和承包人报价浮动率,提出变更工程项目的单价或总价,报(　　)确认后调整。

A. 设计师　　B. 发包人　　C. 项目经理　　D. 监理工程师

6. 某建设工程经设计变更,在原来 C30 条形基础的基础上增加了部分 C30 独立基础,批准的施工方案均采取商品混凝土现浇,已标价工程量清单中有现浇 C30 商品混凝土基础报价,结合本地区计价定额,增加独立基础属于(　　)情况。

A. 有适用项目　　B. 有类似项目　　C. 既不适用也不类似　　D. 不确定

7. 某建设工程经设计变更,增加了 C25 混凝土梯柱,批准的施工方案采取商品混凝土浇筑,已标价工程量清单中有现浇 C30 商品混凝土矩形柱报价,结合本地区计价定额,增加 C25 混凝土梯柱属于(　　)情况。

A. 有适用项目　　B. 有类似项目　　C. 既不适用也不类似　　D. 不确定

8. 某工程图纸中设计说明明确构造柱的混凝土强度等级为 C25,招标工程量清单中的特征描述为 C30,实际施工时是 C25 混凝土,则结算时按(　　)计价。

A. C25　　B. C30　　C. C35　　D. 均不对

9. 某工程应甲方要求,增加了 C20 混凝土坡道工程项目。合同中规定,材料单价在投标文件中已有的执行投标文件中的材料单价。已标价工程量清单中,C20 混凝土单价为 315 元/m^3,当期工程造价信息中为 335 元/m^3,签订合同时工程造价信息中为 305 元/m^3,则应选取(　　)。

A. 305 元/m^3　　B. 315 元/m^3　　C. 335 元/m^3　　D. 双方临时约定

10. 根据 GB 50500—2013,承包人采购材料和工程设备的,应在合同中约定主要材料、工程设备价格变化范围或幅度;当没有约定,且材料、工程设备单价变化超过(　　)时,应该调整材料、工程设备费。

A. 1%　　B. 2%　　C. 3%　　D. 5%

11. 根据 GB 50500—2013，招标人应依据相关工程的工期定额合理计算工期，压缩工期天数不得超过定额工期的(　　)，超过者，应在招标文件中明示增加赶工费用。

A. 5%　　B. 10%　　C. 20%　　D. 30%

12. 根据 GB 50500—2013，如果承包人未按照合同约定施工，导致实际进度迟于计划进度的，承包人应加快进度，实现合同工期，由此产生的费用由(　　)承担。

A. 发包人　　B. 承包人　　C. 监理单位　　D. 保险公司

13. 根据 GB 50500—2013，当因工程量偏差和工程变更等原因导致工程量偏差超过(　　)时，其综合单价可以进行调整。

A. 10%　　B. 15%　　C. 20%　　D. 25%

14. 某独立土方工程，招标文件中估计工程量为 27 万 m^3。合同中规定，土方工程单价为 12.5 元/m^3；当实际工程量超过估计工程量 15% 时，超过部分单价调整为 9.8 元/m^3。工程结束时实际完成土方工程量为 35 万 m^3，则土方工程款为(　　)万元。

A. 437.535　　B. 426.835　　C. 415.900　　D. 343.055

15. 不可抗力不包括(　　)。

A. 异常恶劣天气　　B. 战争　　C. 瘟疫　　D. 停电

16. 因不可抗力事件导致损失，下列说法正确是(　　)。

A. 发承包人员伤亡应由发包人负责　　B. 承包人的施工机械损坏由承包人承担

C. 工程修复费用由承包人承担　　D. 工程所需清理费用由承包人负责

17. 因业主原因造成工地全面停工 3 天，使总工期延长 2 天，造成窝工共 50 工日。人工费为 85 元/工日，按照合同约定非施工单位原因造成窝工的按人工费的 45% 计取。则应索赔的人工费为(　　)元。

A. 1 829.20　　B. 1 923.40　　C. 1 912.50　　D. 4 250.00

18. 在施工过程中，因业主原因导致暂停施工 6 天，使总工期延长 3 天。施工现场有租赁的塔吊 1 台。塔吊台班单价为 320 元/台班，租赁费为 300 元/台班。索赔的机械费为(　　)元。

A. 900　　B. 1 800　　C. 960　　D. 1 920

19. 在施工过程中，因业主原因导致暂停施工 4 天，使总工期延长 2 天。施工现场有自有的砂浆搅拌机 1 台。砂浆搅拌机台班单价为 120 元/台班，折旧费为 70 元/台班。索赔的机械费为(　　)元。

A. 480　　B. 280　　C. 240　　D. 140

20. 某总价合同的签约合同价为 321.6 万元，在施工过程中因甲方原因产生工程变更，且几项变更交替发生，结算时实际总费用为 354.23 万元。采用总费用法计算，则索赔费用为(　　)万元。

A. 23.34　　B. 32.34　　C. 32.45　　D. 32.63

二、多选题（多选、错选不得分）

1. 下列属于工程变更类的合同价款调整事项的是(　　)。

A. 法律法规变化　　B. 项目特征描述不符　　C. 工程量偏差　　D. 物价变化

E. 提前竣工(赶工补偿)

2. 下列属于工程变更事项的是(　　)。

A. 增加或减少合同中任何工作,或追加额外的工作

B. 改变合同中任何工作的质量标准或其他特性

C. 改变工程的时间安排或实施顺序

D. 实际施工与招标工程量清单特征描述不符

3. 根据 GB 50500—2013,工程变更调整的原则是(　　)。

A. 已标价工程量清单中有适用于变更工程的项目的,直接采用该项目单价

B. 已标价工程量清单中有适用于变更工程的项目且工程量偏差在 15% 以内,直接采用该项目单价

C. 已标价工程量清单中没有适用但有类似于变更工程项目的,合理范围内参照类似项目的单价

D. 已标价工程量清单中没有适用也没有类似于变更工程项目的,双方在合同中约定确认单价方法

4. 某建设工程按图施工完成了砌体钢丝网加固,结算时发现招标工程量清单缺项,则(　　)。

A. 已标价工程量清单中有适用于变更工程的项目的,直接采用该项目单价

B. 已标价工程量清单中有适用于变更工程的项目且工程量偏差在 15% 以内,直接采用该项目单价

C. 已标工程量价清单中没有适用但有类似于变更工程项目的,合理范围内参照类似项目的单价

D. 已标价工程量清单中没有适用也没有类似于变更工程项目的,双方在合同中约定确认单价方法

5. 根据 GB 50500—2013 中 A. 2. 3 规定,下列说法正确的是(　　)。

A. 当材料费涨价时,应计取基准单价和投标单价中较高的

B. 当材料费降价时,应计取基准单价和投标单价中较低的

C. 这样分配风险对发承包双方均公平

D. 这样分配风险对发包人更公平

E. 这样分配风险对承包人更公平

6. 根据 GB 50500—2013,物价波动时合同价款的调整方法有(　　)。

A. 价格指数调整价格差额法　　B. 造价信息调整价格差额法

C. 加权平均法　　D. 简单平均法

7. 根据 GB 50500—2013,因不可抗力而发生的费用或损失中,应由发包人承担的有(　　)。

A. 承包人的人员伤亡相关费用

B. 已运至施工场地的材料和工程设备的损害

C. 因工程损害造成的第三者财产损失

D. 承包人设备的损害

E. 承包人应监理人要求在停工期间照管工程的人工费用

8. 以下对索赔描述正确的有(　　)。

A. 发包人也可向承包人索赔
B. 索赔是一种惩罚,不是补偿
C. 索赔必须在合同约定时间内进行
D. 索赔可以是经济补偿
E. 索赔可以是工期顺延要求

9. 索赔成立的条件有(　　)。

A. 与合同对照,事件已造成非责任方的额外支出
B. 造成费用增加或工期损失的原因,按合同约定不属于己方
C. 非责任方按合同规定的程序向责任方提交索赔意向通知书和索赔报告
D. 索赔事件为合同约定范围内工作
E. 耽误工期小于本工程的总时差

10. 索赔费用包括(　　)。

A. 人工费
B. 材料费
C. 施工机械使用费
D. 管理费和利润
E. 税金

11. 以下对索赔人工费描述正确的有(　　)。

A. 合同以外的增加的人工费
B. 非承包人原因引起的人工降效
C. 法定工作时间以外的加班
D. 法定人工费增长
E. 承包人原因导致的窝工

12. 索赔费用的计算方法有(　　)。

A. 综合单价法
B. 实际费用法
C. 总费用法
D. 修正总费用法
E. 对比分析法

13. 修正总费用法修正的主要内容包括(　　)。

A. 修正索赔款的时段
B. 修正索赔款时段内受影响的工作
C. 修正受影响工作的单价
D. 修正计价方法
E. 修正合同内容

三、判断题(正确的打"√",错误的打"×")

1. 根据 GB 50500—2013,由于招标工程量清单中措施项目缺项,承包人未将新增措施项目实施方案提交发包人审批的,不予调整合同价款。(　　)

2. 发包人在招标工程清单中给定暂估价的材料、工程设备,属于依法必须招标的,应由承包人以招标的方式选择供应商,确定价格。(　　)

3. 承包人不参加投标的专业工程发包招标,应由承包人作为招标人,但拟定的招标文件、评标工作、评标结果应报送发包人批准。(　　)

4. 现场签证由任一负责人签字均可。(　　)

5. 发包人通知承包人以计日工方式实施的零星工作,承包人应予执行。(　　)

6. 专业工程招标后,应以专业工程的中标价为依据调整合同价款。(　　)

7. 承包人报价浮动率主要反映承包人报价与招标控制价相比下调的幅度。(　　)

8. 安全文明施工费必须按国家或省级、行业建设主管部门的规定计算。(　　)

9. 索赔是履约方向违约方提出的一种经济惩罚。(　　)

10. 工程量偏差引起的工程价款调整中,当工程量增加超过 15% 时,增加部分的综合单价应

予调高。 ( )

11. 已签约合同价中的暂列金额应由发包人掌握使用。 ( )

12. 工程变更只能有发包人提出。 ( )

13. 发承包双方办理竣工结算后，承包人则不能再对已办理完的结算提出索赔。 ( )

14. 承包人在提交的最终结清申请中，只针对竣工结算以后发生的事件进行索赔，索赔期限自发承包双方最终结清时终止。 ( )

15. 暂列金额若有余额，归承包人所有。 ( )

16. 施工机械费索赔，当施工机械属于施工企业自有时，按照机械折旧费计算。 ( )

17. 施工机械费索赔，当施工机械是施工企业从外部租赁时，按照租赁费计算。 ( )

18. 总费用法以承包商实际支付的价款为依据，是施工索赔时最常用的一种方法。 ( )

四、计算题

1. 某工程构造柱的招标工程量为 250 m^3，已标价工程量清单中该项目的综合单价为 397.00 元/m^3。合同规定工程量增加(减少)超过 15% 的，增加(减少)部分其综合单价下调(上浮)5%。

(1)实际施工时为 310 m^3，则构造柱的结算价款为多少？

(2)实际施工时为 201 m^3，则构造柱的结算价款为多少？

2. 某工程项目招标工程量清单中 C30 商品混凝土有梁板为 1 200 m^3，招标控制价为 350 元/m^3，投标报价的综合单价为 410 元/m^3，该项目投标报价下浮率为 6%，施工中由于设计变更实际应予以计量的工程量为 1 500 m^3，合同约定按照已标价工程量清单与招标控制价中相关综合单价的关系即式(3.4)、式(3.5)予以处理。

分析：(1)综合单价是否调整？

(2)该项目结算价款为多少？

3. 某工程由于地震停工 1 个月，工程倒塌损失 10 万元，刚运回的建筑原材料损失 20 万元，施工单位自己的机械设备损失 5 万元。则施工单位可以向建设单位索赔的金额是多少？

五、案例分析

1. 某建设单位下发的“变更通知单”将所有木窗改为铝合金推拉窗，单价按 170 元/m^2 包干，楼梯间刷乳胶漆，楼地面只做找平层。

结算时：

甲方：铝合金按照框外围面积计算；楼梯间按乳胶漆一底两面计算；地面找平层厚度为 20 mm，配合比为 1∶3。

乙方：铝合金按洞口尺寸计算；楼梯间乳胶漆按一底两面计算；地面找平层厚度为 30 mm，配合比为 1∶2。

双方发生分歧。请评析。

2. 某商混公司为某公司提供商品混凝土，合同约定，地下室及以下商品混凝土按实际结算，以上按照图纸结算。地面垫层图纸尺寸为 100 mm 厚，实际施工为 200 mm 厚，结算时总包单位按合同与商混公司按照 100 mm 厚结算，商混公司要求按照实际施工的 200 mm 厚结算。双方发生重大分歧，请评析。

4 工程结算争议解决

建设工程合同价款结算争议，是指发承包双方在工程结算阶段，就合同解释、工程质量、工程量变化、单价调整、违约责任、索赔、垫支利息等影响竣工结算价的相关法律事实是否发生，以及该法律事实对结算价产生的影响不能达成一致意见，导致发承包双方不能共同确认最终工程结算价款的情形。

由于建设工程建设周期较长，投资量大，双方合同权利义务关系复杂，合同履行过程中往往需要根据工程变更、工料机市场价格变化等情况对原合同约定价款进行多次调整。加之目前国内宏观经济影响及政府对建设工程的监管和干预，大量工程施工合同签订时合同条款缺失、合同约定不明，大量工程的发承包双方合同管理水平滞后、合约意识不强，导致结算过程中结算价款争议普遍存在，工程造价人员在办理结算过程中需要参与处理大量合同价款结算争议，这就要求其应具备依据法律、合同和有利事实维护本企业合法权益的基本知识和技能。同时，企业加强施工合同管理，能有效减少建设工程合同结算争议，最大可能实现自身合同目的和预期收益。

现行"13 计价规范"将国内工程合同价款结算争议的解决方式分为监理或造价工程师暂定、管理机构的解释或认定、协商和解、调解、仲裁、诉讼 6 种。

在上述解决方式中，监理或造价工程师暂定、管理机构的解释或认定、协商和解、调解、仲裁为非诉讼解决方式，国际上称为 ADR（Alternative Dispute Resolution，中文直译为"替代性解决争议的方法"）。ADR 方式因为有专家或裁判参与，争议解决快速，争议解决成本低，争议解决过程保密，同时还可以最大程度上做到"不伤和气"，继续维护争议双方合作关系等优势，是解决工程争议的主要方式。只有极少数工程结算争议，甲乙双方不得已时才采用诉讼方式解决。

4.1 工程结算争议解决的途径

建设工程合同发生纠纷后，当事人可以通过监理或造价工程师暂定、管理机构的解释或认定、调解方式解决争议，当事人也可以通过协商并达成和解协议。当事人未采用监理或造价工程师暂定、管理机构的解释或认定、调解、和解的方式解决争议，或解决后仍存在争议的，可以根据仲裁协议向仲裁机构申请仲裁，当事人没有订立仲裁协议或者仲裁协议无效的，可以向人民法院起诉。仲裁或诉讼后，一方当事人拒不履行生效仲裁裁决或法院生效判决的，对方当事人可以申请法院强制执行。

与仲裁和诉讼相比，其他争议解决的最终结果需要争议各方共同确认，各方最终确认后，争议各方仍可申请仲裁、提起诉讼。仲裁和诉讼由第三方裁判，仲裁裁决和法院判决无须取得争议各方认可，且裁决和判决生效后，各方权利义务关系由争议状态转换为确定状态，争议得以解决。争议各方如不履行裁决和判决确定的法律义务的，由法院强制其履行。

本章以建设工程施工合同为例，说明建设工程合同结算争议解决的共性问题，其他建设工程合同结算争议的解决可作为参考。

4.1.1 监理或造价工程师暂定

采用监理或造价工程师暂定方式解决工程结算争议的，应在施工合同中明确约定或在争议发生后约定并签订争议解决协议。

如采用监理或造价工程师暂定方式解决工程结算争议的，建议采用“13 计价规范”的做法，在施工合同进行约定或在争议发生后达成争议解决协议。建议采用的协议书文本框架如下：

协议书

发包人：

承包人：

一、发包人和承包人之间就________争议，经双方协商一致，同意将该争议提交本项目总监理工程师×××（或造价工程师×××）解决。总监理工程师×××（或造价工程师×××）在收到双方提供相关资料后××天内应将暂定结果通知发包人和承包人。发承包双方对暂定结果认可的，应以书面形式予以确认，暂定结果成为双方认可的最终决定。

二、发承包双方在收到总监理工程师或造价工程师的暂定结果通知之后的××天内未对暂定结果予以确认，也未提出不同意见的，应视为发承包双方已认可该暂定结果。

三、发承包双方或一方不同意暂定结果的，应以书面形式向总监理工程师或造价工程师提出，说明自己认为正确的结果，同时抄送另一方，此时该暂定结果成为争议。在暂定结果对发承包双方当事人履约不产生实质影响的前提下，发承包双方应按该结果实施，直到发承包双方采用其他约定或法定方式解决上述争议为止。

四、××项目总监理工程师×××（或造价工程师×××）同意依据法律和事实对双方上述争议进行客观、中立、公平的判定，并于××××年××月××日前就上述争议出具书面暂定结果。

甲方：

乙方：

总监理工程师（或造价工程师）：

年　月　日

如作出上述约定，在总监理工程师或造价工程师作出暂定结果后，如双方未按约定时间提出异议，则该暂定结果成为双方认可的结果，具有法律效力。如提出异议，总监理工程师或造价工程师不予采纳的，该暂定结果应在采取其他约定或法定争议解决方式之前得到执行，更重要的是，在其后争议解决过程中，该暂定结果作为证据，客观上将对发承包双方争议解决产生影响。因此，对于较小的工程结算价款争议，采用监理或造价工程师暂定方式解决争议的方式最为快捷，同时可以将争议和冲突控制在最小范围内，但应当注意的是，争议各方应明确理解上述条款的法律意义，应考虑监理和造价工程师是否能够做到客观、中立，如上述人员无法做到客观、中立，建议不采用上述方法处理。在施工合同约定采用监理或造价工程师暂定方式解决争议的情况下，争议发生后，争议双方均可不经过约定的监理或造价工程师暂定程序，直接向人民法院提起诉讼或根据仲裁约定向仲裁机构申请仲裁。

4.1.2　管理机构的解释或认定

采用管理机构的解释或认定方式解决工程结算争议的，应在施工合同中明确约定或在争议发生后约定并签订争议解决协议。

如采用管理机构的解释或认定方式解决工程结算争议的，建议采用“13 计价规范”的做法，在施工合同或在争议发生后达成争议解决协议，约定：“××项目合同价款争议发生后，发承包双方可就工程计价依据的争议以书面形式提请工程所在地工程造价管理机构对争议以书面文件进行解释或认定，争议各方对工程所在地工程造价管理机构作出的书面解释或认定均予以认可。”作出该项约定后，工程造价管理机构对争议以书面文件进行解释或认定具有法律效力，除非工程造价管理机构的上级部门作出了不同的解释或认定，或在仲裁裁决或法院判决中不予采信，将对争议双方实体权利义务产生重大影响。

在施工合同约定采用管理机构的解释或认定方式解决争议的情况下，争议发生后，争议双方均可不经过约定的管理机构解释或认定程序，直接向人民法院提起诉讼或根据仲裁约定向仲裁机构申请仲裁。

4.1.3　协商和解

合同价款争议发生后，发承包双方任何时候都可以进行协商。协商达成一致的，双方应签订书面和解协议，和解协议对争议各方具有法律效力。

在工程施工合同履行中，和解协议可以采用协议书形式表现，也可以表现为会议纪要、备忘录、承诺书等形式。

在和解协议起草和签订时，应对双方权利义务关系进行梳理，并表述清楚、明确，对结算方式或结算金额、履行时间、履行方式、特别约定作出明确且具有操作性的表述，建议将结算中所有争议一揽子进行解决，并阐明协议达成的基础和背景，做到不留后患，必要时，应要求法律专业人员参与。

和解协议签订后，除有证据证明协议签订中有欺诈、胁迫等违反自愿原则的情况或协议内容因违反法律规定导致无效外，即便争议一方将争议提交仲裁机构或法院处理，仲裁机构和法院原则上不会推翻和解协议约定的内容。

在诉讼和仲裁过程之外，争议各方达成和解协议的，可通过公证对可强制执行的协议内容赋予强制执行效力，在诉讼和仲裁过程中，争议各方达成和解协议的，建议将和解协议提交法院或仲裁机构，由法院或仲裁机构审查并制作调解书。经公证并赋予强制执行效力的和解协议、仲裁调解书、法院民事调解书除法律效力得到补强外，还具有强制执行效力，可直接向法院申请强制执行，无须再次进行仲裁或诉讼程序。

4.1.4 调解

与合同价款争议发生后，发承包双方自行协商一致达成和解不同，调解是在第三人居中分析争议发生原因，阐明争议各方理由，居中进行撮合，最终使争议各方就争议解决方案达成一致的争议解决方式。

采用调解方式解决工程结算争议的，可在施工合同中明确约定或在争议发生后约定调解人。具有专业知识、技能、在行业中具有较大影响力、了解争议发生经过的调解人，可有效促成争议各方达成争议解决方案。

调解人有机构调解人和自然人调解人两种。在我国具有法定调解职能的机构主要是人民调解机构、行政调解机构、法院、仲裁机构。在上述机构组织调解后，争议双方就争议处理达成一致的，可以以本机构名义出具调解书，调解书具备较高的法律效力，部分机构出具的调解书具有直接申请法院确认并执行的法律效力。

在建设工程价款结算纠纷发生后，争议各方可申请建设行政主管部门进行行政调解，特殊情况下，建设行政主管部门也可依职权组织调解。在仲裁和诉讼过程中，仲裁和诉讼当事人可申请进行仲裁或司法调解，仲裁机构和法院也可主动组织调解。

调解的基本原则是自愿原则。如经过调解，争议各方就争议解决不能达成一致的，可选择仲裁或诉讼方式解决；在仲裁和诉讼程序中如不能调解的，由仲裁裁决或法院判决。

4.1.5 仲裁

采用仲裁方式解决工程结算争议的，应在施工合同中约定仲裁条款或在争议发生后达成仲裁协议。

仲裁条款、仲裁协议应明确约定仲裁事项并选定明确的仲裁委员会。如施工合同中的仲裁条款可表述为："如本合同发生争议，双方约定到××仲裁委员会仲裁。"

在实践中，经常会出现合同当事人约定："如本合同发生争议，可以向仲裁机构申请仲裁或向人民法院起诉。""如本合同发生争议，申请仲裁解决。"在这种情况下，因合同各方未明确选定仲裁机构，仲裁条款无效。

争议各方约定仲裁后，且仲裁条款和仲裁协议有效的，则排除了诉讼方式解决争议，各方均不能再采用向法院起诉的方式解决争议。但是一方向法院提起诉讼，另一方应诉没有提出反对意见的情况下，视为双方同意以诉讼的方式解决争议。

在通过协商不能达成一致的情况下，越来越多的争议当事人选择采用仲裁方式解决工程价款结算争议。相比诉讼，仲裁的优势有：

①仲裁一裁终结，裁决具有司法执行力，争议解决相对诉讼程序较为快捷。

②仲裁案件不受地域、级别管辖约束。争议各方根据情况可选择到国内或国际任何仲裁机构进行仲裁。

③仲裁员可由仲裁当事人选择，在仲裁机构选择仲裁员时，会充分尊重仲裁各方的选择，

在可供当事人选择的仲裁员名单中，不仅有法律专家，也有工程专家，有利于正确地查明事实和适用法律。

④仲裁原则上不公开审理，有利于保护当事人的商业秘密。

在选择仲裁前，应考虑：

①仲裁机构没有执行权，在涉及财产保全、证据保全、执行的案件中，只能由法院进行保全和执行。

②法院对仲裁裁决具有审查权，在仲裁裁定作出后，对方当事人往往采用向法院申请撤销仲裁裁决、申请不予执行仲裁裁决等方式，拖延仲裁裁决的执行，甚至导致仲裁被撤销或被法院裁定不予执行。

4.1.6 诉讼

诉讼是工程价款结算争议的最终解决方法。在其他争议解决方法均未有效解决争议，各方亦未约定采用仲裁解决争议的情况下，最终争议各方只能采取诉讼方法解决争议。

根据我国现有民事诉讼制度，建设工程价款结算争议采用诉讼方式解决的，如无相关约定，由被告住所地或工程所在地人民法院管辖。在不违反民事诉讼法对级别管辖和专属管辖的规定的前提下，争议各方也可以书面协议选择被告住所地、工程所在地、工程合同签订地、原告住所地等与争议有实际联系的地点的人民法院管辖。

民事诉讼过程有以下环节：

1）立案

在立案阶段，由原告向法院提交民事起诉状和主要证据，法院审查案件是否符合立案条件，资料是否齐备，是否属本法院管辖。法院审查认为可以立案的，向原告送达《立案通知书》，原告缴纳诉讼费后，法院向被告、第三人送达应诉通知书和相关诉讼资料。

2）一审

在一审阶段，法院确定开庭时间后，向原被告、第三人送达开庭传票，法院在开庭传票载明的时间地点开庭审理案件。案件开庭审理流程一般为：

①由审判长、审判员核对当事人，宣布案由，宣布审判人员、书记员名单，告知当事人有关的诉讼权利义务，询问当事人是否提出回避申请。

②法庭调查。由原告陈述起诉的诉讼请求和事实理由，被告进行答辩，原被告、第三人进行举证质证。

③法庭辩论。原被告、第三人就争议焦点进行辩论。

④审判长、审判员征询各方最后意见。

开庭审理后，一般情况下，由法院在受理案件后6个月之内作出一审判决。诉讼当事人未在规定时间内上诉的，一审判决发生法律效力。

3）二审

一审判决后，诉讼当事人不服一审判决的，可在判决送达之日起15日内向一审法院的上一级法院上诉。二审法院受理案件后，可根据情况采用开庭或不开庭方式审理案件，一般情况下，由二审法院在受理案件后3个月之内作出终审判决或裁定。

4）执行

民事判决、裁定、调解书发生法律效力后，一方拒绝履行的，对方当事人可以向一审法院或者与一审法院同级的被执行的财产所在地法院申请执行，由法院执行生效判决、裁定。

在诉讼过程中，法院作出判决前，法院可以组织调解并制作调解书，原告也可撤诉，终止诉讼程序。

在工程价款结算纠纷诉讼中，争议焦点主要在：工程价款是否已经进行结算；工程价款的结算依据；工程价款调整的事实是否发生；工程价款调整的依据；在施工合同有效的情况下，各方是否存在工期、质量、安全、计量支付等违约行为及如何确定违约方责任并相应减少或增加结算金额。

作为企业管理人员和工程造价人员，应在发生建设工程施工合同争议后，及时依据现行法律、法规和最高人民法院的相关司法解释，预判争议交由诉讼、仲裁处理将面临的最终结果，以免在协商过程中错失和解机会，或进行无意义的诉讼浪费时间、金钱。

4.2 工程造价鉴定

工程造价鉴定是指工程造价鉴定人运用科学技术或者专门知识对专门性问题进行鉴别和判断并提供鉴定意见的活动。

工程造价司法鉴定是指在诉讼活动中，为查明事实，由法院委托鉴定人对诉讼涉及的工程造价专门性问题进行鉴别和判断并提供鉴定意见作为诉讼证据使用的活动。

工程造价司法鉴定是工程造价鉴定的一种，在争议解决过程中，争议一方单方面委托具有司法鉴定人资质的机构出具的工程造价鉴定不属于司法鉴定，当另一方诉讼当事人有证据足以反驳并申请重新鉴定的，法院将同意重新进行司法鉴定。

通过诉讼或仲裁方式解决争议，决定争议解决结果的关键是法院、仲裁机构是否采信争议各方提交的证据，并确认该证据能够证明举证方的主张。就同一争议焦点，争议各方均可能举出多份证据用以证明自己的主张，而争议各方的主张往往是互相对立的，法院、仲裁机构在审理案件过程中，会对证明目的相互冲突的证据的证明力进行判断，采信证明力较高的证据。建设工程合同价款结算争议诉讼的一个突出特点就是，在法院判断双方对结算结果未达成一致的情况下，往往需要工程造价司法鉴定作为确定结算金额并作出判决的依据。因此，工程价款结算纠纷诉讼中，除非法院认为双方已经进行了结算，在法院认定工程价款的结算金额时，工程造价司法鉴定报告是最为关键的证据。

工程价款结算纠纷诉讼中，在原告主张的结算工程款中，部分工程结算金额已经得到发承包双方书面认可或采用固定总价计价（如签证中业主签认该项工作的总价），部分存在争议。依据《最高人民法院关于审理建设工程施工合同纠纷案件适用法律问题的解释（一）》（法释〔2020〕25号）第三十一条的规定，当事人对部分案件事实有争议的，仅对有争议的事实进行鉴定，但争议事实范围不能确定，或者双方当事人请求对全部事实进行鉴定的除外。

司法鉴定由对司法鉴定相关事项负有证明义务的责任方向法院提出申请，法院也可依职权委托鉴定。当事人申请鉴定的，由双方当事人协商确定具备资格的鉴定人；协商不成的，由人民法院指定。

工程造价司法鉴定是一项严肃的专业工作，受委托工程造价咨询人必须按照"13计价规范"及相关法律规定指派专业对口、经验丰富的注册造价工程师承担鉴定工作，按照规定开展取证、鉴定工作。

工程造价咨询人应在委托鉴定项目的鉴定期限内完成鉴定工作。工程造价司法鉴定书出具后，一般都会得到法院的采信，并直接作为确定最终结算价款的依据。对司法鉴定有异议的诉讼当事人，对人民法院委托的鉴定部门作出的鉴定结论有异议申请重新鉴定，一般情况下法院不予准许，除非异议人提出证据证明原鉴定书不能作为证据使用相关事实，如存在鉴定机构或者鉴定人员不具备相关的鉴定资格、鉴定程序严重违法、鉴定结论明显依据不足等情况。

因此，在申请司法鉴定时，申请人应了解司法鉴定的法律后果，准确限定并描述委托司法鉴定范围，避免造成对法院审判的误导。工程造价鉴定人进行司法鉴定并出具正式工程造价鉴定书前，可能会向诉讼当事人发出鉴定意见书征求意见稿，征求各当事人对拟定鉴定结论的意见。实践中，拟定鉴定结论可能出现未按委托范围进行鉴定、对争议较大的属于法律问题而非工程造价专门问题出具鉴定意见、计量错误、计价依据与投标价出现差异、结算依据不统一等情况，当事人应站在自身立场上及时提出异议。

4.3 工程结算争议解决案例

【案例4.1】 2018年3月10日，A公司依照约定进入B公司的××大厦综合楼工程工地进行施工。同年9月10日，A公司与B公司签订《建设工程施工合同》，约定：B公司将其建设的××大厦综合楼项目的土建、安装、设备及装饰、装修和配套设施等工程发包给A公司；合同价款：承包总价以结算为准，由乙方包工包料。价款计算以设计施工图纸加变更作为依据。土建工程执行2009定额，安装工程执行2015定额，按相关配套文件进行取费。工程所用材料，合同约定需要做差价的以当期造价信息价为准；造价信息价没有的，甲乙双方协商议价。

2019年4月5日，当地建设监察大队对未经招标的××大厦综合楼工程进行了处罚，B公司即在当地招投标办公室补办了工程报建手续，并办理了施工合同备案手续。后双方在合同履行过程中发生争议，A公司到法院起诉B公司，要求按合同支付结算款。经法院审理查明，2018年9月10日《建设工程施工合同》与2019年4月5日备案的《建设工程施工合同》内容存在差异，在2019年4月5日备案合同中，增加了一条为：双方按合同约定结算方式结算后，按工程总结算价优惠8个点作为A公司让利。最终法院认定应按备案合同约定的结算方式进行结算。

【案例评析】 由于各种原因，发承包双方之间可能实际签订了数个内容不同的《建设工程施工合同》，在此情况下，根据本案例发生的时间，依据《最高人民法院关于审理建设工程施工合同纠纷案件适用法律问题的解释》（法释[2004]14号），当事人就同一建设工程另行订立的建设工程施工合同与经过备案的中标合同实质性内容不一致的，应当以备案的中标合同作为结算工程价款的依据。

【案例4.2】 某县人民政府与B公司签订《某县政府大院开发及新区建设合同书》,合同约定由B公司受委托代建某县档案馆工程。2017年3月10日A公司与B公司签订《建设工程施工合同》,合同约定,由A公司承包某县档案馆工程。承包范围为土建工程(基础、主体、屋面、砌筑、塑钢窗、抹灰楼地面、水电安装等),合同工程总价款为人民币424万元,工程项目采用可调价格,合同价款调整方法、范围为:按施工图、变更通知书、签证单进行调整,调整范围不得超过B公司与某县政府结算价格,最终价格以某县政府审定认可的造价为基础。2018年8月25日工程竣工验收后,B公司于2018年9月23日收到A公司递交的竣工结算报告及结算书,结算书反映工程总造价为570万元,B公司未予以答复,也未支付工程款。2019年3月20日,A公司起诉B公司,要求B公司支付工程结算款270万元(B公司已支付工程进度款300万元),并按银行同期贷款利息的4倍承担欠付工程款的违约责任。

A公司主张,《建设工程价款结算暂行办法》(财建[2004]369号)第十六条规定:"发包人收到竣工结算报告及完整的结算资料后,在本办法规定或合同约定期限内,对结算报告及资料没有提出意见,则视同认可。"双方签订的《建设工程施工合同》中通用条款第33.2条约定:"发包人收到承包人递交的竣工结算报告及结算资料后28天内进行核实,给予确认或者提出修改意见。"双方竣工结算价应以A公司报送的570万元为准。

B公司提出两点抗辩意见:一、合同约定"调整范围不得超过B公司与某县政府结算价格,最终价格以某县政府审定认可的造价为基础"。因直至A公司起诉时,县政府尚未审定工程结算价格,故B公司客观上不具备核实竣工验收的条件。二、双方签订的《建设工程施工合同》中通用条款第33.3条约定:"发包人收到竣工结算报告及结算资料后28天内无正当理由不支付工程竣工结算价款,从第29天起按承包人同期向银行贷款利率支付拖欠工程价款的利息,并承担违约责任。"发包人未在收到结算资料后28天内提出意见,仅产生从第29天起承担拖欠工程款利息的违约责任这一法律后果,不产生默认承包人报送结算资料的法律后果。2019年8月8日,B公司向法院提出书面申请,要求就本案所涉工程项目款项进行司法鉴定。在移送鉴定中,B公司对鉴定事项范围提出异议,且未在通知要求的时间内按规定缴纳鉴定费用,法院将鉴定案件退回。

最终法院不支持A公司和B公司第一项主张,支持B公司第二项主张,但因B公司未及时缴纳鉴定费用,导致未进行司法鉴定,产生的不利后果由B公司承担,所以法院参考A公司向B公司报送的结算价格570万元作出判决,并支持按中国人民银行发布的同期同类贷款利率计算欠付工程款的利息。

【案例评析】 本案涉及工程价款结算争议诉讼中几个常见问题和常识问题:

(1)关于双方是否已经结算

与正常情况下结算办理并形成双方认可的结算书、支付资料不同,在争议发展到通过诉讼解决时,是否已经办理结算往往成为复杂问题,结算结果的表现形式可以是结算书,也可以是协议书、会议纪要、承诺书等书面文件,甚至是付款行为和默认行为。

本案当事人采用的《建设工程施工合同(示范文本)》(GF-2017-0201),其中通用条款关于竣工结算审核规定如下:

①除专用合同条款另有约定外,监理人应在收到竣工结算申请单后14天内完成核查并报送发包人。发包人应在收到监理人提交的经审核的竣工结算申请单后14天内完成审批,

并由监理人向承包人签发经发包人签认的竣工付款证书。监理人或发包人对竣工结算申请单有异议的，有权要求承包人进行修正和提供补充资料，承包人应提交修正后的竣工结算申请单。

发包人在收到承包人提交竣工结算申请书后 28 天内未完成审批且未提出异议的，视为发包人认可承包人提交的竣工结算申请单，并自发包人收到承包人提交的竣工结算申请单后第 29 天起视为已签发竣工付款证书。

②除专用合同条款另有约定外，发包人应在签发竣工付款证书后的 14 天内，完成对承包人的竣工付款。发包人逾期支付的，按照中国人民银行发布的同期同类贷款基准利率支付违约金；逾期支付超过 56 天的，按照中国人民银行发布的同期同类贷款基准利率的两倍支付违约金。

③承包人对发包人签认的竣工付款证书有异议的，对于有异议部分应在收到发包人签认的竣工付款证书后 7 天内提出异议，并由合同当事人按照专用合同条款约定的方式和程序进行复核，或按照第 20 条〔争议解决〕约定处理。对于无异议部分，发包人应签发临时竣工付款证书，并按本款第②项完成付款。承包人逾期未提出异议的，视为认可发包人的审批结果。

本案在专用合同条款中明确逾期支付的，按照中国人民银行发布的同期同类贷款基准利率支付违约金。

根据《最高人民法院关于审理建设工程施工合同纠纷案件适用法律问题的解释》（法释[2004]14 号）第二十条："当事人约定，发包人收到竣工结算文件后，在约定期限内不予答复，视为认可竣工结算文件的，按照约定处理。承包人请求按照竣工结算文件结算工程价款的，应予支持。"以及相关司法解释，当事人必须在合同中明确约定发包人收到竣工结算文件后，在约定期限内不予答复，则视为认可竣工结算文件，才能在发包人未在约定期限内提出结算审核意见的情况下，产生视为发包人认可承包人提交的结算报告和结算资料的法律后果。

本案中，承包人 A 公司按合同约定提交了竣工结算申请单及相关材料，发包人 B 公司没有按照约定的时间审批且未提出异议，因此视为 B 公司认可 A 公司提交的竣工结算申请和结算报告，并要承担所产生的法律后果。

（2）关于《建设工程价款结算暂行办法》等建设行政主管部门出台规章、规范性文件在诉讼中的适用

法院在审理工程价款结算争议过程中，可以参考《建设工程价款结算暂行办法》（财建[2004]369 号）等建设行政主管部门出台的规章、规范性文件，但在合同作出与规章、规范性文件规定不同的约定时，则应以合同约定为依据进行判决。

（3）关于结算办理程序

同本案例一样，实践中，发包人与承包人可能约定结算价款需以发包人与业主或其他第三方之间的结算结果或审计审定结果为准。在这种情况下，应在专用条款中对结算办理程序进行切合实际的约定，避免通用条款约定的发生效力，产生争议和违约责任。

（4）关于拖欠工程款的利息

《最高人民法院关于审理建设工程施工合同纠纷案件适用法律问题的解释》（法释[2004]14 号）第十七条规定："当事人对欠付工程价款利息计付标准有约定的，按照约定处理；没有约定的，按照中国人民银行发布的同期同类贷款利率计息。"

实践中,在发生欠付工程款的情况下,一般金额较大、时间较长,承包人的经济损失往往大大超过中国人民银行发布的同期同类贷款利息,因此应注意在专用条款中作出可以客观反映因欠付工程款导致承包人损失的违约责任约定。

(5)关于举证责任的划分和举证不能的法律后果

除另有规定外,在工程结算争议诉讼中,当事人应举证证明自己的主张,即"谁主张,谁举证"原则,在对方已提供了有效证据支持其主张的情况下,对对方主张不予认可的,应提出相应的证据予以反驳。在本案中,承包人向法院提交了证据,证明结算价款应为570万元,法院对证据予以认可,发包人应该提出相反证据予以反驳。在本案中,发包人虽申请司法鉴定,但因未缴纳鉴定费,导致证据不能形成,对其不认可承包人提出的工程价款金额的主张无证据予以支持,应承担不利的法律后果,故法院参照承包人提出的570万元进行判决。

(6)注意法律条文的适用

本案是2019年下半年完结的诉讼,适用于《最高人民法院关于审理建设工程施工合同纠纷案件适用法律问题的解释》(法释[2004]14号)。但法释[2004]14号已于2021年1月1日废止,《最高人民法院关于审理建设工程施工合同纠纷案件适用法律问题的解释(一)》(法释[2020]25号)从2021年1月1日起施行。

【案例4.3】 某公路施工合同工程价款结算争议诉讼案,承包人申请对合同及清单中未涉及的临时施工便道、预制梁厂等共计十余项分部分项工程项目、措施项目进行工程造价鉴定。

鉴定机构向各当事人出具《鉴定意见书征求意见稿》,认为施工便道、预制梁厂等三项措施项目,根据合同和清单,不应计量计价。承包人提出异议,认为是否计量计价属法律问题,属法院判断范围,非工程造价专门性问题,坚持要求对施工便道等三项措施项目的客观工程造价进行鉴定,最终法院采纳了承包人的观点。

【案例评析】 造价鉴定往往不能将施工合同法律问题和计量、计价技术问题完全分离,在出具正式鉴定报告前,发现造价鉴定结论对自身不利的情况下,应视情况考虑是否争取将部分法律问题交由法院进行判断。

素质培养　敏锐的法治思维

二十大报告中23次提到了"法治",充分体现了党中央对法治工作的高度重视。我国法治建设向科学立法、严格执法、公正司法、全民守法各个环节全面推进,使"法治化"贯穿在国家各方面的工作当中。

工程建设活动中,各方主体是通过合同来明确各方权利和义务的,合同缺失或条款理解有歧义就会出现法律纠纷,工程结算人员一定要建立法律意识,熟悉《中华人民共和国民法典》合同编部分,对合同的订立、失效等应具备基本的常识,重视合同的订立和补充,用法治思维处理商务活动中的各项函件往来。

【案例4.4】 在工程项目建设过程中,发生了某事项A,施工单位向建设单位发出工作联系函,函件中表明:根据事项A,向建设单位申请增加工程造价:人工费B元,材料费C元,其

他费用D元,共计增加E元。判断以下3种情况的法律结果:

案例4.4评析

情况1:建设单位对施工单位进行了回函,同意施工单位提出的增加E费用。

情况2:建设单位针对施工单位的函件没有回复,施工单位针对该事项报送了关于某事项A增加工程造价E元的请款单,甲方审批同意并进行了相应的价款支付。

情况3:建设单位进行了回复,回复内容如下:同意增加人工费B元,材料费C元,不同意增加其他费用D元。

扫一扫,了解案例4.4评析。

练习题

一、不定项选择题(选择符合题意的答案)

1.根据GB 50500—2013,下列关于监理或造价工程师暂定解决合同价款争议的说法,正确的是(　　)。

A.发承包双方选择采取监理或造价工程师暂定解决纠纷,应首先在合同中约定

B.现场任一监理或造价工程师都可以对发承包双方纠纷予以解决

C.总监理工程师或造价工程师对发承包双方的纠纷处理结果就是纠纷解决的最终决定

D.监理或造价工程师暂定结果存在争议,则不予实施

2.根据GB 50500—2013,下列关于管理机构的解释或认定解决合同价款争议的说法,不正确的是(　　)。

A.采取管理机构的解释或认定解决发承包双方合同价款纠纷主要是针对工程计价依据的争议

B.工程造价管理机构应在收到申请的10日内就合同价款争议问题进行解释或认定

C.采取了管理机构的解释或认定,发承包双方不得再采取其他方式解决合同价款争议

D.工程造价管理机构作出的书面解释或认定一般都会被仲裁机构或法院采信

3.根据GB 50500—2013,下列关于协商和解解决合同价款争议的说法,正确的是(　　)。

A.发承包双方选择采取协商和解解决纠纷,应首先在合同中约定

B.发承包双方经协商达成一致签订的书面和解协议,对双方均有约束力

C.和解协议经公证后,可以增强其执行力

D.协商和解不成的,发承包双方可以按合同约定的其他方式解决争议

4.根据GB 50500—2013,下列关于协商和解解决合同价款争议的说法,正确的是(　　)。

A.由发包人确定争议调解人

B.由发承包双方共同约定争议调解人

C.承包人可以自行调换争议调解人

D.发承包双方在收到调解书28日内均未表示异议,则调解书对发承包双方均具有约束力

5. 根据 GB 50500—2013，下面关于仲裁解决合同价款争议的说法，正确的是(　　)。
A. 应在施工合同中约定仲裁条款或在争议发生后达成仲裁协议方可申请仲裁
B. 仲裁必须在竣工前进行
C. 仲裁期间必须停工的，承包人应对合同工程采取保护措施，其增加的费用应由承包人承担
D. 仲裁期间必须停工的，承包人应对合同工程采取保护措施，其增加的费用应由败诉方承担
6. 根据 GB 50500—2013，下列关于诉讼解决合同价款争议的说法，正确的是(　　)。
A. 发包人对仲裁不服，可以向人民法院提起诉讼
B. 发承包双方没有达成仲裁协议的，可以向人民法院提起诉讼
C. 合同价款争议引发的诉讼属于民事诉讼
D. 我国的民事诉讼实行“二审终审制”
7. 下列关于仲裁和诉讼的说法，正确的是(　　)。
A. 仲裁一裁终结，比诉讼更快捷
B. 选择仲裁，发承包双方在仲裁机构、仲裁人员方面有选择权
C. 诉讼不受区域限制
D. 法院在判决前可以组织调解并制作调解书

二、判断题(正确的打“√”，错误的打“×”)

1. 发包人可以单方调换合同中确定的争议调解人。(　　)
2. 合同争议调解人必须是法人。(　　)
3. 合同价款争议仲裁未能解决，则可以采取诉讼方式解决合同价款争议。(　　)
4. 仲裁是二裁终结。(　　)
5. 仲裁属于诉讼解决争议的一种。(　　)

三、思考题

1. “13 计价规范”规定的非诉讼解决方式是什么？非诉讼解决方式的特点是什么？
2. 民事诉讼法对建设工程价款结算争议管辖法院的规定是什么？
3. 在发承包双方签订多份建设工程施工合同，且结算条款不同的情况下，应采用何种合同版本进行结算？
4. 发承包双方对欠付工程款利息没有约定的情况下，承包方提出要求发包方承担欠付工程款利息，法院将如何处理？
5. 在诉讼中，工程造价司法鉴定的作用是什么？

四、案例分析

1. 因材料价格疯狂上涨，建设成本上升，施工单位私自替换外墙保温材料以降低成本，被监理单位发现后要求整改并自行承担拆除和重建费用，施工单位提出对于价格变动大的主要材料应调整价差，建设单位不同意，双方发生争议。请评析。

2. 某市政项目，建设单位最初的设计方案是撒播草籽，施工单位投标时对此有让利。建设单位在项目实施时要求换成满铺草皮，并提出在撒播草籽的基础上补增一点费用。施工单位认为满铺草皮的工艺与撒播草籽不同，应该重新报价，建设单位认为这样处理的话，之前的让利就没有了，不同意，双方发生争议。请评析。

5　工程结算管理

工程结算涉及国家、集体、个人的利益，甚至会影响社会秩序，国家和相关企业都十分重视，都会采取措施和制定一系列管理制度来规范工程结算活动。按照管理主体划分，工程结算管理可以分为政府管理和企业管理两个层次。

5.1　工程结算的政府管理

5.1.1　制定法律规范

为了规范工程结算活动，建设主管部门对工程结算活动出台了很多相关的规范、标准、政策文件等，主要有：

①《建设工程价款结算暂行办法》(财建[2004]369 号)；

②《最高人民法院关于审理建设工程施工合同纠纷案件适用法律问题的解释(一)》(法释〔2020〕25 号)；

③《最高人民法院关于审理建设工程施工合同纠纷案件适用法律问题的解释(二)》(法释〔2018〕20 号)；

④《建设工程工程量清单计价规范》(GB 50500—2013)；

⑤《建筑工程施工发包与承包计价管理办法》(中华人民共和国住房和城乡建设部令第 16 号)；

⑥《建设工程施工合同(示范文本)》(GF-2017-0201)；

⑦各省、直辖市、自治区发布的地方性的工程结算管理规定，如“江苏省建设工程结算审核基本程序”“2013 年辽宁省建设工程结算工作会议纪要”等，以此指导本省、本地区的工程结算工作。

这些法律法规、政策文件等对工程结算的内容、程序、责任、争议处理等都有具体规定，是发承包双方签订工程合同、约定如何进行工程结算的法律依据。

5.1.2 建立管理制度

政府对工程结算等计价活动建立了以下管理制度：

1）工程造价咨询制度

即发承包双方不具备工程计价能力的，可以委托相应资质的工程造价咨询人开展工程计价活动，包括编制招标工程量清单、确定招标控制价、投标报价、工程计量、合同价款调整与支付、竣工结算等，当然同一工程造价咨询人不得同时接受发承包双方的委托。

工程造价咨询制度已经成为我国建设项目投资管理、工程审计以及司法鉴定的有效手段，通过委托专业的造价咨询企业进行工程造价控制，特别是全过程的造价管理，有利于控制成本，既符合投资管理体制改革方向，又符合国际惯例，对防治“三超”（工程概算超估算、工程预算超概算、工程决算超预算）现象和提高投资效益有着重要作用。

2）审计制度

《建筑工程施工发包与承包计价管理办法》第十八条明确规定：“国有资金投资建设工程的发包方，应当委托具有相应资质的工程造价咨询企业对竣工结算文件进行审计，并在收到竣工结算文件后的约定期限内向承包方提出由工程造价咨询企业出具的竣工结算文件审核意见；逾期未答复的，按照合同约定处理，合同没有约定的，竣工结算文件视为已被认可。”

建立对国有投资项目竣工结算的审计制度，有利于促进对国有投资的监管，提高国有投资效益，降低国有投资的铺张浪费，对规范国有投资建设市场十分有效。

3）备案制度

《建筑工程施工发包与承包计价管理办法》第十九条明确规定：“竣工结算文件应当由发包方报工程所在地县级以上地方人民政府住房城乡建设主管部门备案。”

通过备案制度，一是有利于加强政府监管，对于规范合同订立、督促合同履行、减少合同纠纷、解决建设工程款拖欠等方面可以起到积极的作用；二是能够有效收集、整理、更新、积累行业数据，解决工程造价管理机构信息渠道不畅、采集数据难、数据碎片化等问题，也有利于工程造价管理机构及时发布市场行业信息，更好地提供公共服务。

4）工程造价鉴定制度

“13 计价规范”第 14 章专门对工程造价鉴定作出规定，明确了：在工程合同价款纠纷案件处理中，需作工程造价司法鉴定的，应委托具有相应资质的工程造价咨询人进行。工程造价咨询人接收委托，提供工程造价司法鉴定服务的，不仅应符合计价规范的规定，还应按仲裁或诉讼程序和要求进行，并应符合国家关于司法鉴定的相关规定。鉴于进入司法程序的造价鉴定难度比较大，工程造价咨询人应指派专业对口、经验丰富的注册造价工程师承担鉴定工作，并依法开展工作。

5）造价工程师信用档案制度

《注册造价工程师管理办法》第三十条规定：“注册造价工程师及其聘用单位应当按照有关规定，向注册机关提供真实、准确、完整的注册造价工程师信用档案信息。”

注册造价工程师信用档案应包括造价工程师的基本情况、业绩、良好行为、不良行为等内容。违法违规行为、被投诉举报处理、行政处罚等情况应当作为造价工程师的不良行为记入其信用档案。

注册造价工程师信用档案信息按有关规定向社会公示。

《建筑工程施工发包与承包计价管理办法》第二十二条明确规定："造价工程师在最高投标限价、招标标底或者投标报价编制、工程结算审核和工程造价鉴定中，签署有虚假记载、误导性陈述的工程造价成果文件的，记入工程造价师信用档案，依照《注册造价工程师管理办法》进行查处；构成犯罪的，依法追究刑事责任。"

6）工程计价档案管理制度

发承包双方和工程造价咨询人应建立完善的工程计价档案管理制度，并应符合国家和有关部门发布的档案管理相关规定。

"13 计价规范"明确规定，发承包双方以及工程造价咨询人对具有保存价值的各种载体的计价文件，均应收集齐全，整理立卷后归档。

工程造价咨询人归档的计价文件，保存期不宜少于 5 年。

归档的工程计价成果文件应包括纸质原件和电子文件，其他归档文件及依据可为纸质原件、复印件或电子文件。

归档文件应经过分类整理，并应组成符合要求的案卷。

归档可以分阶段进行，也可以在项目竣工结算完成后进行。

向接收单位移交档案时，应编制移交清单，双方应签字、盖章后方可移交。

5.1.3　规范结算表格

为了规范结算工作，完善结算手续，"13 计价规范"专门设置了工程结算的相关表格，表格名称如下：

①竣工结算书封面（封-4）。

②竣工结算总价扉页（扉-4）。

③工程计价总说明（表-01）。

④建设项目竣工结算汇总表（表-05）。

⑤单项工程竣工结算汇总表（表-06）。

⑥单位工程竣工结算汇总表（表-07）。

⑦分部分项工程和单价措施项目清单与计价表（表-08）。

⑧综合单价分析表（表-09）。

⑨综合单价调整表（表-10）。

⑩总价措施项目清单与计价表（表-11）。

⑪其他项目清单与计价汇总表（表-12）。

表-12 相关的明细表如下：

a. 材料（工程设备）暂估单价及调整表（表-12-2）；

b. 专业工程暂估价及结算价表（表-12-3）；

c. 计日工表（表-12-4）；

d. 总承包服务费计价表(表-12-5);
e. 索赔与现场签证计价汇总表(表-12-6);
f. 费用索赔申请(核准)表(表-12-7);
g. 现场签证表(表-12-8)。
⑫规费、税金项目计价表(表-13)。
⑬工程计量申请(核准)表(表-14)。
⑭预付款支付申请(核准)表(表-15)。
⑮进度款支付申请(核准)表(表-17)。
⑯竣工结算款支付申请(核准)表(表-18)。
⑰最终结清支付申请(核准)表(表-20)。
⑱承包人提供主要材料和工程设备一览表(适用于造价信息差额调整法)(表-21)或承包人提供主要材料和工程设备一览表(适用于造价指数差额调整法)(表-22)。

工程结算宜采用统一格式,各省、自治区、直辖市建设行政主管部门和行业建设主管部门根据本地区、本行业的实际情况,在计价规范提供以上表格的基础上补充完善。

在"13 计价规范"尚未出台前,工程结算所需表格不够完善,各省、自治区、直辖市根据本地区、本行业的情况设计了相应表格。

5.2 工程结算的企业管理

工程结算直接影响建设单位的投资、施工单位的收入、工程造价咨询企业的收入和信誉,为了做好工程结算工作,很多企业根据相关的法律法规建立企业内部的工程结算管理制度,主要涉及工程结算管理流程、部门职责、工作要求、工作表格等方面。下面从建设单位、施工单位、工程造价咨询单位 3 个方面举例介绍。

5.2.1 建设单位的工程结算管理

为了控制投资成本,提高投资效益,建设单位可以根据计价规范、当地主管部门相关规定建立结算管理内部制度,如工程变更管理办法及流程、价款支付管理办法及流程、工程结算管理办法及流程等。在主管部门没有统一结算用表或者结算用表无法满足工程实际需求的情况下,建设单位还可以设计相关用表,以规范结算活动。每个单位的管理办法不尽相同,但管理的共同点都会涉及规范结算行为、明确岗位职责、加强审核、控制成本等方面。

下面以 A 开发公司工程结算管理文件为例予以介绍。

A 开发公司根据法律法规,结合本企业实际情况建立了一系列项目管理制度,并设计了相关表格,以此规范项目管理和工程结算活动。其中,关于工程结算管理的制度有 A 开发公司建设工程变更管理办法、A 开发公司合同款项支付管理办法、A 开发公司建设工程结算管理办法。

1)建设工程变更管理办法

A开发公司建设工程变更管理办法

第一条 为进一步规范公司建设项目工程变更及变更计量的工作程序,有效提高工作效率,确保工程变更的合法、合规、有序和时效性,满足工程质量、进度和成本控制的要求,结合公司建设项目的实际情况,制定此办法。

第二条 适用范围:工程在实施过程中发生的所有变更。

第三条 管理原则

1.先审批后实施原则。工程变更一般实行"先审批后实施"原则,凡属本管理办法约定的第四、第五类变更及应急性、存在严重安全隐患的变更,可由项目部向项目分管副总汇报后先行实施,并按本管理办法在60个日历天完成审批手续。

2.实事求是原则。相关部门及单位在工程变更管理中必须坚持"实事求是"的原则,不瞒报、不虚报、不增报,不得采取"化整为零,化大为小"等方式人为降低审批级别。

3.实施与审批一致原则。工程变更的实施必须与审批通过的范围、内容、工程量、金额等一致,项目部应加强实施过程中的动态控制,对审批后出现范围、内容超审批或实施金额超过审批金额20%或实施金额跨越审批权限之任一情况的,由项目部负责按事前审批手续补充报审,未补充报审的,一律不予认可。

第四条 工程变更分类

一类变更:指对工程建设规模、建设标准及设计方案等方面作出的重大变更,以及需通过调整工程总概算(或计划投资)来处理费用变化的变更。

二类变更:指单次变更金额在50万元以上(含50万元)的变更。

三类变更:指单次变更金额在20万~50万元(含20万元)的变更。

四类变更:指单次变更金额在10万~20万元(含10万元)的变更。

五类变更:指单次变更金额在10万元以下的变更。

单次变更是指工程清标工作完成后,由于设计变更、范围变更、现场签证导致合同金额发生一次调整的事件。单次变更金额是指拟发生变更的分部分项工程费及变更所导致的措施费用的增加总额,变更总额不冲抵被替换项目的造价。

第五条 审批管理

建设工程变更审批流程见附件1。

1.变更报批要件

①工程实施过程中需要进行工程变更,提出单位应填写工程变更申请表(见附件2),按照本公司规定的变更级别予以审批;

②工程变更涉及费用的,造价咨询单位应出具工程变更费用计算表(见附件3)。

2.分级审批

①一类变更由公司集体决策或报政府发改部门;

②二类变更由董事长审批;

③三类变更由总经理审批;

④四类变更由项目分管副总经理审批;

⑤五类变更由公司各项目部项目经理审批,五类变更累计金额超过中标价(不含预留金)的5%之后发生的五类变更升级为四类变更,由项目分管副总经理审批。

3. 各类变更由项目部负责按审批权限报批，详见工程变更审批表（见附件4）。

4. 当工程建设任何相关方提出变更要求，项目部应迅速组织监理单位、造价咨询单位等对变更申请进行技术、经济评审，如未通过评审，则变更不成立。

5. 合同签订后，由项目部负责组织造价咨询单位与承包方在招标图纸范围的基础上（应扣除清单和设计的预设项目等部分）进行工程量核对、清标。清标金额超过中标金额（扣除预留金）的5%时，由招标事务部会同项目部分析原因并按权限向公司书面汇报。

6. 对于清单和设计的预设性或暂估项目，实际发生时严格按此办法履行审批手续。

7. 工程变更经公司批准后，由公司合同事务部按政府相关文件要求，根据变更造价按要求报政府有关部门备案、同意或批准。

8. 工程变更中相关原则与合同不一致时（如实施范围、计价和计量原则等），应另行签订补充协议。

第六条　实施管理

工程变更批准后，进入变更实施阶段，由项目部负责和督促实施及变更资料的完善，对实施及变更资料的真实性、完整性和准确性负责。

第七条　计量管理

能在一个计量周期内完成的变更，必须完成审批手续并实施完成，由造价咨询单位核定金额后按合同约定支付；对于不能在一个计量周期内完成的变更，按事前审批通过的计价原则，以当期实际发生量的70%进入计量支付，待变更整体实施完成后，再由造价咨询单位核定金额后按合同约定支付。

第八条　备案管理

每月25—30日，项目部负责报送一份经项目经理签字的月变更汇总表（见附件5）至合同事务部备案，作为进度款支付控制的依据；节点结算和节点工程量清单修编时，项目部负责报送节点前的全套变更资料，合同事务部按规定抽查审核。

第九条　材料询价

因工程变更引起材料变化、新增或因清单漏项需以市场询价方式确定材料价格的，项目部组织询价后报项目分管副总经理审批。

第十条　工程变更审批表为工程招标图以外变更结算的唯一直接依据（经济签证、技术核定单、业务联系单、设计变更、设计修改、会议纪要等相关资料作为工程变更审批表的附件）。

第十一条　公司部门及相关单位职责划分

1. 项目部作为工程建设和合同执行的责任部门，为工程变更的管理部门，代表公司对工程变更的真实性、技术的合理性、变更的必要性、变更原因和责任界定的清晰性及变更结果负责。

2. 合同事务部代表公司对工程变更是否符合合同计价原则和有关造价管理法规进行抽查审核。

3. 在项目部的管理下，监理单位对工程变更的真实性、技术的合理性、变更的必要性、变更影响范围和结果的准确性负责。

4. 在项目部的管理下，造价过程控制单位对项目管理单位、监理单位提供的变更相关资料进行合同分析、准确计量和计价，对工程变更的经济性和变更的组价原则及计价准确性负责。

第十二条　本办法由合同事务部负责解释。

第十三条　本办法自下发之日施行。

附件 1　建设项目工程变更审核流程

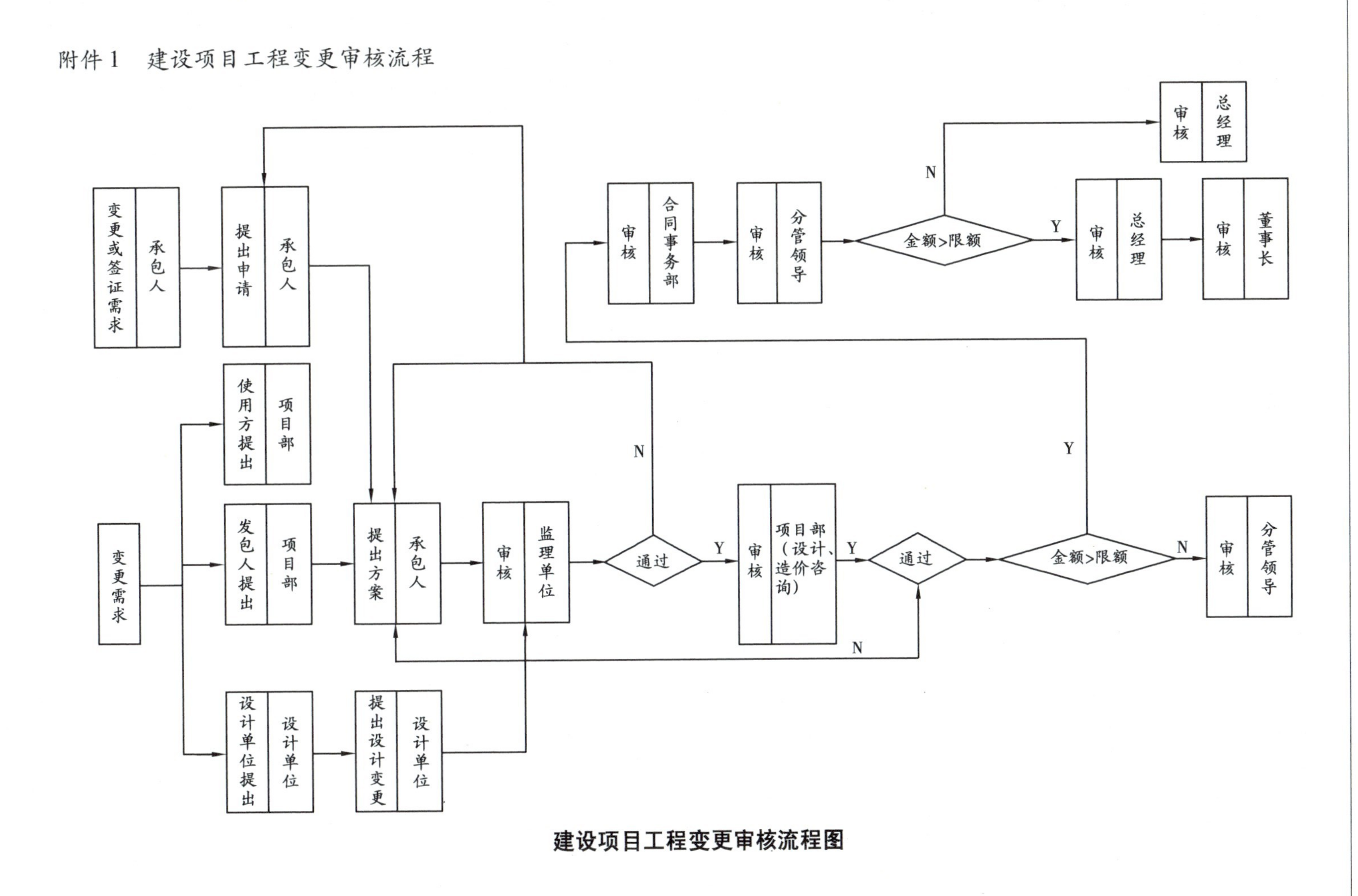

建设项目工程变更审核流程图

附件2　工程变更申请表

工程变更申请表

编号：

提出单位		工程名称	
合同名称		合同编号	
主要变更原因、变更内容、计价依据和方式及附件：			
变更工程量(估算)		变更金额(估算)	
施工单位	(盖章)		
监理单位	(盖章)		
造价单位	(盖章)		

注：需要进行工程变更，按要求填写该表，是工程变更审批的依据。

附件3　工程变更费用计算表

工程变更费用计算表

编号：

变更名称						变更编号		
序号	变更项目	单位	工程量	金额(元)				合计(元)
				中标价	相似价	新组价	单项合计	
合　计								
造价咨询人员意见	造价人员：(签字盖执业章)							
造价咨询单位负责人意见	造价咨询单位负责人：(签字盖公章)							

注：①相似价、新组价项目须附单价分析表；

②本表是变更申请表的附表。

附件4　工程变更审批表

工程变更审批表

编号：

提出单位			工程名称	
合同名称			合同编号	
变更工程量(估算)			变更金额(估算)	
项目部	对变更的分析意见：			
	项目经理			
合同事务部	部门经理			
总经理助理				
项目分管副总经理				
总经理				
董事长				

注：按审批权限审批。

附件5　____年____月份变更情况汇总表

____年____月份变更情况汇总表

______项目部

序号	合同名称	合同编号	变更类型	变更时间	变更金额	审批手续	变更事由	备注
一、______项目								

注：审批手续一栏填“完善”或“待完善”。

2)合同款项支付管理办法

A开发公司合同款项支付管理办法

第一条　为了规范我公司合同款的支付管理,保证合同款项的安全和合理使用,确保工程项目顺利进行,结合我公司实际,制定本办法。

第二条　合同款项的分类

1. 工程款:施工、材料及设备采购等合同的预付款、进度款、结算保留金、质量保证金(含工程质量保证金及绿化工程绿化管养期存活保证金)、审计保留金等。

2. 土地款:用于土地整理、拆迁、赔偿等款项。

3. 其他款项:设计、监理、造价、招标代理、可研、环评、勘测、交易中心服务及报建费等。

第三条　支付流程

1. 工程款:工程款支付流程见附件1,结算保留金、质量保证金、审计保留金按节点支付流程办理。

2. 土地款:土地款支付流程见附件2。

3. 其他款项:其他款项支付流程见附件3。

第四条　支付条件

1. 工程款

(1)预付款。符合合同约定额度,提供经财务部确认的合格预付款保函后支付。

(2)进度款。

①支付款项对应项目必须完成且合格;

②工程变更款项的支付必须完成审批。

(3)结算保留金。合同结算办理完成、结算经合同事务部备案、城建档案馆及公司档案室接收全套竣工资料后支付。

(4)质量保证金。合同约定质保期满且无质量问题支付。

(5)审计保留金。经政府审计后,按政府审计结果支付。

2. 土地款。符合合同约定支付条件。

3. 其他款项。符合合同约定或政府规定条件。

第五条　现场签证及材料认价、新组价管理

1. 现场发生签证,应按照规定程序审批,现场签证管理流程见附件4。

2. 按照合同约定需要对材料认价或对清单外新组价,应按照规定流程予以审批确认,管理流程见附件5。

第六条　款项报批、支付要件

1. 工程款

(1)预付款

①预付款支付审核表,见附件6;

②财务部出具的预付款保函签收条;

③招标事务部出具的履约担保办理通知书;

④财务部出具的履约保函(含差额担保)签收条;

⑤收据。

其中,第③④项为申请第一笔预付款要件。

(2)进度款

①工程进度款支付审批表,见附件7和附件8;

②监理单位必须有明确的形象进度描述;

③造价单位复核签署意见;

④招标事务部出具的履约担保办理通知书;

⑤财务部出具的履约保函(含差额担保)签收条;

⑥现场签证审批意见表,见附件9;

⑦技术核定审批意见表,见附件10;

⑧工程实施情况确认表,见附件11;

⑨发票。

其中,第④⑤项为申请第一次进度款要件,如在申请预付款时已提供,则申请进度款不需提供。

进度款按照合同约定的期限予以汇总,汇总表见附件12。

(3)结算保留金

①项目合同结算保留金退还申请表,见附件13;

②经公司盖章确认的合同结算报告;

③公司档案室出具的竣工文件移交审查意见表;

④收据。

(4)质量保证金

①项目合同质量保证金退还申请表,见附件14;

②竣工验收报告;

③质量保修书或合同缺陷责任期限约定;

④使用或接收单位退还意见;

⑤收据。

(5)审计保留金

①项目合同审计保留金退还申请表,见附件15;

②政府审计批复及相关依据;

③收据。

2. 土地款

合同及证明符合合同支付条件的相关依据。

3. 其他款项

其他款项申请表(略)、合同及证明符合合同支付条件的相关依据。

第七条　项目部、合同事务部、财务部在款项支付时应严格审核、相互配合,项目部或公司承办部门对相应款项支付的真实性、准确性负责,项目经理、公司承办部门负责人为第一责任人。

第八条　本办法由财务部、合同事务部负责解释。

第九条　本办法自下发之日施行。

附件1　工程款支付流程图

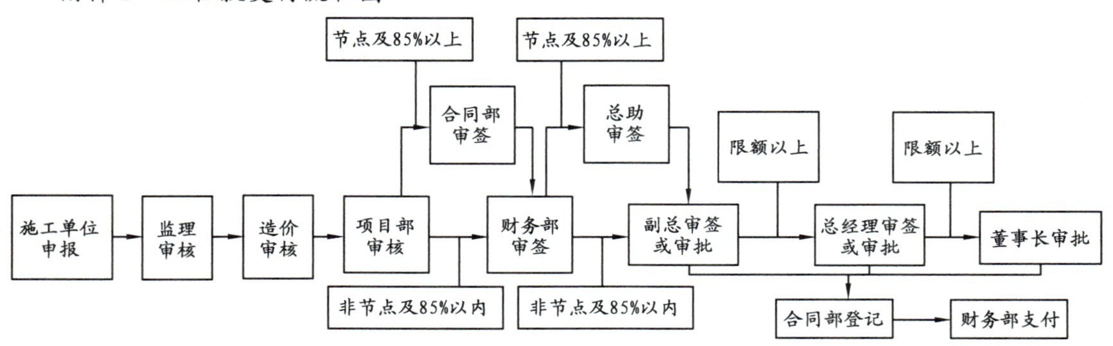

工程款支付流程图

附件2　土地款支付流程图

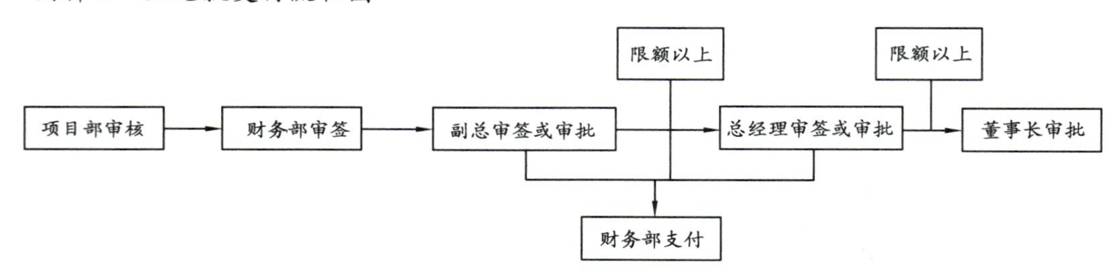

土地款支付流程图

附件3　其他款项支付流程图

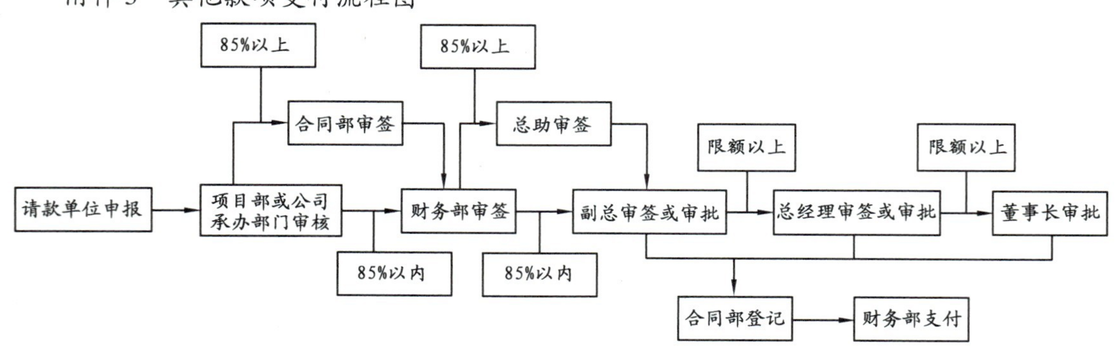

其他款项支付流程图

附件 4　现场签证管理流程图

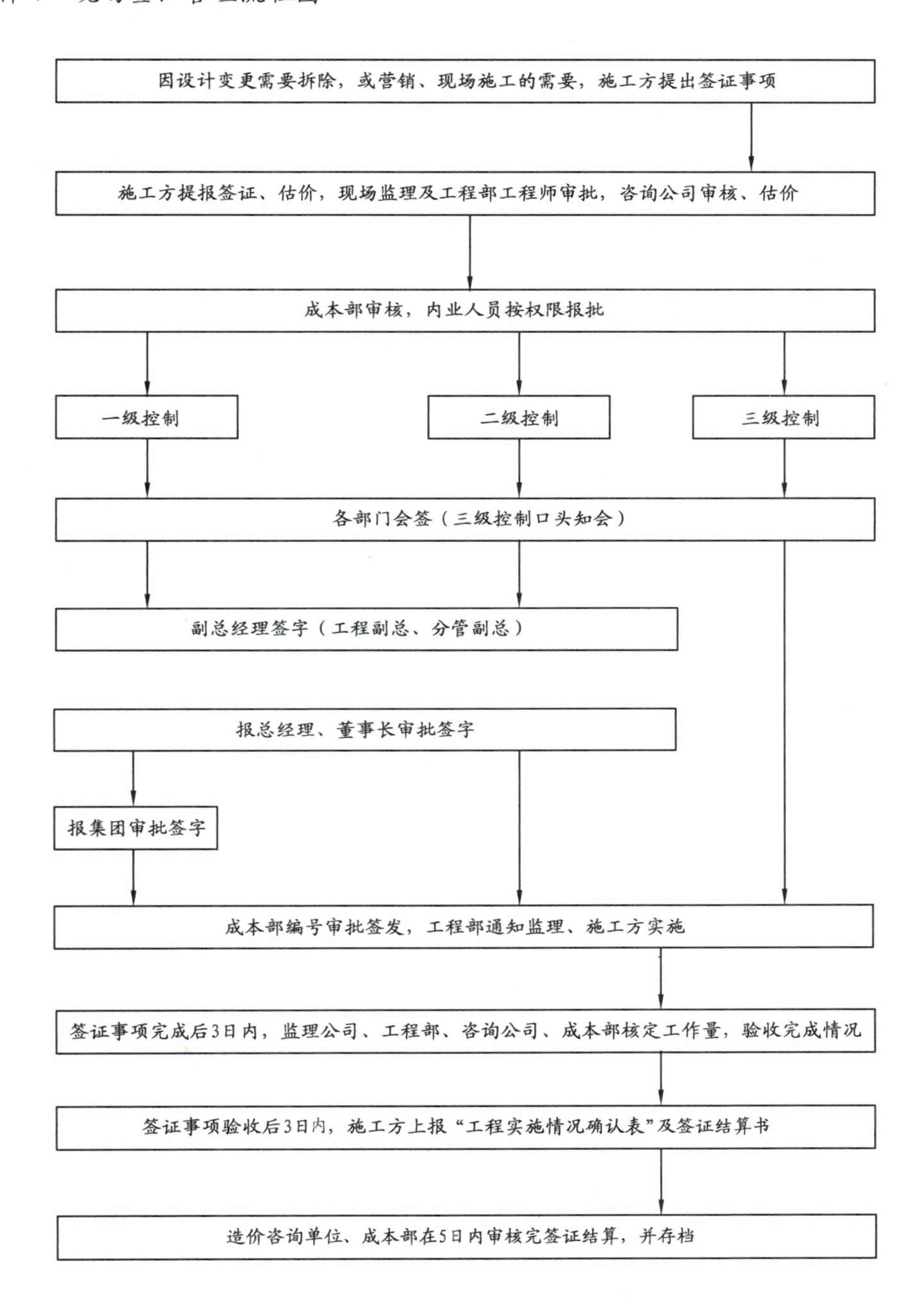
因设计变更需要拆除，或营销、现场施工的需要，施工方提出签证事项
施工方提报签证、估价，现场监理及工程部工程师审批，咨询公司审核、估价
成本部审核，内业人员按权限报批
一级控制
二级控制
三级控制
各部门会签（三级控制口头知会）
副总经理签字（工程副总、分管副总）
报总经理、董事长审批签字
报集团审批签字
成本部编号审批签发，工程部通知监理、施工方实施
签证事项完成后3日内，监理公司、工程部、咨询公司、成本部核定工作量，验收完成情况
签证事项验收后3日内，施工方上报“工程实施情况确认表”及签证结算书
造价咨询单位、成本部在5日内审核完签证结算，并存档

现场签证管理流程图

附件5　材料认价、清单外新组价管理流程图

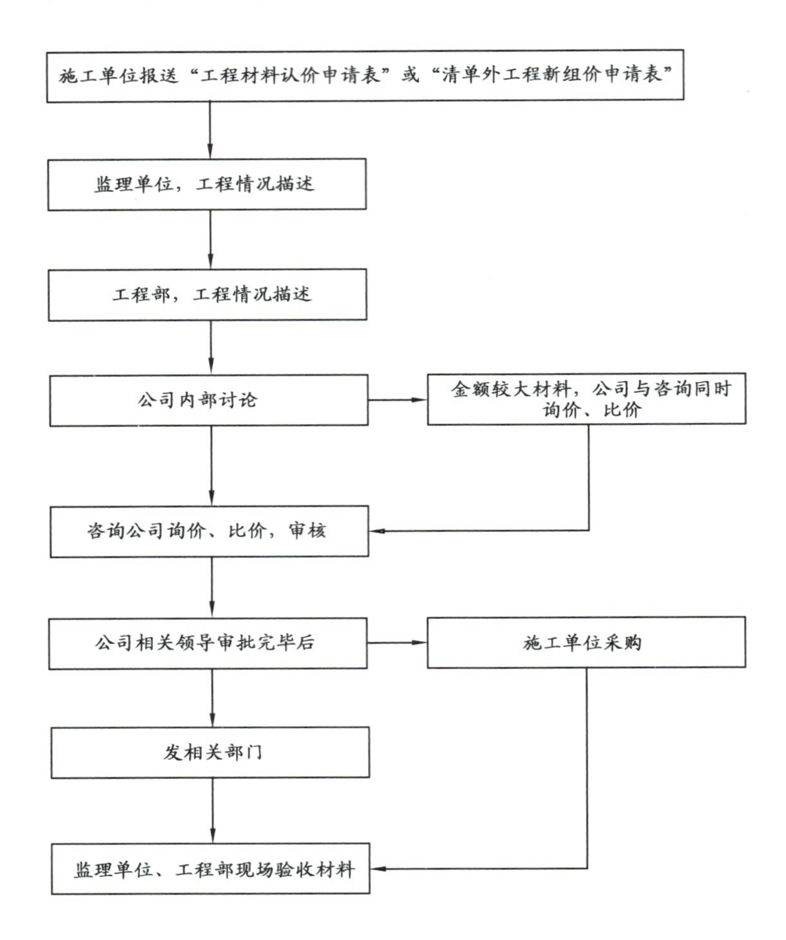

材料认价、清单外新组价管理流程图

附件 6 预付款支付审核表

预付款支付审核表

合同或项目名称：________________

______年______月______日 第______期 合同编号：__________

<table>
<tr><td colspan="2">施工单位</td><td colspan="4"></td></tr>
<tr><td rowspan="3">施工单位</td><td>合同总金额</td><td>元</td><td>申请预付款金额</td><td colspan="2">元</td></tr>
<tr><td>申请理由</td><td colspan="4">附件：</td></tr>
<tr><td colspan="5">施工单位责任人签字（盖章）：</td></tr>
<tr><td rowspan="2" colspan="2">监理单位</td><td>审查意见</td><td colspan="3"></td></tr>
<tr><td>审定金额</td><td colspan="2"></td><td>签字：（盖章）</td></tr>
<tr><td rowspan="2" colspan="2">造价咨询单位</td><td>审查意见</td><td colspan="2"></td><td></td></tr>
<tr><td>审定金额</td><td colspan="2"></td><td>签字：（盖章）</td></tr>
</table>

附件7　工程进度款支付审批表（总包）

工程进度款支付审批表（总包）

＿＿＿年＿＿＿月＿＿＿日　第＿＿＿期

<table>
<tr><td colspan="2">项目名称</td><td></td><td>合同号</td><td></td></tr>
<tr><td colspan="2">工程名称</td><td></td><td>标段名称</td><td></td></tr>
<tr><td colspan="2">施工单位</td><td></td><td>期别编号</td><td></td></tr>
<tr><td colspan="2">合同总金额</td><td></td><td>本次申请付款金额</td><td></td></tr>
<tr><td rowspan="5">申请支付单位</td><td>开户银行</td><td></td><td>本月变更金额</td><td></td></tr>
<tr><td>户　名</td><td></td><td rowspan="2">累计变更金额</td><td rowspan="2"></td></tr>
<tr><td>账　号</td><td></td></tr>
<tr><td>申请缘由或进度情况</td><td colspan="3">附件：</td></tr>
<tr><td colspan="2">申请支付单位造价师（签字、盖章）</td><td colspan="2">申请支付单位责任人（签字、盖公章）</td></tr>
<tr><td rowspan="3">监理单位</td><td colspan="4">进度情况描述：</td></tr>
<tr><td colspan="2">专业监理工程师（签字、盖章）</td><td colspan="2">监理单位造价工程师（签字、盖章）</td></tr>
<tr><td>总监理工程师</td><td colspan="3">（签字、公章）</td></tr>
<tr><td rowspan="3">工程部</td><td colspan="4">进度情况描述：</td></tr>
<tr><td>主管工程师意见</td><td colspan="3"></td></tr>
<tr><td>项目经理意见</td><td colspan="3"></td></tr>
<tr><td rowspan="2">造价咨询单位</td><td>造价师审核意见</td><td colspan="3"></td></tr>
<tr><td>项目经理审核意见</td><td colspan="3"></td></tr>
<tr><td></td><td colspan="4">（造价工程师签字、盖章、公章）</td></tr>
</table>

注：本表由施工单位报送，一式四份；咨询公司审核完后装订，建设、监理、咨询、施工单位各留一份。

附件8　工程进度款支付审批表(分包)

工程进度款支付审批表(分包)

＿＿年＿＿月＿＿日　第＿＿期

<table>
<tr><td colspan="2">项目名称</td><td></td><td>合同号</td><td></td></tr>
<tr><td colspan="2">工程名称</td><td></td><td>标段名称</td><td></td></tr>
<tr><td colspan="2">施工单位</td><td></td><td>期别编号</td><td></td></tr>
<tr><td colspan="2">合同总金额</td><td></td><td>本次申请付款金额</td><td></td></tr>
<tr><td rowspan="5">申请支付单位</td><td>开户银行</td><td></td><td>本月变更金额</td><td></td></tr>
<tr><td>户　名</td><td></td><td rowspan="2">累计变更金额</td><td rowspan="2"></td></tr>
<tr><td>账　号</td><td></td></tr>
<tr><td>申请缘由或进度情况</td><td colspan="3">附件：</td></tr>
<tr><td colspan="2">申请支付单位造价师(签字、盖章)</td><td colspan="2">申请支付单位责任人(签字、盖公章)</td></tr>
<tr><td>总包单位</td><td colspan="2">总包单位造价师(签字或盖章)</td><td colspan="2">总包单位责任人(签字)</td></tr>
<tr><td rowspan="3">监理单位</td><td colspan="4">进度情况描述：</td></tr>
<tr><td colspan="2">专业监理工程师(签字、盖章)</td><td colspan="2">监理单位造价工程师(签字、盖章)</td></tr>
<tr><td colspan="2">总监理工程师</td><td colspan="2">(签字、公章)</td></tr>
<tr><td rowspan="3">工程部</td><td colspan="4">进度情况描述：</td></tr>
<tr><td>主管工程师意见</td><td colspan="3"></td></tr>
<tr><td>项目经理意见</td><td colspan="3"></td></tr>
<tr><td rowspan="2">造价咨询单位</td><td>造价师审核意见</td><td colspan="3"></td></tr>
<tr><td>项目经理审核意见</td><td colspan="3"></td></tr>
<tr><td></td><td colspan="4">(造价工程师签字、盖章、公章)</td></tr>
</table>

注：本表由施工单位报送，一式四份；咨询公司审核完后装订，建设、监理、咨询、施工单位各留一份。

附件9　现场签证审批意见表

现场签证审批意见表

申请时间：　年　月　日　　　　　　编号：××工程-×标段-××号

<table>
<tr><td>合同名称</td><td colspan="2"></td><td>评审时间</td><td></td></tr>
<tr><td>施工单位</td><td colspan="2"></td><td>合同编号</td><td></td></tr>
<tr><td>提出部门</td><td colspan="4">□项目部 □设计部 □成本管理部 □营销部 □监理 □施工单位 □其他</td></tr>
<tr><td>签证原因</td><td colspan="4"></td></tr>
<tr><td>签证内容</td><td colspan="4">附：数码相机照片或相关图纸</td></tr>
<tr><td>工程量(估算)</td><td colspan="2"></td><td>签证金额(估算)</td><td></td></tr>
<tr><td colspan="2">施工单位意见　(签字、盖章)</td><td colspan="3"></td></tr>
<tr><td colspan="2">监理单位意见　(签字、盖章)</td><td colspan="3"></td></tr>
<tr><td rowspan="2">工程部意见</td><td>主管工程师意见</td><td colspan="3"></td></tr>
<tr><td>部门经理意见</td><td colspan="3"></td></tr>
<tr><td>造价咨询单位意见</td><td>造价师/员意见</td><td colspan="3"></td></tr>
<tr><td rowspan="3">成本部意见</td><td>主管造价师意见</td><td colspan="3"></td></tr>
<tr><td>部门经理意见</td><td colspan="3"></td></tr>
<tr><td>分管副总意见</td><td colspan="3"></td></tr>
<tr><td colspan="2">总经理　(意见、签字)</td><td colspan="3"></td></tr>
<tr><td colspan="2">董事长　(意见、签字)</td><td colspan="3"></td></tr>
</table>

注：本表在工程实施前由施工单位填写报送，一式一份，公司审批同意后，工程部下达指令。

附件10　技术核定审批意见表

技术核定审批意见表

申请时间：　　　年　月　日　　　　　编号：××工程-×标段-××号

<table>
<tr><td>工程名称</td><td colspan="2"></td><td colspan="2">评审时间</td><td></td></tr>
<tr><td>合同名称</td><td colspan="2"></td><td colspan="2">合同编号</td><td></td></tr>
<tr><td rowspan="2">专业</td><td colspan="2" rowspan="2"></td><td colspan="2" rowspan="2">变更部位图纸编号</td><td></td></tr>
<tr><td></td></tr>
<tr><td>提出部门</td><td colspan="5">□项目部 □成本管理部 □营销部 □监理 □施工单位 □其他</td></tr>
<tr><td>变更原因</td><td colspan="5"></td></tr>
<tr><td>变更内容</td><td colspan="5">附：相关图纸</td></tr>
<tr><td>变更工程量(估算)</td><td></td><td>变更金额
(估算)</td><td colspan="3"></td></tr>
<tr><td>施工单位意见</td><td></td><td>监理单位意见</td><td colspan="3"></td></tr>
<tr><td>设计单位意见</td><td></td><td>造价咨询
单位意见</td><td colspan="3"></td></tr>
<tr><td>工程部主管工程师意见</td><td></td><td>项目经理意见</td><td colspan="3"></td></tr>
<tr><td>总工办意见</td><td colspan="5"></td></tr>
<tr><td>成本部管理工程师意见</td><td></td><td>经理意见</td><td></td><td>分管副总意见</td><td></td></tr>
<tr><td>总经理意见</td><td></td><td>董事长意见</td><td></td><td></td><td></td></tr>
<tr><td>公司意见</td><td colspan="5"></td></tr>
</table>

注：本表在工程实施前由施工单位填写报送，一式一份，公司审批同意后，工程部下达指令。

附件 11　工程实施情况确认表

工程实施情况确认表

申请时间：　　　年　月　日　　　　　编号：××工程-×标段-××号

变更实施时间及情况：					
实际变更工程量		单价		总价	
施工单位	技术负责人意见				
	项目经理意见				
监理单位	监理工程师意见				
	总监意见				
工程部	主管工程师意见				
	部门经理意见				
造价咨询单位	项目负责人意见				
	单位负责人意见				
成本部	造价师意见				
	部门经理意见				
	分管副总意见				
领导意见	总经理意见				
	董事长意见				

注：本表在设计变更、技术核定、签证工程实施完成后由施工单位填写，一式四份，建设、监理、咨询、施工单位各留一份。

附件12　工程进度支付情况汇总表

工程进度支付情况汇总表

<table>
<tr><td>工程名称</td><td colspan="3"></td><td>标段名称</td><td colspan="2"></td><td>合同号</td><td colspan="2"></td></tr>
<tr><td>咨询公司意见</td><td colspan="3"></td><td>合同总金额</td><td colspan="2"></td><td>合同剩余金额</td><td colspan="2"></td></tr>
<tr><td>清单序号</td><td>项目名称</td><td>工程量(合同或预算)</td><td>剩余工程量</td><td>本月支付工程量</td><td>累计支付工程量</td><td>合同单价(元)</td><td>本月支付合价(元)</td><td>累计支付金额(元)</td><td>剩余合同金额(元)</td></tr>
<tr><td></td><td></td><td></td><td></td><td></td><td></td><td></td><td></td><td></td><td></td></tr>
<tr><td>……</td><td></td><td></td><td></td><td></td><td></td><td></td><td></td><td></td><td></td></tr>
<tr><td>小计</td><td></td><td></td><td></td><td></td><td></td><td></td><td></td><td></td><td></td></tr>
<tr><td>措施一(表一)</td><td></td><td></td><td></td><td></td><td></td><td></td><td></td><td></td><td></td></tr>
<tr><td>措施一(表二)</td><td></td><td></td><td></td><td></td><td></td><td></td><td></td><td></td><td></td></tr>
<tr><td>措施二</td><td></td><td></td><td></td><td></td><td></td><td></td><td></td><td></td><td></td></tr>
<tr><td>规费</td><td></td><td></td><td></td><td></td><td></td><td></td><td></td><td></td><td></td></tr>
<tr><td>其他项目清单一</td><td></td><td></td><td></td><td></td><td></td><td></td><td></td><td></td><td></td></tr>
<tr><td>税金</td><td></td><td></td><td></td><td></td><td></td><td></td><td></td><td></td><td></td></tr>
<tr><td>总承包服务费</td><td></td><td></td><td></td><td></td><td></td><td></td><td></td><td></td><td></td></tr>
<tr><td>合计</td><td></td><td></td><td></td><td></td><td></td><td></td><td></td><td></td><td></td></tr>
<tr><td></td><td></td><td></td><td></td><td></td><td></td><td></td><td></td><td></td><td></td></tr>
<tr><td>变更单</td><td></td><td></td><td></td><td></td><td></td><td></td><td></td><td></td><td></td></tr>
<tr><td>编号×××</td><td></td><td></td><td></td><td></td><td></td><td></td><td></td><td></td><td></td></tr>
<tr><td>……</td><td></td><td></td><td></td><td></td><td></td><td></td><td></td><td></td><td></td></tr>
<tr><td>合计</td><td></td><td></td><td></td><td></td><td></td><td></td><td></td><td></td><td></td></tr>
<tr><td>签证单</td><td></td><td></td><td></td><td></td><td></td><td></td><td></td><td></td><td></td></tr>
<tr><td>编号×××</td><td></td><td></td><td></td><td></td><td></td><td></td><td></td><td></td><td></td></tr>
<tr><td>……</td><td></td><td></td><td></td><td></td><td></td><td></td><td></td><td></td><td></td></tr>
<tr><td>合计</td><td></td><td></td><td></td><td></td><td></td><td></td><td></td><td></td><td></td></tr>
</table>

注：本表由施工单位、咨询单位分别按此格式填写，一式四份，建设、监理、咨询、施工单位各留一份。

附件13　项目合同结算保留金退还申请表

项目合同结算保留金退还申请表

合同或项目名称：______________

______年______月______日　　　第______期　　　合同编号：______________

<table>
<tr><td colspan="2">申请单位</td><td colspan="4"></td></tr>
<tr><td rowspan="4">申请支付单位</td><td>结算金额</td><td colspan="2">元</td><td>保证金总额</td><td>元</td></tr>
<tr><td>申请退还金额</td><td colspan="2">元</td><td>申请退还比例</td><td>%</td></tr>
<tr><td>申请退还理由</td><td colspan="4">附件：</td></tr>
<tr><td colspan="5">申请支付单位责任人签字（盖章）：</td></tr>
<tr><td rowspan="2" colspan="2">监理单位</td><td>审查意见</td><td colspan="3"></td></tr>
<tr><td>审查退还金额</td><td colspan="2"></td><td>签字：（盖章）</td></tr>
<tr><td rowspan="2" colspan="2">造价咨询单位</td><td>审查意见</td><td colspan="2"></td><td></td></tr>
<tr><td>审查退还金额</td><td colspan="2"></td><td>签字：（盖章）</td></tr>
</table>

附件 14　项目合同质量保证金退换申请表

项目合同质量保证金退还申请表

合同或项目名称：________________

______年______月______日　　　　第______期　　　　合同编号：____________

<table>
<tr><td colspan="3">申请单位</td><td colspan="3"></td></tr>
<tr><td rowspan="5">申请支付单位</td><td colspan="2">合同总金额</td><td>元</td><td>保证金总额</td><td>元</td></tr>
<tr><td colspan="2">申请退还金额</td><td>元</td><td>申请退还比例</td><td>%</td></tr>
<tr><td colspan="2">申请退还理由</td><td colspan="3">附件：</td></tr>
<tr><td colspan="5">申请支付单位责任人签字(盖章)：</td></tr>
<tr></tr>
<tr><td rowspan="2" colspan="2">监理单位</td><td>审查意见</td><td colspan="3"></td></tr>
<tr><td>审查退还金额</td><td></td><td colspan="2">签字：(盖章)</td></tr>
<tr><td rowspan="2" colspan="2">造价工程师</td><td>审查意见</td><td></td><td colspan="2"></td></tr>
<tr><td>审查退还金额</td><td></td><td colspan="2">签字：(盖章)</td></tr>
<tr><td colspan="2">发包人</td><td>审查意见</td><td></td><td colspan="2">签字:(盖章)</td></tr>
</table>

附件 15　项目合同审计保留金退还申请表

项目合同审计保留金退还申请表

合同或项目名称：________________

______年______月______日　　　　第______期　　　　合同编号：________________

<table>
<tr><td colspan="2">申请单位</td><td colspan="3"></td></tr>
<tr><td rowspan="4">申请支付单位</td><td>结算金额</td><td>元</td><td>保证金总额</td><td>元</td></tr>
<tr><td>申请退还金额</td><td>元</td><td>申请退还比例</td><td>%</td></tr>
<tr><td>申请退还理由</td><td colspan="3">附件：</td></tr>
<tr><td colspan="4">申请支付单位责任人签字(盖章)：</td></tr>
</table>

3)建设工程结算管理办法

A 开发公司建设工程结算管理办法

第一条　为规范我公司建设工程结算编审程序，加强工程造价控制管理，结合我公司实际，制定本办法。

第二条　工程结算分为节点结算和竣工结算两个阶段。

第三条　工程结算以每个合同为结算对象，达到合同约定的节点或竣工后，项目部应及时与承包单位办理结算；建设项目全部合同竣工结算完成后，由合同事务部进行汇总，送财务部办理竣工决算。

第四条　工程结算的条件

(一)节点结算

1. 达到合同约定节点且工程质量合格；

2. 具备完整的节点施工图、工程变更资料。

(二)竣工结算

1. 工程验收合格；

2. 具备完整的施工图、竣工图、工程变更以及工程竣工资料。

第五条　工程结算编审程序

(一)节点结算

1. 工程达到合同约定的节点且工程质量合格，承包单位在合同约定时间内编制节点结

算,结算资料按第六条要求准备齐备后,送监理单位审查;

2. 监理单位对节点结算资料进行详细、全面审查后送项目部;

3. 项目部组织工程全过程造价咨询单位进行审查,出具节点结算审核报告;

4. 项目部对造价咨询单位的审核报告进行审查,项目经理签署意见后送合同事务部备案。

(二)竣工结算

1. 工程验收合格,承包单位在合同约定时间内编制竣工结算,结算资料按第六条要求准备齐备后,填写竣工结算审核申请表(见附件1),送监理单位审查;

2. 监理单位对竣工结算资料进行详细、全面审查后送项目部;

3. 项目部组织工程全过程造价咨询单位进行审查,出具竣工结算审核报告;

4. 项目部对造价咨询单位的审核报告进行审查,符合备案条件的结算由项目经理签署意见,报项目分管副总经理审批后送合同事务部备案,审查表格式见附件2;符合复查条件的结算,由项目经理签署意见送合同事务部组织复查,复查结果经项目经理、合同事务部负责人、协助分管总经理助理签署意见,报项目分管副总经理审核后,公司主要领导审批,审查表格式见附件3;

5. 建设项目全部合同竣工结算完成后,由合同事务部汇总送财务部;

6. 财务部组织编制竣工决算送政府审计。

第六条　工程结算资料内容

(一)节点结算

1. 结算书及电子文档;

2. 招标图、施工图(指有别于招标图);

3. 经审批的工程变更(胶粘成册);

4. 开工报告、节点验收报告;

5. 其他。

(二)竣工结算

1. 合同(含协议书、专用条款、通用条款、招标文件、投标文件及附件);

2. 结算书及电子文档;

3. 招标图、施工图(指有别于招标图);

4. 竣工图;

5. 经审批的工程变更(胶粘成册);

6. 开、竣工报告;

7. 各节点结算报告;

8. 其他。

第七条　工程结算资料的具体要求

1. 资料必须真实、准确;

2. 资料一式两份(竣工资料按××市城建档案馆、公司档案室要求),一份送政府审计,一份由公司档案室留存;

3. 工程结算书必须采用规定的统一格式,否则不予办理结算及余款支付;

4. 工程变更必须及时按公司“工程变更管理办法”的规定办理审批手续，统一、连续编号，结算时提供原件且胶粘成册。

第八条　结算的复查

（一）由合同事务部负责，对符合复查条件的结算组织复查

（二）复查的条件

1. 结算价（含补充合同、甲供材料）5 000 万元及以上的合同结算；

2. 结算金额超过合同金额（扣除预留金）10% 及以上的合同结算；

3. 累计工程变更金额占结算金额 10% 及以上的合同结算。

上述条件以外的合同结算由合同事务部备案。

第九条　合同履行完毕后，项目部负责督促合同的结算工作，承包单位不按合同约定报送结算，项目部应书面催促；承包单位在通知要求时间内仍不报送的，项目部可按已有资料办理结算。

第十条　结算完成后，项目部应对照计划总投资，检查投资情况，分析各项经济指标；合同事务部对重点项目进行后评估。

第十一条　项目部对资料的真实性、准确性及经项目部审查的结算的准确性负责；合同事务部根据资料对符合要求的结算进行复查，对复查结果的准确性负责。

第十二条　本办法由合同事务部负责解释。

第十三条　本办法自下发之日施行。

附件 1　（房建工程）竣工结算审核表

（房建工程）竣工结算审核申请表

编号：

工程名称：								申请时间：20　年　月　日		
合同名称：								合同价：∑ = 　元		
施工单位：						经办人：		联系电话：		
工程范围	报审总价	土建	给排水	电气	通风空调	弱电	装饰	总平	绿化	其他
报审价（元）：	∑ =									
结算资料：竣工结算书（含单张签证结算书）一式三份，要求原件；提交的资料请在以下表格内打“√”										
竣工结算书										
施工承包合同或协议										
补充协议										
中标/中选通知书										
投标文件/报价文件										

续表

结算资料：竣工结算书(含单张签证结算书)一式三份，要求原件；提交的资料请在以下表格内打“√”									
招标文件/比选文件/咨询文件									
招标工程量清单									
招标图纸									
设计施工图(指有别于招标图纸)									
竣工图									
开工报告									
竣工报告									
施工组织设计									
工程变更审批表及附件资料									
相关政策文件									
相关会议纪要、记录									
材料认质单价									
甲供材料竣工结算汇总表									

施工单位(盖公章)	监理单位意见(盖公章)
负责人签字： 20　年　月　日	签名： 20　年　月　日
公司项目部意见	
项目经理签字： 20　年　月　日	

注：①本表一式三份，随编制好的结算书一同送审；

②本表由报送单位按要求填写并经有关人员签字，方可送交审计。

附件2　结算审查表

结算审查表

合同编号：

工程类别	市政工程 □　　　　房建工程 □
工程名称	
内容	结算概况说明：(应包括合同金额、结算金额、变更金额、结算范围、是否属于备案范围、计量及计价是否符合合同原则、变更审批手续是否完善等内容)
项目部项目经理	
项目分管副总经理审批	

注：备案类结算用表。

附件3　合同结算审查表

合同结算审查表

合同编号：

工程类别	市政工程 □　　　　房建工程 □
工程名称	
内容	结算概况说明：(应包括合同金额、结算金额、变更金额、结算范围、是否属于复查范围、计量及计价是否符合合同原则、变更审批手续是否完善等内容)
项目部项目经理	
合同事务部经理	
项目分管副总经理审查	
公司主要领导审批	

注：复查类结算用。

5.2.2 施工单位的工程结算管理

施工单位一般都会设合约部(或专人)负责合同管理,按照合同约定的时间、程序办理合同价款划拨手续,明确相关的岗位职责,要求发生工程变更、签证等合同约定予以价款调整的事项时,造价人员配合现场技术人员等办理各种变更手续,计算价款调整金额并按照约定的程序办理确认手续。管理比较规范的单位还会通过建立规章制度加强管理,如建立台账制度,根据主管部门的相关规定,结合工程实际,设计相关表格,以此规范价款结算行为。

下面以 B 施工单位工程结算管理相关规定为例,介绍施工单位的工程结算管理。

B 施工单位是一家大型建筑施工企业,为了规范企业的工程造价管理,提高造价人员素质,保证工程造价的质量和时效,实现投标报价、工程签证和索赔管理、项目成本管理和工程竣工结算管理的良性互动,防范风险,维护企业的合法利益,并追求项目经济效益最大化,根据《建设工程结算暂行办法》(财建[2004]369 号)、计价规范、施工合同示范文本(GF-2017-0201)和有关法律法规及公司相关管理制度,结合本公司工程造价管理的实际情况,特制定"B 施工企业投标报价、预结算、索赔相关管理办法",内容包括:

第一篇　总则
第一章　一般规定
第二章　商务经理和造价人员岗位职责和队伍建设
第一节　商务经理岗位标准和职责
第二节　造价人员岗位职责
第三节　商务经理和造价人员队伍建设
第二篇　工程预结算管理
第一章　工程投标报价管理
第二章　工程项目预算管理
第三章　工程竣工结算管理
第四章　工程项目成本分析和企业定额管理
第三篇　工程索赔管理
第一章　工程索赔管理的一般规定
第二章　工程索赔的职责划分
第三章　工程索赔的程序
第一节　索赔意向和索赔通知
第二节　索赔报告
第三节　索赔证据
第四节　单项索赔和总索赔
第四篇　附则

由于内容多,本书就其工程结算管理的具体内容予以详细介绍。

第一篇　总则

第一条至第十五条(略)

第二篇　工程预结算管理

第一章　工程投标报价管理

第十六条　各分公司应建立健全投标预算责任制度。每一个投标工程均应成立投标领导小组和投标书编制小组,投标编制审核人员应分工合理明确、责任分明。

第十七条　招投标工程无论大小,必须及时按照招标人要求报价。造价大于 1 000 万元的工程由分公司主管预结算工作负责人组织造价人员编制。对需要计算工程量的,宜组织两套人员分别计算工程量,核对无误后再组价并确定投标价。投标报价由分公司主管领导、主管预算人员、投标部门负责人、项目经理共同评审确定。采取合理低价中标的重大工程的投标报价须经分公司法定代表人批准后方可报出。

第十八条　对按国家或地区定额计价的投标工程,采取费率投标和按地区定额计价取下浮率计价的投标工程,可只对预期成本及利润进行定性预测;其他工程投标时,应同步进行成本费用预测分析,作为投标决策的参考,并将成本费用预测数、工程预算书共同存档;对按国家计价规范等执行的清单报价工程,宜采用制造成本价费用和利润方式报价。

第十九条　经过预测制造成本,再考虑项目的财务费用和企业层面的经营管理费,并结合合同条款的规定考虑施工过程中的各项风险,就可以定出一个较为合理的报价,既有利于在竞争中取胜,又能做到心中有数,为企业取得合理的利润奠定坚实的基础。

第二十条　投标工程实行标后分析总结制度。各分公司应建立投标报价数据信息库。投标工程无论中标与否,均应进行标后分析总结,其中应包括工程主要特征描述、计价编制说明、主要技术经济指标、成本费用测算分析资料和竞争对手的报价情况及分析资料;根据有关分析资料,整理建立健全投标报价数据信息库。通过分析对比计算,对因重大漏算错算等原因造成的失标,必须进行个人责任追查。(重大漏算错算统计时应分别将多算、少算、错算的绝对值相加,不能正负相抵,作为考核造价人员的依据。)

第二十一条　各单位应建立健全投标预算和报价台账,并与投标报价数据信息库相对应。

第二章　工程项目预算管理

第二十二条　项目经理部要及时编制各节点工程施工预算及施工图预(结)算。对应 1 000 万元以上的土建工程,应按基础、结构、装饰等节点分别编制工程预算和结算。

第二十三条　工程签证索赔管理是工程预结算管理的重要环节,项目经理部应及时做好签证索赔工作,建立签证索赔台账。工程签证索赔资料必须经项目商务经理审核后,报项目经理批准后才能发出。

第二十四条　当施工过程中发生设计变更、进度加快、标准提高及施工条件变化等情况时,项目技术、现场生产部门会同商务合约部门应在 7 天内积极办理工程签证,报项目商务经理审核、项目经理批准后,由项目造价员(或商务管理人员)报送监理工程师和发包人。应将工程的施工变更解决于签证阶段,防止、杜绝索赔事件的发生。

第二十五条　项目造价员负责按照施工图、经济技术签证单、设计变更等经济技术资料计算工程造价,并根据合同文件、计价依据等认真核实工程量、单价及各项费用的计取。计算签证资料时必须做到一份签证一个工程造价和计算式,再分页按签证编号汇总。

第二十六条　项目经理部向分公司报送工程量统计报表时,应坚持项目收入确认的稳妥原则。工程量统计报表不得高估冒算，发包人未确认的变更签证等不能对内作为收入报量。各单位对工程量统计报表要做到层层把关，严禁虚报产值。

第二十七条　项目经理部向发包人报送已完工程量报表时，应根据合同及有关规定，将确认的签证索赔一并报送发包人，并与发包人对接，共同确认当期进度款结算收入。

第三章　工程竣工结算管理

第二十八条　工程竣工结算由项目经理具体组织。原则上工程结算未完，项目经理不应另行安排工作。

第二十九条　工程完工后，项目经理应组织项目经理部相关人员进行结算交代。设计变更签证和相关经济资料交办预算员核对。原则上结算经办造价员应为该工程原项目造价员。

第三十条　单项工程竣工后，项目经理部在递交工程竣工验收报告的同时，向发包人递交完整的工程竣工结算资料。施工合同中对递交竣工结算资料时限有约定的，从合同约定。地方建设工程造价管理部门对递交竣工结算资料时限有规定的，可从其规定。项目经理部应尽早向业主递交竣工结算资料，不得出现因本施工单位或分包单位的原因而延迟报送工程竣工结算资料的情况。

第三十一条　项目经理部编制出工程竣工结算资料后，由项目经理负责组织项目商务经理、经办造价员、技术人员、材料人员进行对比分析，在确认无漏项后按以下程序办理：

1. 由项目商务经理、项目经理签字确认。

2. 由分公司商务合约部审核，分公司商务合约部负责人签字确认。

3. 工程结算送审造价 5 000 万元及以上的，由分公司总经济师审定。

以上三款形成送审结算审核审批表。

4. 加盖造价工程师专用章和分公司预结算专用章后报发包人，让发包人在竣工结算资料明细清单上签收并取得回执。

5. 送审结算审核审批表、竣工结算资料明细回执单同竣工结算资料原件一份于分公司（或分公司）商务合约部统一编号存档。

6. 每年 12 月 31 日前，分公司须将结算造价 2 000 万元以上的已审定工程竣工结算资料报公司商务合约部备案。

第三十二条　建立竣工结算奖惩责任制度，要求各单位主管预结算工作负责人和工程结算经办人员（项目经理和经办造价员）签订奖惩责任合同。根据工程成本核算情况、工程项目特点、合同条款、发包人及市场具体情况等，规定竣工结算价款基本额及审定完成时间等，并确认具体的奖惩措施。确保工程结算保质保量及时办理完毕。责任合同中对工程竣工结算审定完成时间的约定应从施工合同约定，施工合同中没有约定或虽有约定但时间超过以下标准的，按以下标准确定：

序号	工程竣工结算报告金额	审查时间
1	500 万元以下	从接到竣工结算报告和完整的竣工结算资料之日起 20 天
2	500 万～2 000 万元	从接到竣工结算报告和完整的竣工结算资料之日起 30 天
3	2 000 万～5 000 万元	从接到竣工结算报告和完整的竣工结算资料之日起 45 天
4	5 000 万元以上	从接到竣工结算报告和完整的竣工结算资料之日起 60 天

建设工程竣工总结算在最后一个单项工程竣工结算审查确认后15天内汇总,送发包人后30天内审查完成。

地方有关建设工程造价管理办法对工程竣工结算的审定完成时限有规定的,可从其规定。

第三十三条　报业主的工程结算,经建设单位和(或)审计机构审核后,对需要调整或审改的影响工程造价的主要内容,经办造价人员必须对调整或审改进行分析论证后,包括对审定意见和结论的认同程度,及时上报分公司主管领导,经批准同意后才可签章。

第三十四条　工程竣工结算审定后,经办造价员负责及时将审定的工程结算交分公司财务部门和商务合约部,由财务部门与发包人财务决算。甲供材料价款的扣除、采保费的分摊等事项均属于财务决算的范畴。

第三十五条　全公司建立工程预结算月报制度和工程竣工结算季报制度。全公司在当年度办理工程结算的所有项目,无论是否办理完毕,各分公司均须向公司商务合约部报送本年度工程竣工结算报表(每季报表)和所有在施工工程月结算报表(每月报)。公司将对工程竣工结算办理情况定期进行重点跟踪检查,对逾期未向业主报送工程竣工结算资料的和工程竣工结算办理严重拖延的,公司将对所属分公司主管预结算工作责任人和项目经理部予以通报并处罚。

第四章　工程项目成本分析和企业定额管理

第三十六条　全公司各单位都应建立系统的成本分析机制。

每个工程项目竣工后,均应有项目经理牵头,项目商务经理组织本项目的施工技术、预算、成本、财务、物资设备等有关人员对项目成本进行全面系统分析。对中标价、计划成本、实际成本、竣工结算价中各项消耗量和费用指标加以全面分析对比,找出差别,分析原因,形成详细商务报告,将书面报告和电子版一并交分公司商务合约部门审核后存档,由分公司商务合约部门建立各工程项目成本管理数据库,作为今后成本管理的依据。并且,为了编制企业定额,确认企业自身的各种人工、材料、机具、管理等实际消耗水平,各单位必须将这种成本分析作为企业的基础工作来做。

第三十七条　各单位要通过现场测算、收集资料、整理分析,逐步编制企业内部定额,以此作为成本管理和投标报价的依据。

第三十八条　编制企业施工方法,测算各施工方法的消耗量标准,收集整理分包商价格资料,是编制企业定额的基础性工作。当前,公司各单位要充分认识企业定额的意义,重视企业内部定额的编制工作,指定专人负责企业内部定额的策划和具体工作,以期在年内初步编制出企业内部定额。依据企业施工方法对企业定额进行补充和修订更是一项长期重要的工作。

第三篇　工程索赔的程序

(略)

第四篇　附则

(略)

该施工单位不仅严格按照合同约定的程序和要求办理各种价款支付和调整手续,而且还设立了各种台账,设计了分包工程结算的相关表格,具体如下表。

工程量确认单

<table>
<tr><td>
______________工程
工程量确认单(收方单)
编号:______________　确认日期:____年___月___日
形象描述:

实测尺寸:

数量总结:

本表数量由发包方工程师、成本部代表、造价咨询代表、监理代表、施工单位现场核实。
参与人签字:
建设单位工程部:________　建设单位成本部:________　监理单位:________
造价咨询单位:________　施工单位:________　其他参与人员:________
</td></tr>
</table>

说明:由于当地工程造价主管部门、建设单位没有关于"收方"的具体表格,该施工单位根据工作需要设计此表。

收方单台账

序号	楼栋	收方编号	收方内容	收方数量	单位	收方日期	变成金额形式	备注

说明:①该施工单位管理规范,各岗位对自己负责的资料都要建立台账,按实登记并整理。

②"变成金额形式"选择进度款结算或签证款结算。

____________工程签证报审表台账

签证编号	签证内容	申报金额	申报日期	上报日期	批复金额	批复日期	签证形式	备注	工程指令	备注

说明:该项目的建设单位管理很严谨,发生设计变更,在实施前让施工单位对设计变更涉及的造价予以估算,报建设单位,供建设单位对设计变更方案合理决策。

____________工程签证实施表台账

签证编号	签证内容	申报金额	申报日期	初审日期	上报日期	批复金额	收到日期	签证形式	备注

说明:该项目的建设单位管理很严谨,发生设计变更,实施前进行造价估算,实施后再进行具体金额计算,该台账是施工单位对实际发生的金额予以签证登记。

________工程签证报审及实施表台账

签证编号	签证内容	报审金额	报审日期	报审上报日期	实施金额	实施上报日期	实施审核金额	签证形式	报审签证表	实施签证表	备注

说明:该施工单位对设计变更实施前和实施后的签证予以汇总登记,便于对比分析。

专业分包工程结算书封面

专业分包工程结算书

总包单位:　　　　工程名称:　　　　分包项目:

分包单位:　　　　工程造价:　　　　工程规模:

总包单位:________　　　　分包单位:________

项目经理:________　　　　项目负责人:________

审核人:________　　　　编制人:________

年　月　日　　　　年　月　日

说明:这是该施工单位设计的专业分包工程结算书封面。

专业分包工程结算单

工程名称:　　　　所属期间:　　　　编号:

分包单位:　　　　分包项目:　　　　合同金额:

序号	分包工程内容	单位	单价	本期完成		自开工累计完成	
				工程量	金额(元)	工程量	金额(元)
总计金额			大写				
			小写				

分管领导:　　　　经营造价科:　　　　项目经理:　　　　项目预算:　　　　项目工长:

工程分包结算评审表

工程名称：　　　　　　　　　　　　　　　分包项目：

分公司/直属项目意见	预算	
	项目经理	
	预算科长	
	分公司经理	
公司意见	预算结算中心	
	主管领导	
	总经理	

______工程专业分包工程结算比较表

序号	项目名称	单位	与甲方结算收入			与分包单位结算收入			价差			备注
			单价	工程量	合价	单价	工程量	合价	单价差	工程量差	合价差	
			1	2	3=1×2	4	5	6=4×5	7=1-4	8=2-5	9=7×8或3-6	
	合计											

5.2.3 工程造价咨询单位的工程结算管理

工程造价咨询单位可以接受建设单位或施工单位的委托，介入项目管理过程，负责工程结算，还可以接受主管部门的委托，对工程结算进行审计。为了保证业务质量，工程造价咨询单位一般也会设计业务流程和工作质量标准。

以下是C咨询公司关于加强工程结算管理的具体措施，该公司为了规范工作流程，提高工作质量，根据当地主管部门的相关规定，结合本公司的实际情况，制定了工程项目结算审核工作流程及相关表格，具体如下：

C公司工程项目结算审核工作流程

为了提高结算审核质量，规范审核行为，加强审核管理，特拟定工程结算审计工程流程。

1. 咨询单位交接资料，填写“结算资料交接单”。

2. 咨询单位熟悉资料，提交“建设工程咨询实施方案”。

3. 组织召开由委托审核单位、施工单位和咨询单位（简称“三方”）参加的工程结算审计审前工作会议。

4. 咨询单位向委托方通报初步审核意见，由委托方主持，与施工单位见面核对初步审核意见。为了督促核对双方遵守时间，双方对账人员须填写“工程结算审核签到表”。对每日已核对认可的量价，须双方签字确认。对有争议的项目，可由委托方组织召开协商会，以便达成共识。

5. 咨询单位出具审计报告。施工单位可在收到初稿15日内提出书面意见,15日内不提出书面意见则视为默认。在初稿得到认可后,三方签署造价咨询成果确认表,以便形成审核最终报告。如施工单位提出书面意见,由委托方组织相关部门共同复审确认,以便达成共识。

工程项目送审表

以下由建设单位填写:

<table>
<tr><td>工程名称</td><td colspan="3"></td></tr>
<tr><td>计划总投资</td><td></td><td>合同价款</td><td></td></tr>
<tr><td>建设单位</td><td></td><td>监理单位</td><td></td></tr>
<tr><td>施工单位</td><td></td><td>开工竣工时间</td><td>自　年　月至　年　月</td></tr>
<tr><td>委托事项</td><td colspan="3">编制标的□(其中:定额基价□　清单报价□)　预算审计□
跟踪审计□　结算审计□　决算审计□</td></tr>
<tr><td>已经内审</td><td>□是　□否</td><td>内审单位</td><td></td></tr>
<tr><td>施工单位送审金额</td><td></td><td>内审后结算金额</td><td></td></tr>
<tr><td>内审审减额</td><td></td><td>内审审减率</td><td></td></tr>
<tr><td>送审资料齐全</td><td colspan="3">□是　□否</td></tr>
<tr><td>签署新建工程项目结算承诺书</td><td colspan="3">□是　□否</td></tr>
<tr><td>签署维修工程项目结算承诺书</td><td colspan="3">□是　□否</td></tr>
<tr><td>签署让利协议条款</td><td colspan="3">□是　□否</td></tr>
<tr><td colspan="4">承诺:为保证审计处对委托事项做出客观、公正的鉴定、评价,确保在审计期间的稽查权,我们向贵处提供真实、合法、完整的送审资料,没有遗漏,并在查阅文件、财产清查以及约定当事人谈话等方面给予积极配合。</td></tr>
<tr><td>建设单位(盖章)
负责人:</td><td colspan="2">施工单位(盖章)
负责人:</td><td>内审单位(盖章)
负责人:</td></tr>
</table>

委托时间:　年　月　日

建设工程咨询实施方案

<table>
<tr><td>工程名称</td><td colspan="3"></td></tr>
<tr><td>工程概况</td><td colspan="3"></td></tr>
<tr><td>咨询单位名称</td><td colspan="3"></td></tr>
<tr><td>咨询工作目标</td><td colspan="3"></td></tr>
<tr><td>咨询依据及标准</td><td colspan="3"></td></tr>
<tr><td>咨询方式</td><td colspan="3"></td></tr>
<tr><td rowspan="4">咨询单位项目人员配置</td><td></td><td>姓名</td><td>联系电话</td></tr>
<tr><td>项目负责人</td><td></td><td></td></tr>
<tr><td>土建审核人</td><td></td><td></td></tr>
<tr><td>安装审核人</td><td></td><td></td></tr>
<tr><td>咨询质量目标</td><td colspan="3"></td></tr>
<tr><td>咨询进度计划</td><td colspan="3"></td></tr>
<tr><td>争议处理措施</td><td colspan="3"></td></tr>
<tr><td>咨询合同编号</td><td colspan="3"></td></tr>
<tr><td>咨询单位负责人意见</td><td colspan="3">咨询单位负责人:(签字)
年　月　日</td></tr>
</table>

工程造价咨询需委托单位提供的资料明细表

委托单位：　　　　　　　　　　　　工程名称：

建设单位：　　　　　　　　　　　　业务类型：

序号	资料名称	单位	接收数量	接收资料形式(√)			退还数量	备注
				原件	复印件	电子版		
1	建设前期批复文件(立项批复等)							
2	工程招投标文件、招标答疑纪要及相关资料							
3	工程概(预)算书(或中标预算书)、标底							
4	工程结算书及其电子版							
5	施工合同(或施工协议)及相应的补充协议							
6	施工单位营业执照及资质证书							
7	施工单位取费证书							
8	经批准的施工组织设计(或施工方案)							
9	工程地质勘探报告							
10	反映工程原始地形、地貌和高程的测量图							
11	经批准的工程开竣工报告、工期延期联系单							
12	工程竣工验收资料							
13	施工图及对应的电子版——结构部分							
14	竣工图及对应的电子版——建筑部分							
15	图纸会审记录							
16	设计变更单							
17	重要会议记录							
18	隐蔽工程验收记录							
19	施工日记、各类签证单(含工程量核定单及工程价款调整资料)							
20	索赔报告及其批复							
21	工程量计算表							
22	综合单价分析表							
23	建设单位供应的材料数量清单及单价表							
24	施工单位供应的材料(设备)价格核定单及报验单							
25	经签证认可的材料、设备采购、租赁合同及相应的发票复印件							
26	建设单位预付工程款、垫付工程款明细表							
27	工程中的结算等工程价款支付情况							
28	其他资料							

咨询单位：　　　　　　　　接收资料人：　　　　　　　　接收资料时间：

退还资料人：　　　　　　　　　　　　　　　　　　　　退还资料时间：

委托单位(或建设单位)：　　提交资料人：　　　　　　　　提交资料时间：

收回资料人：　　　　　　　　　　　　　　　　　　　　收回资料时间：

填表说明：业务类型要按具体项目填写。

工程造价结算审前会议纪要

工程名称：________________

时间		地点	
主持人		记录人	

参加会议单位及人员：

委托单位：________________

建设单位：________________

施工单位：________________

咨询单位：________________

会议议题：

1. 送审资料确定；
2. 送审金额确定；
3. 结算方式确定；
4. 三方人员确定；
5. 审核时间计划；
6. 审计费的确定。

会议确认意见：

1. 为保证送审资料的严肃性，施工单位郑重申明送审资料没有遗漏，不再递送任何有关经济签证资料。

2. 本工程经建设单位内审，内审后送审金额为________________元，施工单位对自报的结算书负责，对结算书中漏算、少算的金额不予增加。

3. 本工程结算按合同及招投标文件执行；本工程为合同价加增减变更的结算方式。

4. 本工程双方对账人员的确定：

	建设单位		施工单位		咨询单位	
	土建	安装	土建	安装	土建	安装
姓名						
联系电话						

双方对账人员一经确定中途不得无故更换，并对每日已核对认可的量价进行签字确认。

5. 审计时间应连续，从________年________月________日开始。

6. 审计费按审前施工方签署的"新建工程项目结算承诺书"或"维修工程项目结算承诺书"执行。

建设单位签字：　　　　施工单位签字：　　　　咨询单位签字：

工程结算审核签到表

工程名称：________________

序号	审核日期以及通知时间	咨询单位		施工单位		审核内容	备注
		对账人员	到达时间	对账人员	到达时间		

工程量计价编制说明

工程名称：________________

一、工程概况：
二、审核依据：
三、审核意见：
四、审核说明：
五、项目负责人意见： 项目负责人签字：

工程量确认表

工程名称：________________

序号	项目编号	项目名称	计量单位	核定工程量	备　注

施工单位签字：　　　　　　　　咨询单位签字：

结算材料价格确认表

工程名称：________________

序号	材料名称	规　格	计量单位	核实价格	备　注

建设单位签字：　　　　　　　　施工单位签字：　　　　　　　　咨询单位签字：

工程项目结算单

工程名称			
咨询单位		审计报告文号	
施工单位			
施工单位送审金额	元	已经内审	□是 □否
内审审减额	元	内审单位	
内审后送审金额	元	外审审减率	%
外审审减额	元	内外审审减率	%
审定金额	元	审计处(盖章) 负责人:	
合同优惠额	元		
支付审计费单位	施工单位 □是 □否		
外审审计费金额	元		
填表人			
审核人			
以下内容由管理单位填写			
送审资料归还	□是 □否	管理单位(盖章) 负责人:	
内审审计费金额	元		
协议让利率			
协议让利额	元		
填表人			
审核人			
以下内容由财务处填写			
预付款	元	财务处(盖章) 负责人:	
进度款	元		
质量保证金	元		
财务结算金额	元		
填表人			
审核人			

注:本表一式四份,审计、财务、建设、资产单位各一份。

随着政府主管部门对工程计价工作管理的不断规范,建设单位、施工单位、工程造价咨询单位应先按照政府规定的办法、流程、表格等开展计价活动,政府主管部门规定不详细(或没有明确规定)的,双方再在合同中约定补充具体办法、流程、表格等。企业自行设计的表格要遵循简明适用、严格控制、责任清晰的原则。

素质培养　建立国际视野，了解国际工程结算常识

我国的“一带一路”倡议为全球经济增长提供新的驱动力，党的二十大报告强调“推动共建‘一带一路’高质量发展”、“共建‘一带一路’让大家共同受益”。二十大后，我国实行更加积极主动的开放战略，共建“一带一路”成为深受欢迎的国际公共产品和国际合作平台。

随着“一带一路”倡议的实施，中国企业不断拓展海外市场，承揽国际工程，会根据国际合同范本签订合同，其中被广泛应用的是 FIDIC 合同范本。

国际咨询工程师联合会（Fédération lnternationale Des lngénieurs Conseils，法文缩写FIDIC），中文音译为“菲迪克”；其英文名称是 International Federation of Consulting Engineers；指国际咨询工程师联合会这一独立的国际组织；于 1913 年由欧洲 3 国（比利时、法国和瑞士）独立的咨询工程师协会在比利时根特成立。FIDIC 是国际上最有权威的被世界银行认可的咨询工程师组织。FIDIC 合同在国际上被广泛使用，尤其是在中东、东南亚、欧洲、非洲等地区的国际项目中更为明显。

除 FIDIC 合同范本外，国际上还有其他知名专业机构编制的合同范本，英国有 ICE、NEC、JCT、IChem、CIOB 等范本，美国有 AIA、AGC、DBIA 等范本，国际商会也出版了系列合同范本，包括“大型工程交钥匙合同范本”，这些范本在世界各地都有不同程度的使用。

不管采用哪种合同范本，进行国际工程管理和价款结算时，一定要严格遵守合同约定。

扫一扫，了解 FIDIC 合同。

扫一扫，了解国际工程结算案例。

FIDIC合同常识

国际工程结算案例

练习题

一、单选题（选择最符合题意的答案）

1. 根据“13 计价规范”，招标工程量清单、招标控制价、投标报价、工程计量、合同价款调整、合同价款结算与支付以及工程造价鉴定等工程造价文件的编制与核对，应由具有专业资格的（　　）承担。

A. 造价工程师　　B. 工程造价人员　　C. 造价员　　D. 项目负责人

2. 根据住建部第 16 号文，投标报价不得（　　）工程成本，不得（　　）最高投标限价。（　　）

A. 高于；高于　　B. 低于；高于　　C. 高于；低于　　D. 低于；低于

3. 根据住建部第 16 号文，国有资金投资建设工程的发包方，应当委托具有相应资质的工程造价咨询企业对（　　）进行审计。

A. 立项报告　　B. 招标控制价　　C. 投标报价　　D. 竣工结算文件

4. 根据住建部第 16 号文，竣工结算文件应当由（　　）报工程所在地县级以上地方人民

政府住房城乡主管部门备案。

A. 设计单位　　B. 监理单位　　C. 发包人　　D. 承包人

5. 根据财建[2004]369 号文,500 万 ~2 000 万元的工程,发包人应该从接到竣工结算报告和完整的竣工结算资料之日起(　　)进行核对(审查)并提出审查意见。

A. 20 天　　B. 30 天　　C. 40 天　　D. 45 天

6. 根据财建[2004]369 号文,工程竣工后,发承包双方应及时办清工程竣工结算,否则工程不得交付使用,(　　)。

A. 质监部门不予办理备案手续　　B. 建管部门不予办理权属登记

C. 城建档案部门不予办理备案登记　　D. 有关部门不予办理权属登记

7. 根据法释〔2020〕25 号文,发包人能够办理审批手续而未办理,并以未办理审批手续为由请求确认建设工程施工合同无效的,人民法院(　　)。

A. 不予支持　　B. 应予支持

8. 根据法释〔2020〕25 号文,当事人对垫资利息没有约定,承包人请求支付利息的,人民法院(　　)。

A. 应予支持

B. 支持按人民银行规定的同期同类贷款利率支付

C. 不予支持

D. 支持按人民银行规定的同期同类贷款利率的 50% 支付

9. 根据法释〔2020〕25 号文,当事人对欠付工程价款利息计付标准有约定的,按照约定处理;没有约定的,按照(　　)计息。

A. 同期贷款利率

B. 同期贷款市场报价利率

C. 同期同类贷款利率或同期同类贷款市场报价利率

D. 同期同类贷款利率的 50%

10. 当事人约定按照固定合同结算工程价款,一方当事人请求对建设工程造价进行鉴定的,人民法院(　　)。

A. 不予支持　　B. 应予支持

二、多选题(多选、错选不得分)

1. 根据财建[2004]369 号文,下列对工程竣工结算报告金额审查时间的说法,正确的是(　　)。

A. 500 万元以下,从接到竣工结算报告和完整的竣工结算资料之日起 20 天

B. 500 万 ~2 000 万元,从接到竣工结算报告和完整的竣工结算资料之日起 30 天

C. 2 000 万 ~5 000 万元,从接到竣工结算报告和完整的竣工结算资料之日起 40 天

D. 5 000 万元以上,从接到竣工结算报告和完整的竣工结算资料之日起 60 天

E. 建设项目竣工总结算在最后一个单项工程竣工结算审查确认后 15 天内汇总,送发包人后 30 天内审查完成

2. 根据法释〔2020〕25 号文,建设工程施工合同具有下列情形之一的,应当依据《中华人民共和国民法典》第一百五十三条第一款的规定,认定无效。(　　)

A. 承包人未取得建筑业企业资质或者超越资质等级的

B. 没有资质的实际施工人借用有资质的建筑施工企业名义的

C. 建设工程必须进行招标而未招标或者中标无效的
D. 具有劳务作业法定资质的承包人与总承包人、分包人签订的劳务分包合同
E. 承包人因转包、违法分包建设工程与他人签订的建设工程施工合同

3. 根据住建部第 16 号文,以下说法正确的有(　　)。
A. 发承包双方在确定合同价款时,应当考虑市场环境和生产要素价格变化对合同价款的影响
B. 建设规模较小、技术难度较低、工期较短的建筑工程,发承包双方可以采用总价方式确定合同价款
C. 实行工程量清单计价的建筑工程,鼓励发承包双方采用单价方式确定合同价款
D. 紧急抢险、救灾以及施工技术特别复杂的建筑工程,发承包双方可以采用成本加酬金方式确定合同价款
E. 国有资金投资的建筑工程,鼓励发承包双方采用总价方式确定合同价款

4. 根据法释〔2020〕25 号文,发包人具有下列(　　)情形时,造成建设工程质量缺陷,应当承担过错责任。
A. 提供的设计有缺陷
B. 直接指定分包人分包专业工程
C. 将主体工程发包给有相应资质的总包单位
D. 提供或者指定购买的建筑材料、建筑构配件、设备不符合强制性标准
E. 提供的完整规范的设计施工图

5. 根据法释〔2020〕25 号文,因建设工程质量发生争议的,发包人可以以(　　)为共同被告提起诉讼。
A. 总承包人　　B. 工程监理单位　　C. 分包人　　D. 实际施工人

6. 根据法释〔2020〕25 号文,下列说法正确的是(　　)。
A. 建设工程竣工前,当事人对工程质量发生争议,工程质量经鉴定合格的,鉴定时间为顺延工期期间
B. 因承包人的原因造成建设工程质量不符合约定,承包人拒绝修理、返工或者改建,发包人请求减少工程价款的,人民法院不予支持
C. 当事人对建设工程的计价标准或者计价方法有约定的,按照约定结算工程价款
D. 当事人在诉讼前已经对建设工程价款结算达成协议,诉讼中一方当事人申请对工程造价进行鉴定的,人民法院应予以准许

7. 根据法释〔2018〕20 号文,承包人请求发包人返还工程质量保证金的,人民法院应予支持的情形有(　　)。
A. 当事人约定的工程质量保证金返还期限届满
B. 当事人未约定工程质量保证金返还期限的,自建设工程通过竣工验收之日起满 2 年
C. 当事人未约定工程质量保证金返还期限的,自建设工程通过竣工验收之日起满 3 年
D. 因发包人原因建设工程未按约定期限进行竣工验收的,自承包人提交工程竣工验收报告 90 日后起当事人约定的工程质量保证金返还期限届满
E. 因发包人原因建设工程未按约定期限进行竣工验收的,自承包人提交工程竣工验收报告 90 日后起满 3 年

三、判断题(正确的打"√",错误的打"×")

1. 同一咨询公司可以接受同一项目发承包双方的工程计价委托。 ( )

2. 工程造价鉴定,不仅要符合计价规范的规定,还应按仲裁或诉讼的程序和要求进行,并符合国家关于司法鉴定的相关规定。 ( )

3. 注册造价工程师信用档案信息按有关规定向社会公示。 ( )

4. 工程造价咨询人规定的计价文件,保存期不宜少于10年。 ( )

5. 根据法释〔2020〕25号文,建设工程质量合格,承包人请求其承建工程的价款就工程折价或者拍卖的价款优先受偿的,人民法院应予支持。 ( )

6. 根据法释〔2020〕25号文,因保修人未及时履行保修义务,导致建筑物毁损或者造成人身、财产损害的,保修人应当承担赔偿责任。 ( )

7. 根据财建[2004]369号文,预付的工程款可以不在合同中约定抵扣方式。 ( )

四、思考题

1. 收集本省本市关于工程结算的相关规定。

2. 调查本地区某开发企业、施工企业、工程造价咨询公司关于工程结算的相关规定。

五、案例分析

1. 某建设项目在施工过程中遇连续下雨,施工进度滞后,坑洼积水,排水成问题,施工单位将现场情况报建设单位,请思考建设单位如何处理比较合理。

2. 某建设工程,施工单位的两个现场技术负责人对施工要求不统一,两个技术负责人发现工人没有按照要求做,就进行了训斥,工人有情绪,施工更随意,本来标准是钻孔15 cm,结果有的只有3~4 cm,有的却有20多cm,被监理单位发现。监理单位要求施工单位将已经完成的几十根"植筋"全部拔出,冲洗钻孔,按要求重新施工,否则就要被罚款。请评析。

6 工程结算综合案例

为便于理解和掌握建设工程结算费用编制的基本知识和基本方法，下面以"××学院综合楼工程"为例，介绍建设工程结算费用的计算和编制过程。

××学院综合楼工程建筑面积 1 310 m^2，地下一层，地上三层（局部四层）。地下室层高 4.2 m，一层层高 4.2 m，二、三层层高 3.3 m，局部突出的楼梯间层高 2.7 m，总高 13.8 m。框架结构（地下室局部剪力墙），钢筋混凝土筏板基础（局部独立基础），空心砖墙，楼地面地砖，内墙面刷乳胶漆，顶棚轻钢龙骨石膏板吊顶及面刷乳胶漆，外墙贴浅灰色外墙面砖，胶合板门，铝合金窗等。本工程图纸建施 9 张、结施 14 张，具体见后图。三维效果图如图 6.1、图 6.2 所示。

分层至整体模型简介

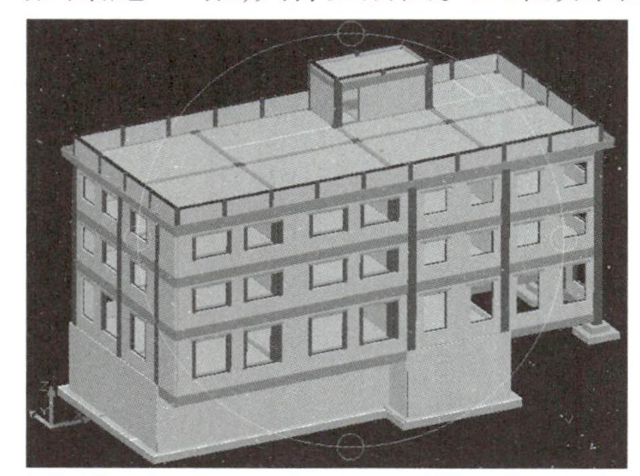

图 6.1　三维效果图 1

整体模型展示

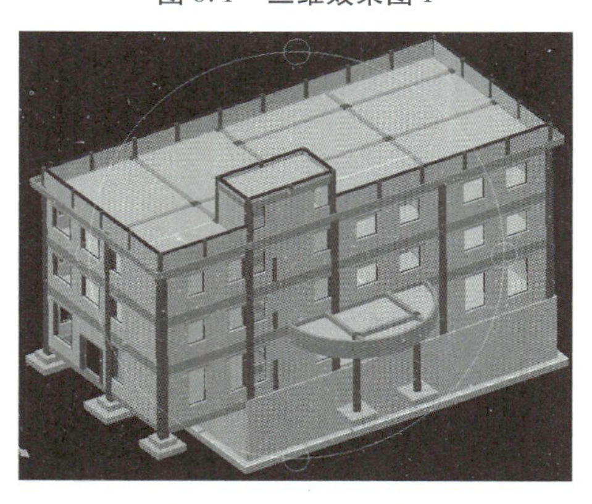

图 6.2　三维效果图 2

××学院综合楼工程建筑施工图

建筑设计说明

一、本工程为××学院综合楼工程，建筑面积为1 310 m^2。

二、本工程的设计是依据甲方提供的设计任务书、规划部门的意见、本工程的岩土工程勘察报告及国家现行设计规范进行的。

三、本单体建筑消防等级为2级。

四、高程系统采用当地规划部门规定的绝对标高系统，-4.200相当于当地规划部门规定的绝对标高+26.600 m。

五、图中尺寸以毫米为单位，标高以米为单位，除顶层屋面为结构标高外，其他均为建筑标高。

六、本工程外填充墙采用300 mm厚煤渣空心砖墙，内填充墙采用180 mm厚煤渣空心砖墙，M5混合砂浆砌筑；120 mm内隔墙采用MU10烧结页岩砖、M10水泥砂浆砌筑。地下室填充墙采用黏土空心砖、M5混合砂浆砌筑。

七、±0.000以下墙体采用MU10烧结页岩砖、M5水泥砂浆砌筑；低于室内地坪0.100处墙身增铺20 mm厚1:2防水砂浆防潮层。

八、建筑构造用料及做法：

1. 室内装饰：

地1：
a. 8~10 mm厚防滑地砖铺实拍平，水泥浆擦缝；
b. 20 mm厚1:2水泥砂浆；
c. 素水泥浆结合层一遍；
d. 80 mm厚C10混凝土；
e. 素土夯实。

楼1：
a. 8~10 mm厚防滑地砖铺实拍平，水泥浆擦缝；
b. 25 mm厚1:4干硬性水泥砂浆，面上撒素水泥；
c. 素水泥浆结合层一遍；
d. 钢筋混凝土楼板。

楼2：
a. 8~10 mm厚防滑地砖铺实拍平，水泥浆擦缝；
b. 25 mm厚1:4干硬性水泥砂浆，面上撒素水泥；
c. 1.5 mm厚聚氨酯防水涂料，面上撒黄砂，四周沿墙上翻150 mm高；
d. 刷基层处理剂一遍；
e. 15 mm厚1:2水泥砂浆找平；
f. 50 mm厚C20细石混凝土找0.5%~1%坡，最薄处不小于20 mm；
g. 钢筋混凝土楼板。

踢1（150 mm高）：
a. 17 mm厚1:3水泥砂浆；
b. 3~4 mm厚1:1水泥砂浆加水重20%107胶镶贴；
c. 8~10 mm厚黑色面砖，水泥浆擦缝。

裙1：
a. 20 mm厚1:3水泥砂浆；
b. 10 mm厚1:1水泥砂浆；
c. 4~5 mm厚面砖，水泥浆擦缝。

墙1：
a. 15 mm厚1:3水泥砂浆；
b. 5 mm厚1:2水泥砂浆；
c. 满刮腻子；
d. 刷或滚乳胶漆2遍。

顶1：
a. 钢筋混凝土板底面清理干净；
b. 7 mm厚1:3水泥砂浆；
c. 5 mm厚1:2水泥砂浆；
d. 满刮腻子；
e. 刷或滚乳胶漆两遍。

顶2：
a. 轻钢龙骨标准骨架：主龙骨中距900~1 000 mm，次龙骨中距500 mm或605 mm，横龙骨中距605 mm；
b. 500 mm×500 mm或600 mm×600 mm厚10~13 mm石膏装饰板，自攻螺钉拧牢，孔眼用腻子填平。

注：卫生间，一层吊顶高度为3 000 mm；二、三层吊顶高度为2 500 mm。一层餐厅、走道、厨房吊顶高度为3 400 mm；二、三层走道吊顶高度为2 500 mm。

2. 外墙面：

贴墙面砖：
a. 7 mm厚1:0.5:2混合砂浆贴面砖；
b. 15 mm厚1:3水泥砂浆找平。

刷涂料：
a. 刷外墙无光乳胶漆2遍；
b. 5 mm厚1:1:3水泥石灰砂浆面层；
c. 13 mm厚1:1:5水泥石灰砂浆打底找平。其他室外装饰详见立面图。

3. 台阶：C15混凝土台阶，具体做法详见西南11J812第7页第3节点，面层为地砖，同相邻地面做法。

4. 散水：C15混凝土散水，具体做法详见西南11J812第4页第4节点。

5. 坡道：面层做80 mm厚C20混凝土提浆抹光，划痕防滑，垫层做100 mm厚连砂石，基层素土夯实。坡度≤8%。

6. 屋面（上人屋面）做法：
a. 40 mm厚C30混凝土防水层，表面压光，混凝土内配Φ4钢筋，双向中距150 mm；
b. 20 mm厚1:2.5水泥砂浆找平层；
c. 40 mm厚（最薄处）1:8水泥珍珠岩找2%坡；
d. 钢筋混凝土屋面板，板面清扫干净。

九、楼梯做法：

1. 梯面：同走廊楼面。
2. 楼梯底板：同顶棚。
3. 楼梯扶手栏杆：不锈钢扶手栏杆。

十、门窗：

1. 预埋在墙或柱中的木（铁）件均应作防腐（防）处理。
2. 除特别标注外，所有门窗均按墙中线定位。
3. 室内门详见图集98ZJ，木门刷底漆2遍，乳白色调和漆2遍。
4. 窗采用成品铝合金窗，选用70系列框料。
5. 门窗按设计要求由厂家加工，构造节点做法及安装均由厂家负责提供图纸，经甲方看样认可后方可施工。

十一、防潮层：在-0.100处做20 mm厚1:2水泥砂浆加5%防水粉。

十二、其他：

1. 墙体每500 mm高设2Φ6拉筋与相邻钢筋混凝土柱（墙）拉筋接通，如墙体上有门窗时钢筋混凝土带设在门窗洞上。
2. 凡要求排水找坡的地方，找坡厚度大于30 mm时均用C20细石混凝土找坡，厚度小于30 mm时用1:2水泥砂浆找坡。
3. 所有外露铁件均应先刷防锈漆一道，再刷调合漆两道。
4. 凡入墙木构件均应涂防腐油。
5. 厕所间、沐浴间、厨房内墙面及隔墙面均贴瓷砖到顶。
6. 餐厅内卖饭窗口采用铝合金制作，镶白色玻璃，形式要求由厂家加工，经甲方认可后方可使用。
7. 一切管道穿过墙体时，在施工中预留孔洞，预埋套管并用砂浆堵严。
8. 本设计按7度抗震烈度设计，未尽事宜均严格遵守国家各项技术规程和验收规范的规定。

十三、凡图中未注明和本说明未提及者，均按国家现行规范执行。

部位	地面	楼面	踢脚	墙裙	墙面	天棚
楼梯间	地1（300×300楼梯砖）	楼1（300×300楼梯砖）	踢1（150×300）		墙1	顶1
教室、办公室活动室		楼1（600×600地砖）	踢2（150×500）		墙1	顶1
餐厅、走道	地1（600×600地砖）	楼1（600×600地砖）		裙1 200×300瓷砖（1.5 m高）	墙1	顶2
厨房	地1（300×300地砖）				裙1（150×200面砖）	顶2
卫生间	地1（300×300地砖）	楼2（300×300地砖）			裙1（150×200面砖）	顶2
地下室	地1（600×600地砖）		踢2（150×500）		墙1	顶1

××建筑设计研究院		工程名称	××学院综合楼
证书号		图 名	建筑设计说明
电 话			
单位负责人	审 核	设计编号	
技术负责人	校 对	图 号	建施-01
工程负责人	设 计	比 例	
专业负责人	描 图	日 期	2019.3.6
	档案号		

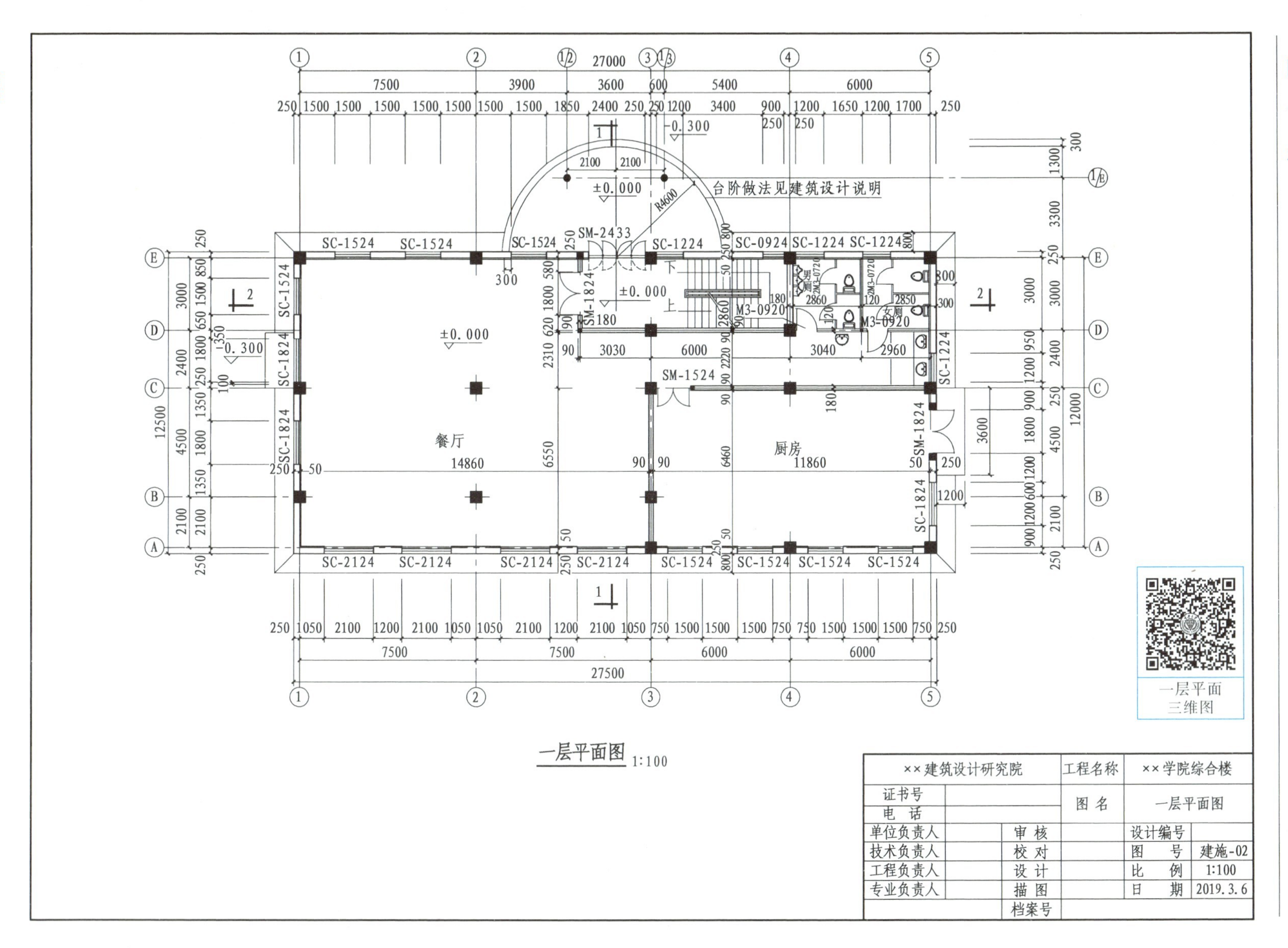

一层平面图 1:100

××建筑设计研究院			工程名称	××学院综合楼
证书号			图 名	一层平面图
电 话				
单位负责人	审 核		设计编号	
技术负责人	校 对		图 号	建施-02
工程负责人	设 计		比 例	1:100
专业负责人	描 图		日 期	2019.3.6
	档案号			

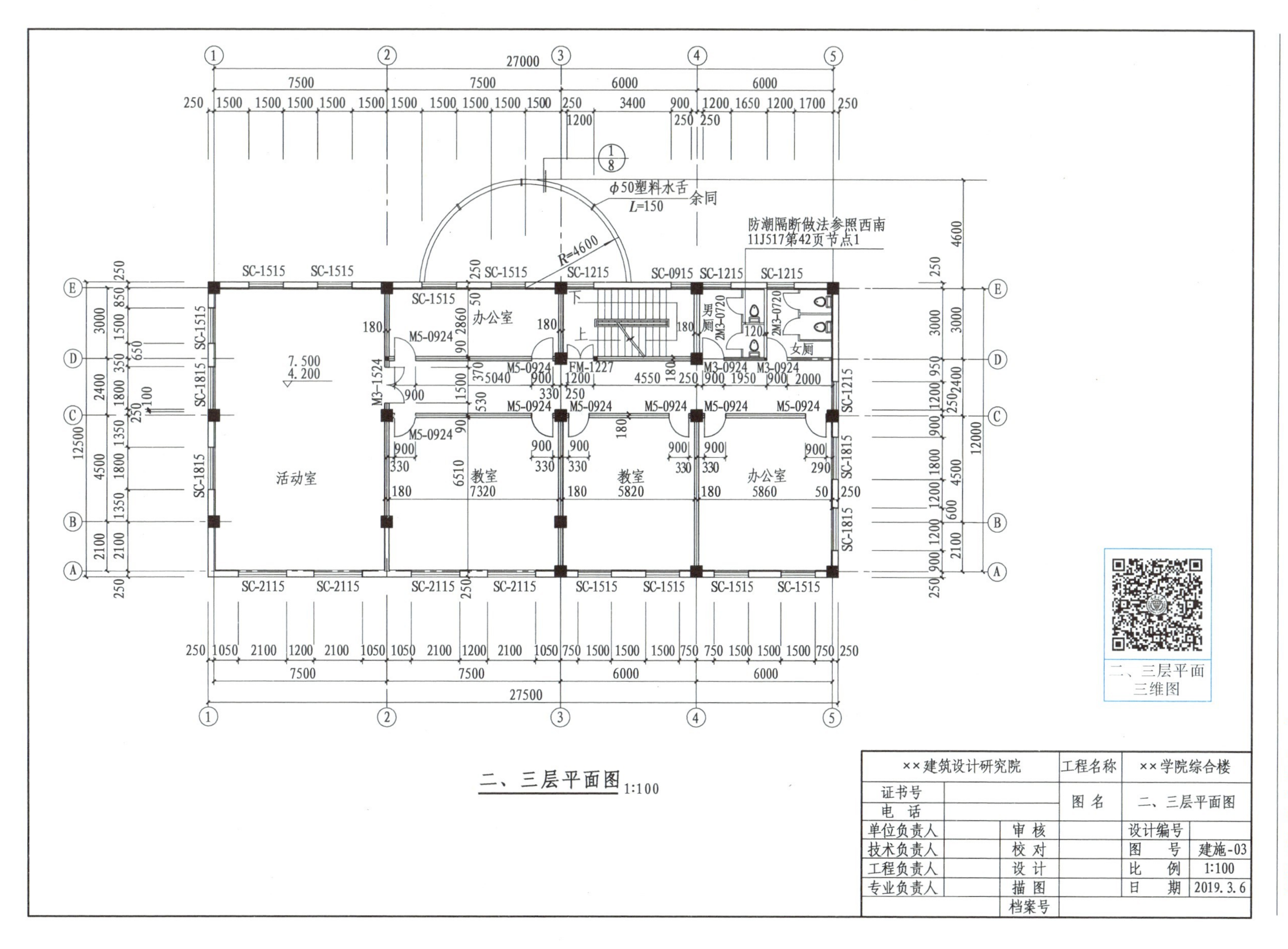
φ50塑料水舌
L=150
余同
防潮隔断做法参照西南
11J517第42页节点1
R=4600
活动室
办公室
教室
7320
教室
5820
办公室
5860
男厕
女厕
7.500
4.200
二、三层平面
三维图
××建筑设计研究院
工程名称
××学院综合楼
证书号
电 话
图 名
二、三层平面图
单位负责人
技术负责人
工程负责人
专业负责人
审 核
校 对
设 计
描 图
档案号
设计编号
图 号
建施-03
比 例
1:100
日 期
2019.3.6

二、三层平面图 1:100

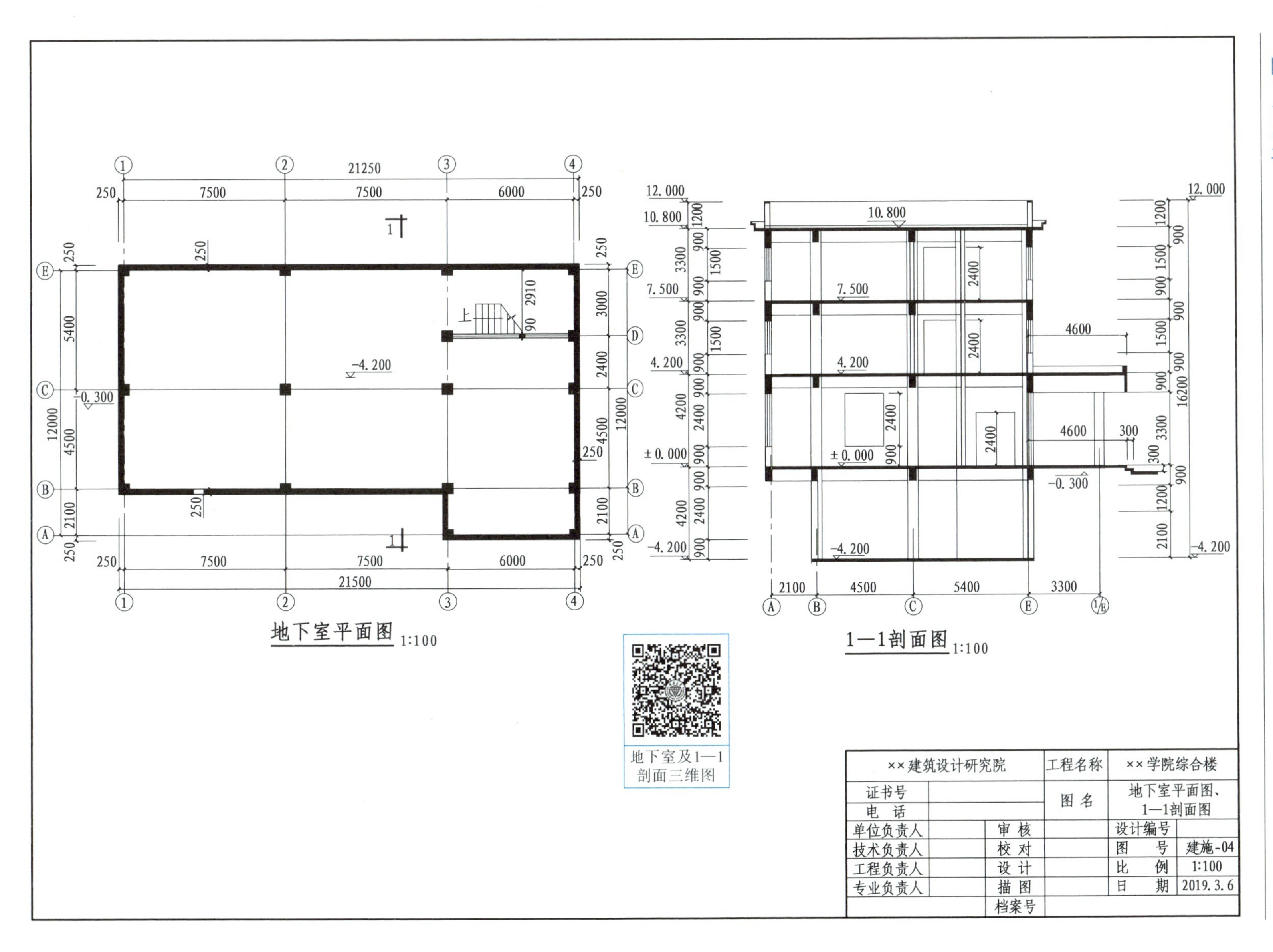
地下室平面图 1:100
1—1剖面图 1:100
地下室及1—1剖面三维图
××建筑设计研究院
工程名称
××学院综合楼
证书号
电话
图名
地下室平面图、1—1剖面图
单位负责人
审核
设计编号
技术负责人
校对
图号
建施-04
工程负责人
设计
比例
1:100
专业负责人
描图
日期
2019.3.6
档案号

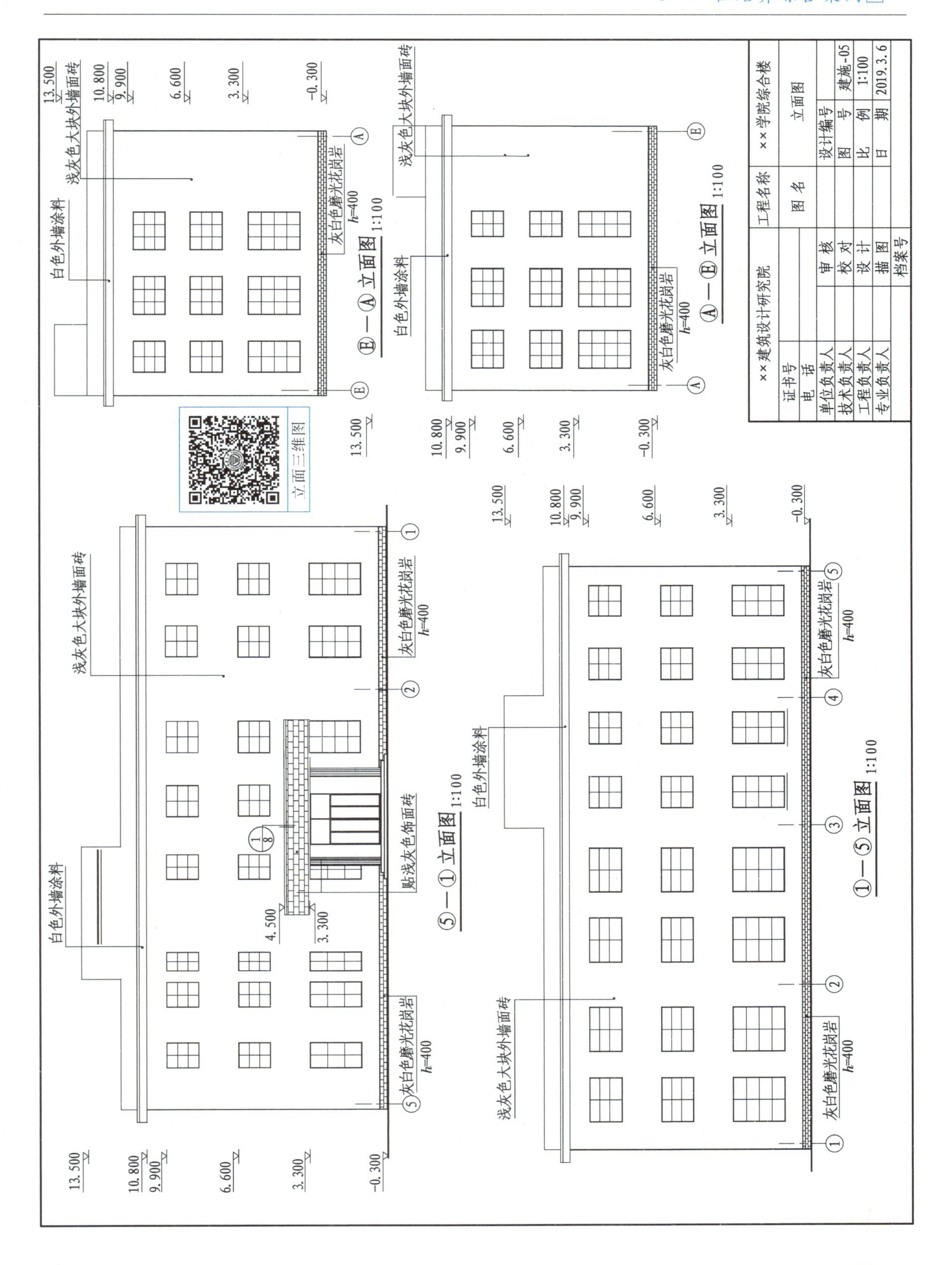

Ⓔ—Ⓐ立面图 1:100
Ⓐ—Ⓔ立面图 1:100
⑤—①立面图 1:100
①—⑤立面图 1:100
浅灰色大块外墙面砖
白色外墙涂料
灰白色磨光花岗岩
h=400
贴浅灰色饰面砖
立面三维图
13.500
10.800
9.900
6.600
4.500
3.300
-0.300
××建筑设计研究院
证书号
电话
单位负责人
技术负责人
工程负责人
专业负责人
审核
校对
设计
描图
档案号
工程名称
××学院综合楼
图名
立面图
设计编号
图号
建施-05
比例
1:100
日期
2019.3.6

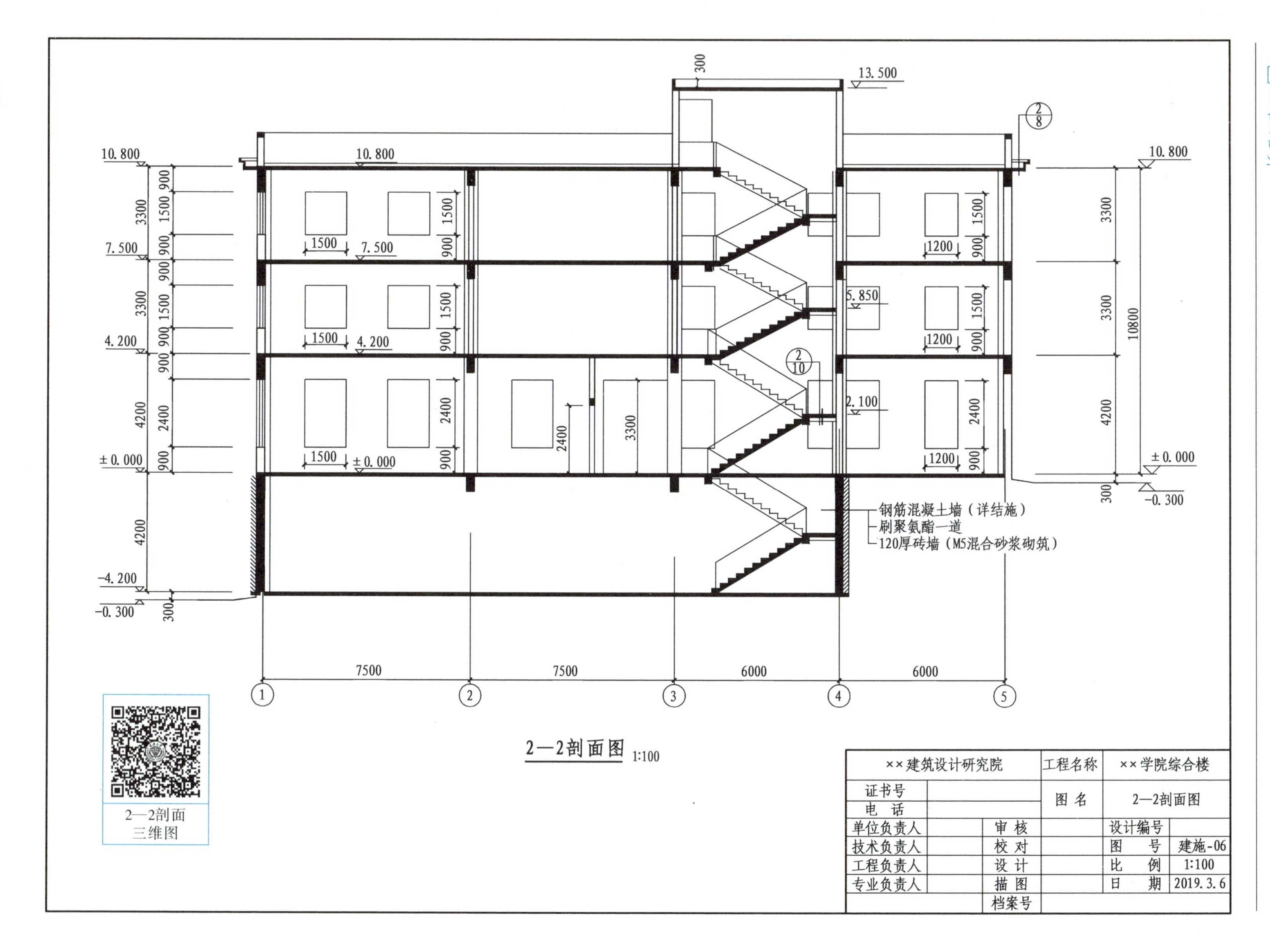
钢筋混凝土墙（详结施）
刷聚氨酯一道
120厚砖墙（M5混合砂浆砌筑）
2—2剖面图 1:100
2—2剖面
三维图
××建筑设计研究院
工程名称
××学院综合楼
证书号
电话
图名
2—2剖面图
单位负责人
审核
设计编号
技术负责人
校对
图号
建施-06
工程负责人
设计
比例
1:100
专业负责人
描图
日期
2019.3.6
档案号

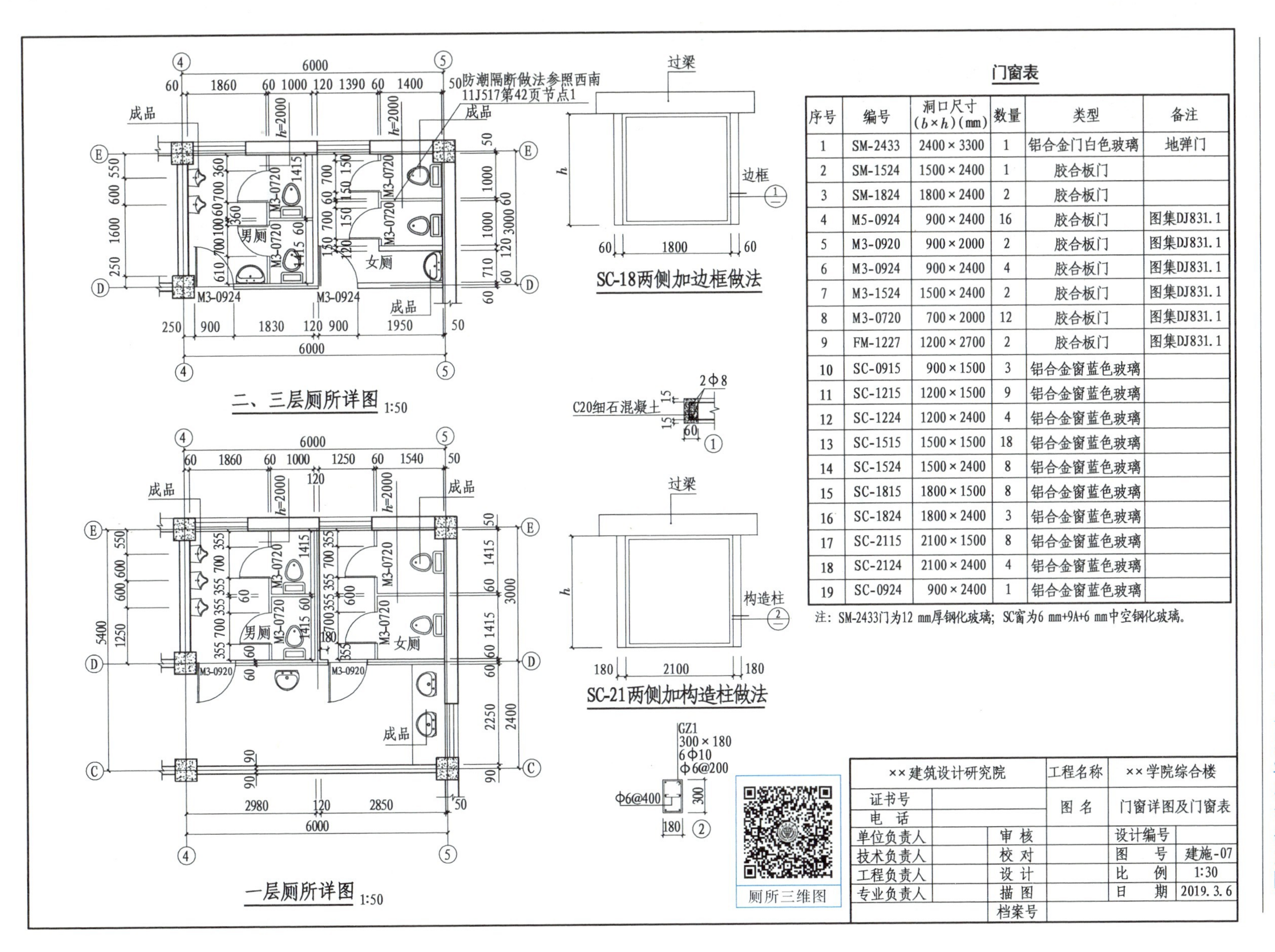

门窗表

序号	编号	洞口尺寸 ($b\times h$)(mm)	数量	类型	备注
1	SM-2433	2400×3300	1	铝合金门白色玻璃	地弹门
2	SM-1524	1500×2400	1	胶合板门	
3	SM-1824	1800×2400	2	胶合板门	
4	M5-0924	900×2400	16	胶合板门	图集DJ831.1
5	M3-0920	900×2000	2	胶合板门	图集DJ831.1
6	M3-0924	900×2400	4	胶合板门	图集DJ831.1
7	M3-1524	1500×2400	2	胶合板门	图集DJ831.1
8	M3-0720	700×2000	12	胶合板门	图集DJ831.1
9	FM-1227	1200×2700	2	胶合板门	图集DJ831.1
10	SC-0915	900×1500	3	铝合金窗蓝色玻璃	
11	SC-1215	1200×1500	9	铝合金窗蓝色玻璃	
12	SC-1224	1200×2400	4	铝合金窗蓝色玻璃	
13	SC-1515	1500×1500	18	铝合金窗蓝色玻璃	
14	SC-1524	1500×2400	8	铝合金窗蓝色玻璃	
15	SC-1815	1800×1500	8	铝合金窗蓝色玻璃	
16	SC-1824	1800×2400	3	铝合金窗蓝色玻璃	
17	SC-2115	2100×1500	8	铝合金窗蓝色玻璃	
18	SC-2124	2100×2400	4	铝合金窗蓝色玻璃	
19	SC-0924	900×2400	1	铝合金窗蓝色玻璃	

注：SM-2433门为12 mm厚钢化玻璃；SC窗为6 mm+9A+6 mm中空钢化玻璃。

××建筑设计研究院				工程名称	××学院综合楼	
证书号				图　名	门窗详图及门窗表	
电　话						
单位负责人		审　核			设计编号	
技术负责人		校　对			图　号	建施-07
工程负责人		设　计			比　例	1:30
专业负责人		描　图			日　期	2019.3.6
		档案号				

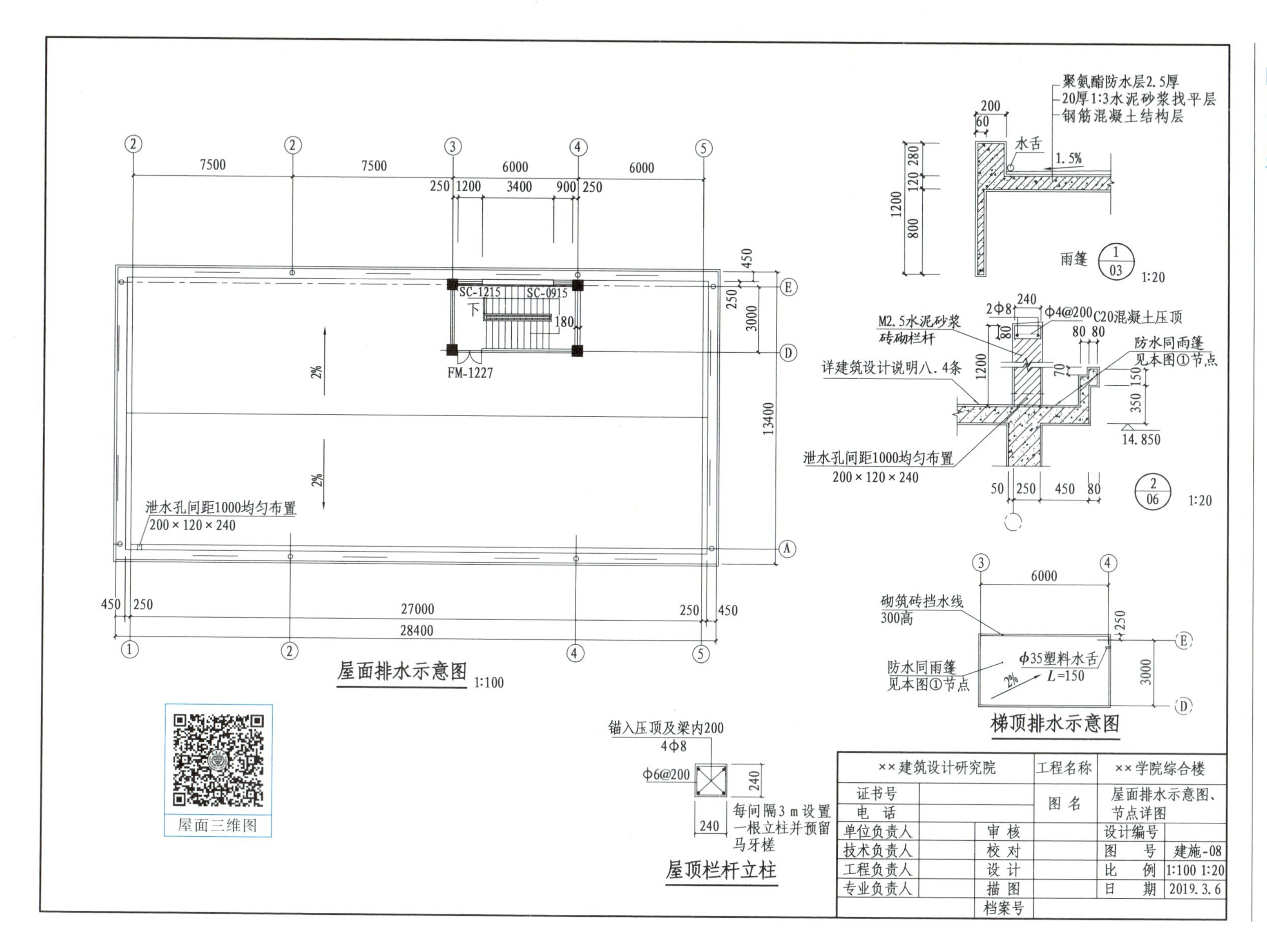
屋面排水示意图 1:100
梯顶排水示意图
屋顶栏杆立柱
雨篷
聚氨酯防水层2.5厚
20厚1:3水泥砂浆找平层
钢筋混凝土结构层
1.5%
水舌
Φ4@200
C20混凝土压顶
防水同雨篷
见本图①节点
2Φ8
M2.5水泥砂浆
砖砌栏杆
详建筑设计说明八.4条
泄水孔间距1000均匀布置
200×120×240
砌筑砖挡水线
300高
Φ35塑料水舌
L=150
锚入压顶及梁内200
4Φ8
Φ6@200
每间隔3 m设置
一根立柱并预留
马牙槎
SC-0915
SC-1215
FM-1227
2%
13400
27000
28400
14.850
××建筑设计研究院
证书号
电话
单位负责人
技术负责人
工程负责人
专业负责人
审核
校对
设计
描图
档案号
工程名称
××学院综合楼
图名
屋面排水示意图、
节点详图
设计编号
图号
建施-08
比例
1:100 1:20
日期
2019.3.6
屋面三维图

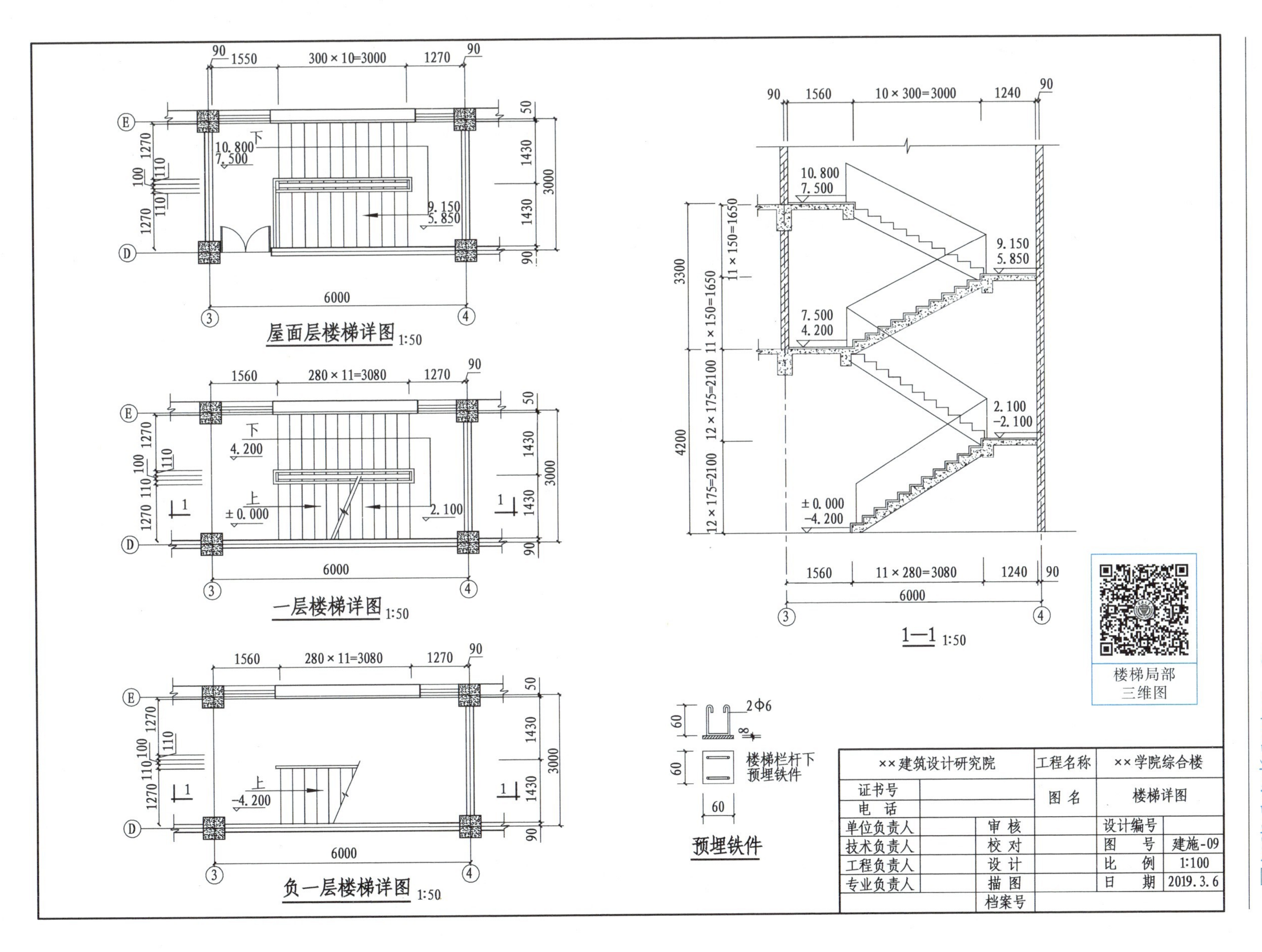
屋面层楼梯详图 1:50
一层楼梯详图 1:50
负一层楼梯详图 1:50
1—1 1:50
300×10=3000
280×11=3080
10×300=3000
11×280=3080
11×150=1650
12×175=2100
1550
1560
1270
1240
1430
3000
3300
4200
6000
10.800
7.500
9.150
5.850
4.200
2.100
-2.100
±0.000
-4.200
上
下
楼梯局部
三维图
2Φ6
楼梯栏杆下
预埋铁件
预埋铁件
××建筑设计研究院
工程名称
××学院综合楼
证书号
电　话
图 名
楼梯详图
单位负责人
审 核
设计编号
技术负责人
校 对
图　号
建施-09
工程负责人
设 计
比　例
1:100
专业负责人
描 图
日　期
2019.3.6
档案号

××学院综合楼工程结构施工图

结构设计说明

一、一般说明

1. 本设计尺寸以毫米计，标高以米计；
2. 本工程-4.200同建筑。

二、设计依据

本工程依据岩土工程勘察报告以及国家现行设计规范实施结构设计，设计规范包括：

1.《建筑结构荷载规范》(GB 50009—2012)；
2.《建筑抗震设计规范》(GB 50011—2010，2016年版)；
3.《砌体结构设计规范》(GB 50003—2011)；
4.《混凝土结构设计规范》(GB 50010—2010，2015年版)；
5.《建筑地基基础设计规范》(GB 50007—2011)。

三、自然条件

1. 基本雪压为0.40 kN/m²；
2. 基本风压为0.6 kN/m²；
3. 抗震设防烈度为7度，建筑场地类别为Ⅱ类，抗震等级为四级（框架）；
4. 冻结深度为0.7 m。

四、基础与地下部分

1. 根据××地质工程勘察施工集团××勘察院提供的《岩土工程勘察报告》（2019-2-16）进行基础设计。本工程采用钢筋混凝土独立基础，持力层为粉质黏土层，地基承载力标准值f_k≥160 kPa，基槽开挖后如与实际不符须通知我院进行修改。
2. 基槽开挖后经有关人员验收合格方可施工基础。
3. 基础放线时应严格校对，如发现地基土与勘察报告不符，须会同勘察、监理、设计和建设单位商研处理后，方可继续施工，施工过程中应填写隐蔽工程记录。
4. 独立基础JL采用C20混凝土，钢筋采用HPB300级（ф），HRB400级(ⅲ)；混凝土保护层：基础为35 mm，JL为25 mm。JL纵筋需搭接时，上部筋在跨中搭接，下部筋在支座处搭接，搭接长度为500 mm。
5. 一层地下室填充墙采用黏土空心砖、M5水泥砂浆砌筑。

五、本工程采用现浇全框架结构体系。

六、钢筋混凝土工程

1. 本工程框架梁、柱纵向受拉钢筋基本锚固长度l_{ab}、l_{abE}，受拉钢筋锚固长度l_a、抗震锚固长度l_{aE}详见16G101—1第57、58页。
2. 框架柱、梁及剪力墙暗柱的纵向受拉钢筋宜采用机械连接或焊接接头。机械连接或焊接接头的类型和质量应符合《混凝土结构工程施工质量验收规范》（GB 50204—2015）及《钢筋机械连接通用技术规程》（JGJ 107—2010）的要求。当纵向受拉钢筋采用绑扎搭接时，搭接长度（l_l，l_{lE}）及搭接区箍筋加密构造详见16G101—1第58、59页。
3. 板、次梁纵向受拉钢筋的搭接长度l_l=1.4l_a，纵向受压钢筋的搭接长度按受拉钢筋搭接长度值的70%执行。
4. 柱中纵向钢筋直径大于20 mm均采用电渣压力焊，同一截面的搭接根数少于总根数的50%。内外墙的连接设拉结墙筋，自柱底+0.5 m至柱顶预埋2ф6@500筋，锚入柱内≥200 mm，深入墙中≥1 000 mm。
5. 梁支座处不得留施工缝，混凝土施工中要振捣密实，确保质量。
6. 钢筋保护层厚度：板15 mm，梁柱25 mm，剪力墙25 mm，基础梁35 mm。
7. 现浇板中未注明的分布筋为ф6@200。
8. 现浇板洞按设备电气图预留，施工时应按所定设备核准尺寸，除注明的楼板预留孔洞边附加钢筋外，洞口小于或等于300 mm×300 mm时，钢筋绕过不剪断；洞口大于300 mm×300 mm时，在四周设加固钢筋，补足截断的钢筋面积，并长出洞边20d。
9. 楼面主次梁相交处抗剪吊筋及箍筋做法见梁节点大样图。
10. 框架梁柱做法及要求均见16G101图集。
11. 各楼层中门窗洞口需做过梁的，过梁两端各伸出洞边250 mm。
12. 楼梯构造柱的钢筋上下各伸入框架梁或地梁内450 mm。
13. 预埋件钢材为Q235B。本工程所采用型钢及钢板的屈服强度实测值与抗拉强度实测值的比值不应大于0.85。
14. 焊条：E43型、E50型。HRB400级钢筋及Q345B级钢材之间焊接采用E50型焊条，HPB300级钢筋及Q235级钢材之间焊接采用E43型焊条。当不同等级的钢筋之间焊接时，焊条采用较低等级钢筋适用的型号。预埋件钢板与钢筋之间焊接时的焊条选用应符合《钢筋焊接及验收规程》（JGJ 18—2012）的要求。

七、材料

1. 混凝土：梁、板、柱均采用C30。
2. 钢筋：HPB300级、HRB400级。
3. 墙体材料见建筑说明。

八、其他

1. 本工程施工时，所有孔洞及预埋件应预留预埋，不得事后剔凿，具体位置及尺寸详见各有关专业图纸，施工时各专业应密切配合，以防遗漏；
2. 设计中采用标准图集的，均应按图集说明要求进行施工；
3. 本工程避雷引下线施工要求详见电气施工图；
4. 材料代换应征得设计方同意；
5. 本说明未尽事宜均按照国家现行施工及验收规范执行。

××建筑设计研究院				工程名称	××学院综合楼
证书号				图名	结构设计说明
电话					
单位负责人		审核		设计编号	
技术负责人		校对		图号	结施-01
工程负责人		设计		比例	
专业负责人		描图		日期	2019.3.6
		档案号			

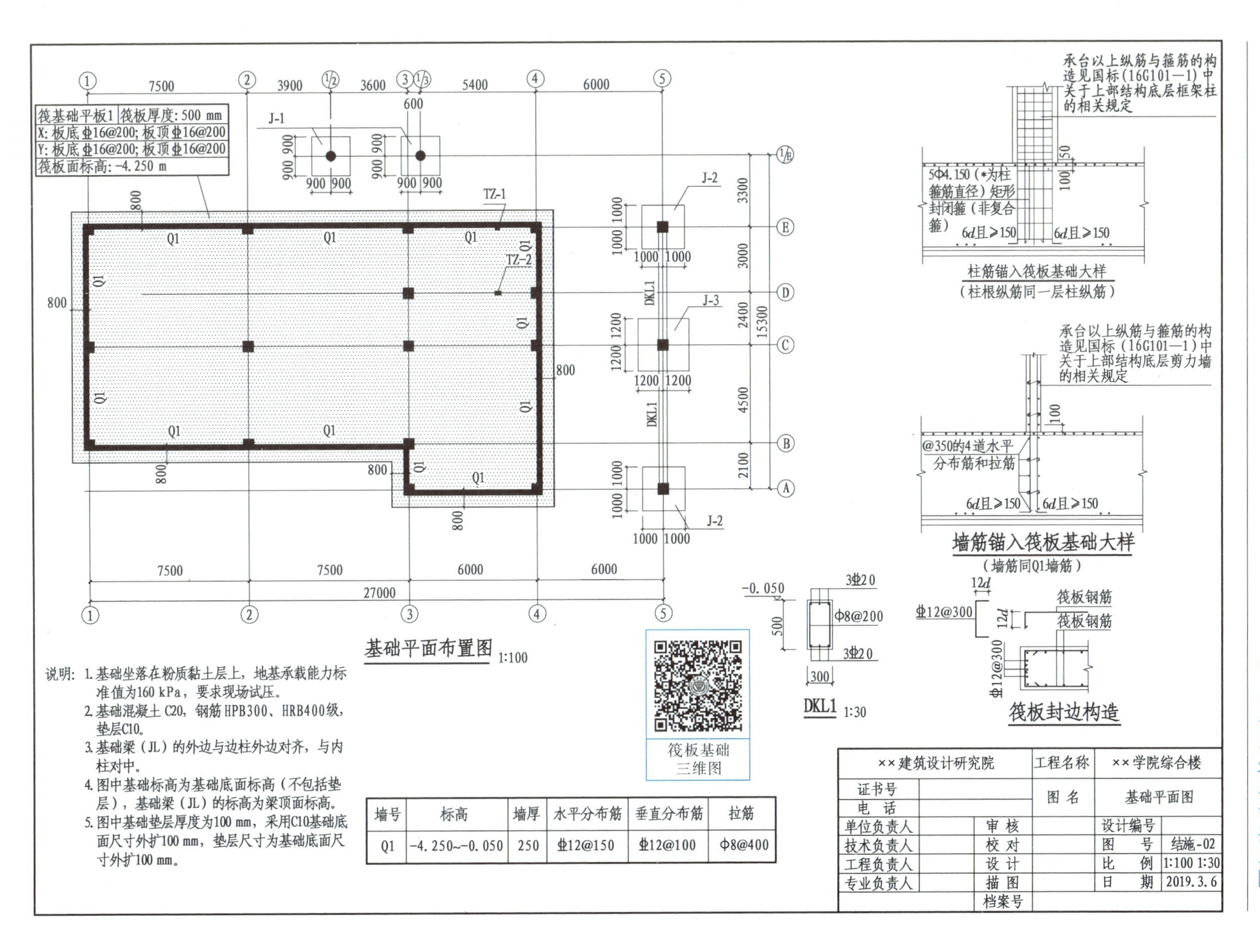

墙号	标高	墙厚	水平分布筋	垂直分布筋	拉筋
Q1	-4.250~-0.050	250	⌀12@150	⌀12@100	Φ8@400

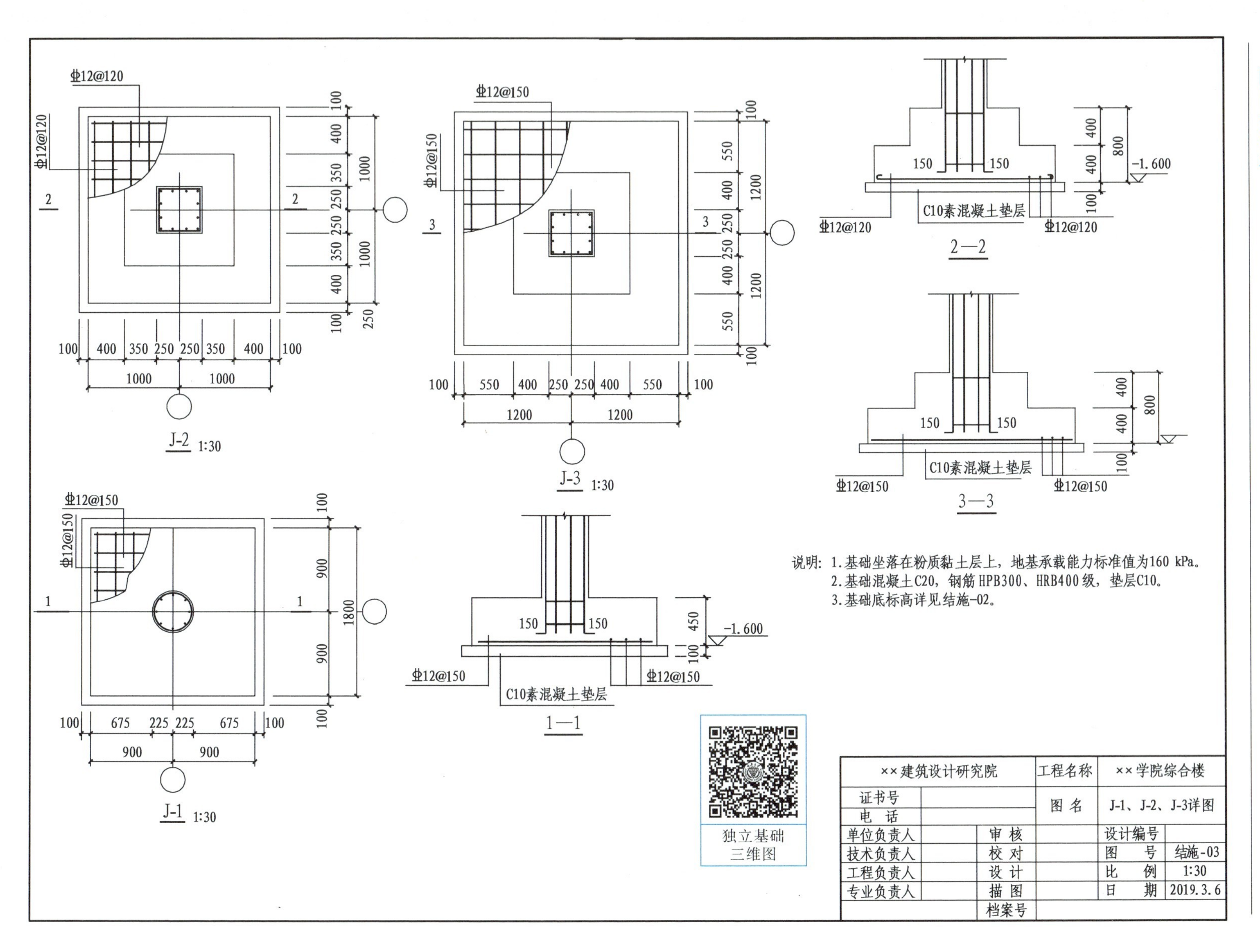
J-2 1:30
⌀12@120
⌀12@120
100 400 350 250 250 350 400 100
1000 1000
J-3 1:30
⌀12@150
⌀12@150
100 550 400 250 250 400 550 100
1200 1200
J-1 1:30
⌀12@150
⌀12@150
100 675 225 225 675 100
900 900
1800
2—2
-1.600
C10素混凝土垫层
150 150
3—3
1—1
说明：1.基础坐落在粉质黏土层上，地基承载能力标准值为160 kPa。
2.基础混凝土C20，钢筋HPB300、HRB400级，垫层C10。
3.基础底标高详见结施-02。
独立基础
三维图
××建筑设计研究院
工程名称 ××学院综合楼
证书号
电 话
图 名 J-1、J-2、J-3详图
单位负责人 审 核 设计编号
技术负责人 校 对 图 号 结施-03
工程负责人 设 计 比 例 1:30
专业负责人 描 图 日 期 2019.3.6
档案号

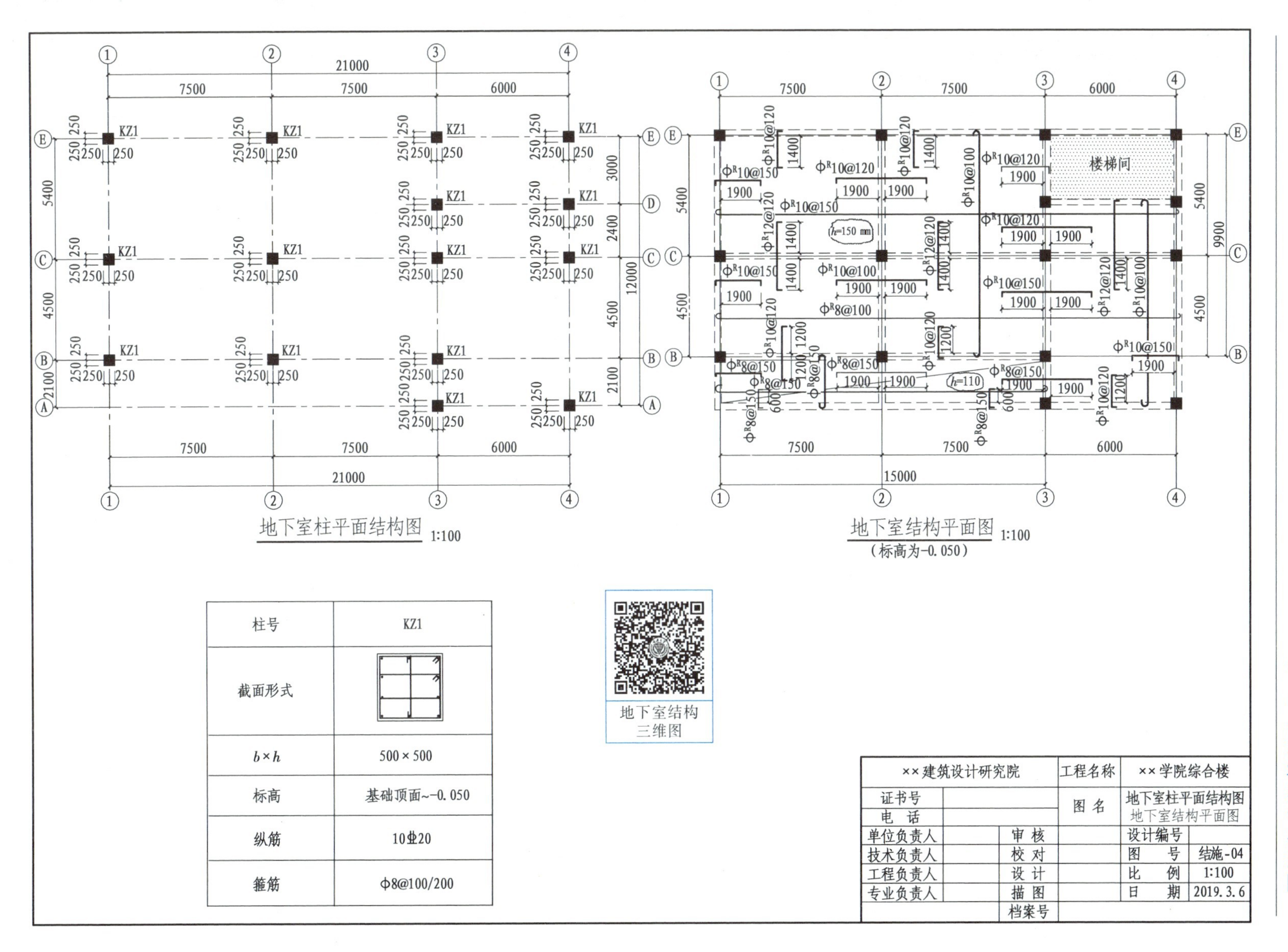

地下室柱平面结构图 1:100
地下室结构平面图 1:100
(标高为-0.050)
楼梯间
h=150 mm
h=110
地下室结构三维图
柱号 KZ1
截面形式
b×h 500×500
标高 基础顶面~-0.050
纵筋 10Φ20
箍筋 Φ8@100/200
××建筑设计研究院
工程名称 ××学院综合楼
证书号
电话
图名 地下室柱平面结构图 地下室结构平面图
单位负责人
技术负责人
工程负责人
专业负责人
审核
校对
设计
描图
档案号
设计编号
图号 结施-04
比例 1:100
日期 2019.3.6

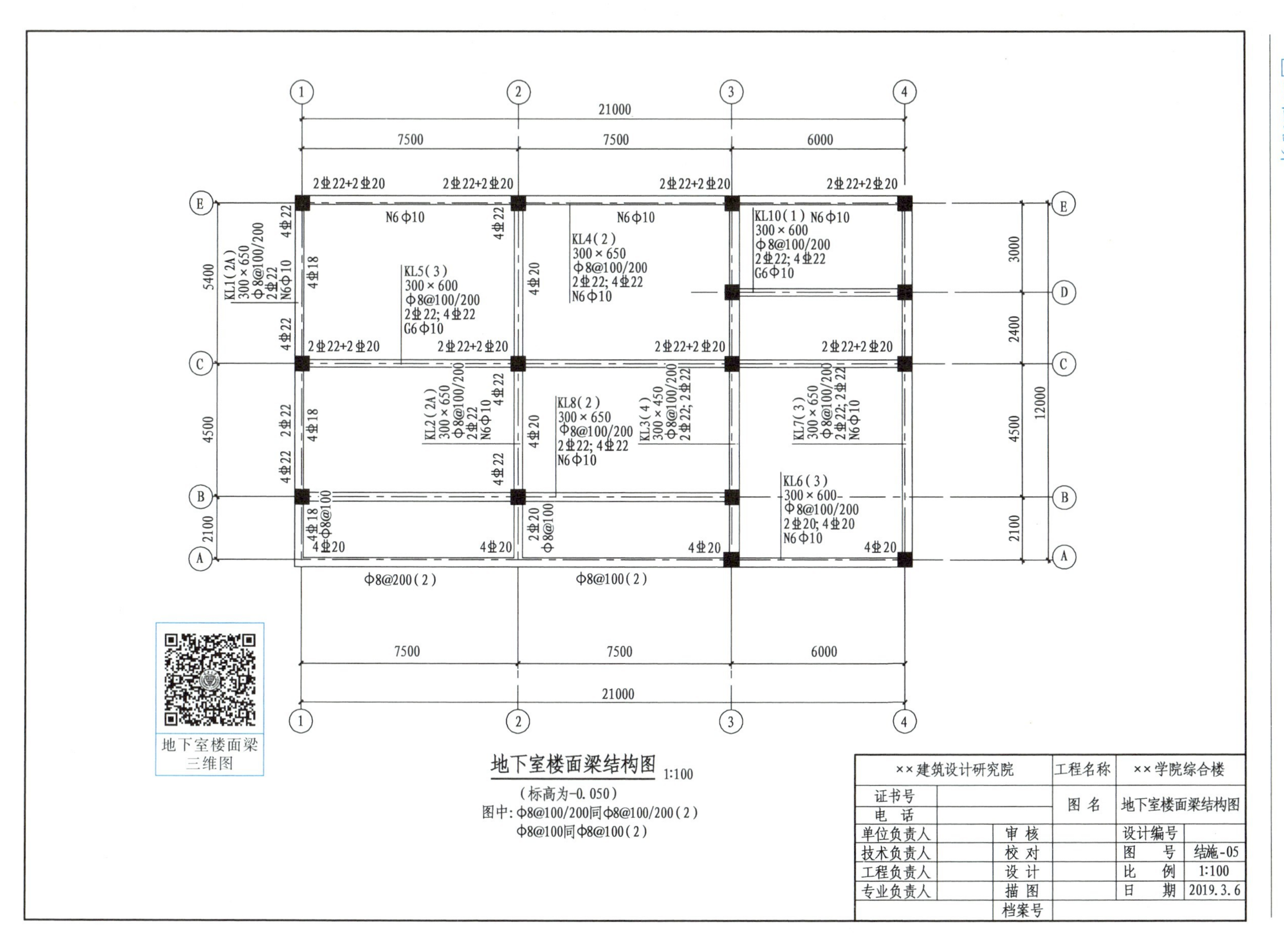

地下室楼面梁结构图 1:100

（标高为-0.050）

图中：Φ8@100/200同Φ8@100/200(2)

Φ8@100同Φ8@100(2)

××建筑设计研究院				工程名称	××学院综合楼
证书号				图 名	地下室楼面梁结构图
电 话					
单位负责人		审 核		设计编号	
技术负责人		校 对		图 号	结施-05
工程负责人		设 计		比 例	1:100
专业负责人		描 图		日 期	2019.3.6
		档案号			

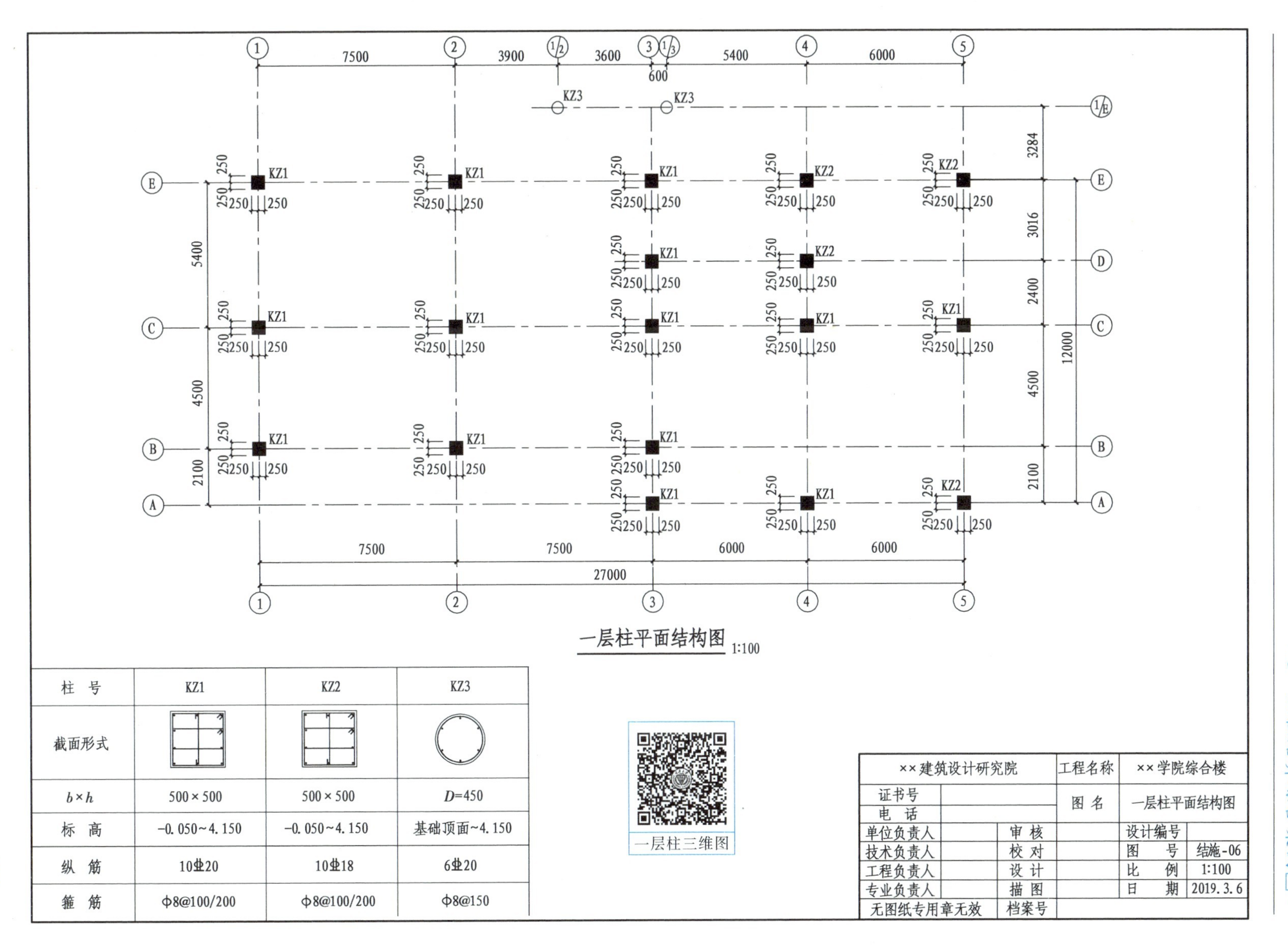

一层柱平面结构图 1:100

柱号	KZ1	KZ2	KZ3
截面形式			
$b \times h$	500×500	500×500	D=450
标高	-0.050~4.150	-0.050~4.150	基础顶面~4.150
纵筋	10⌀20	10⌀18	6⌀20
箍筋	Φ8@100/200	Φ8@100/200	Φ8@150

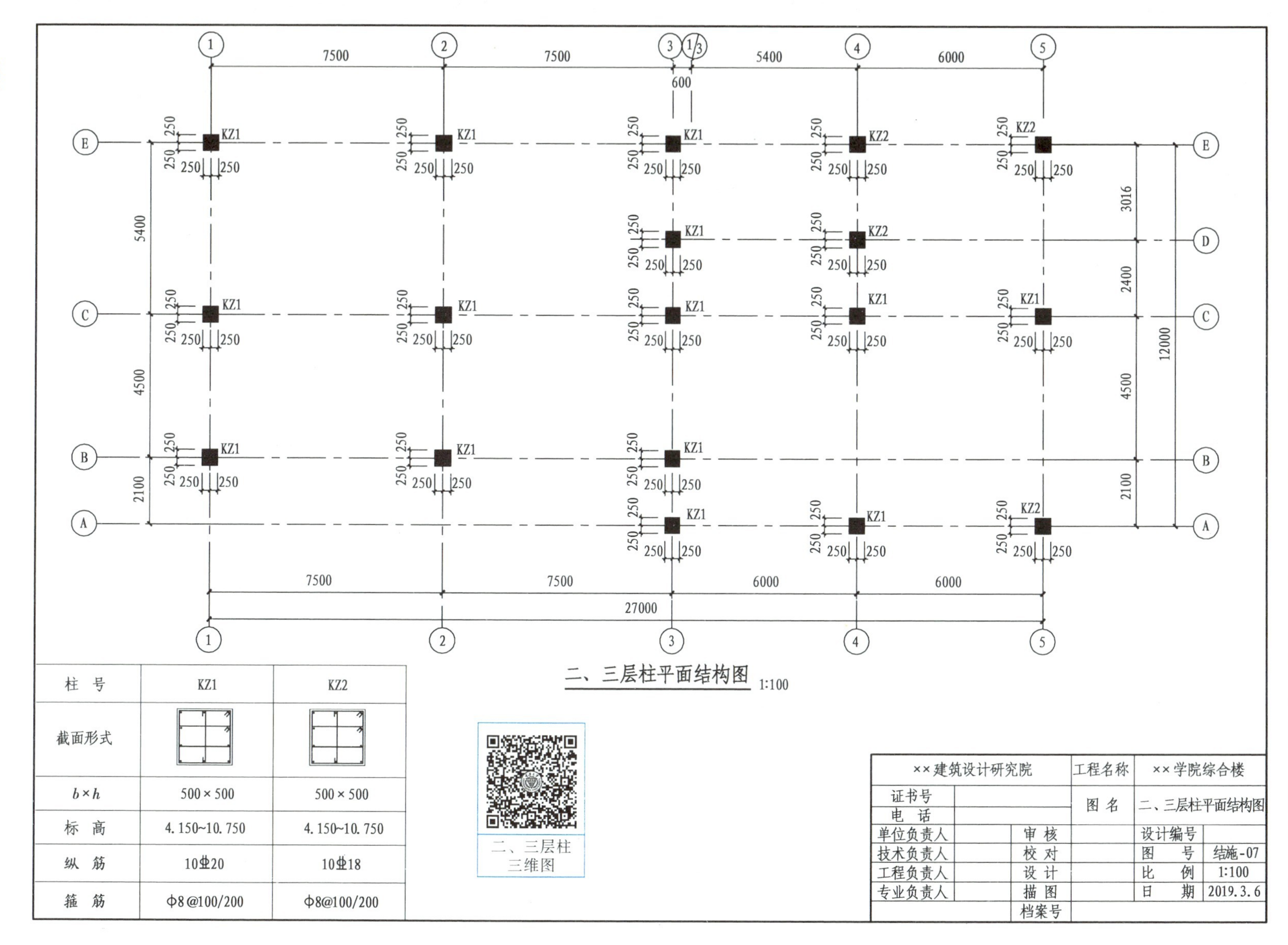

二、三层柱平面结构图 1:100

柱 号	KZ1	KZ2
截面形式		
$b \times h$	500×500	500×500
标 高	4.150~10.750	4.150~10.750
纵 筋	10⌀20	10⌀18
箍 筋	Φ8@100/200	Φ8@100/200

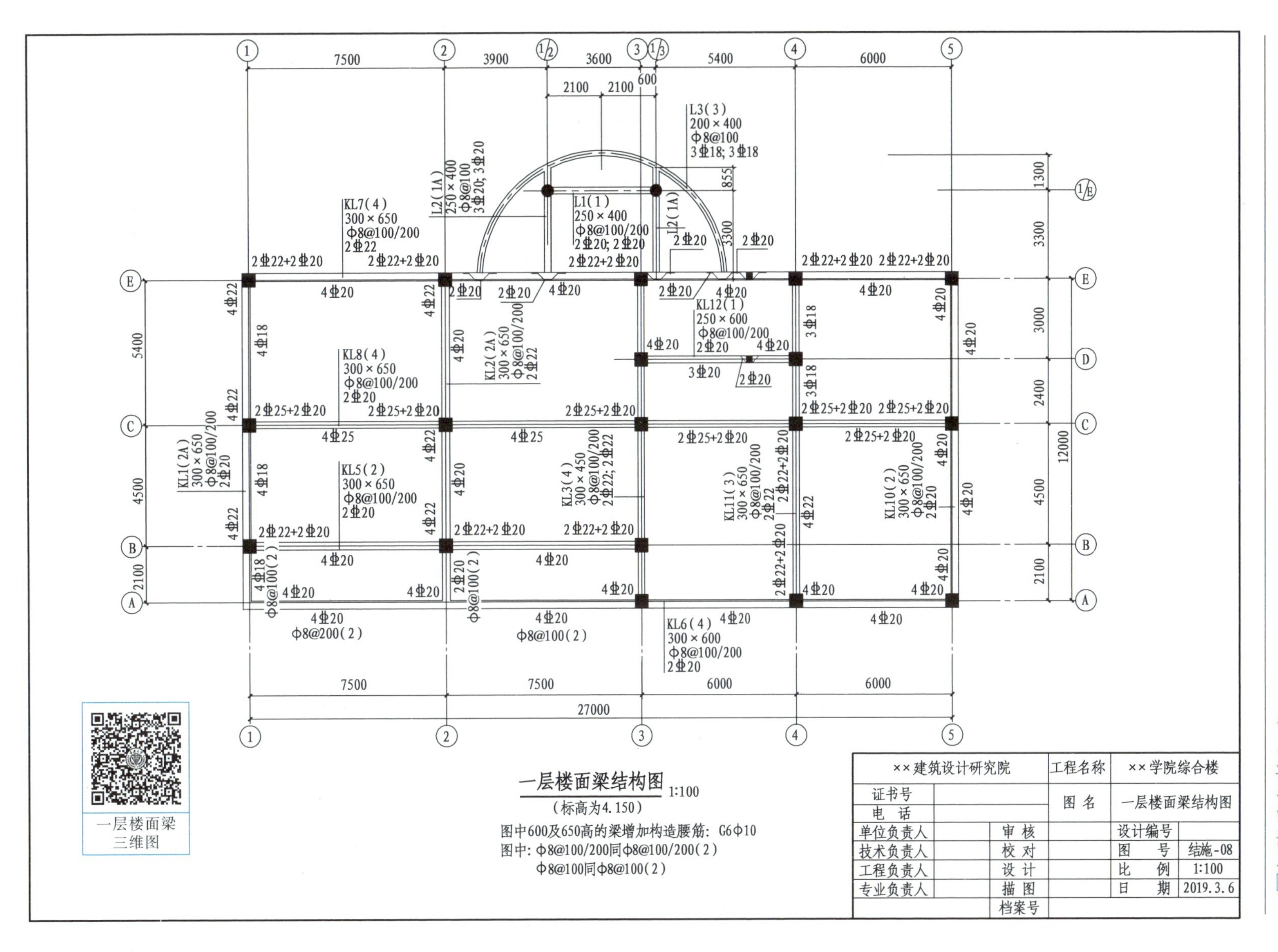

一层楼面梁结构图 1:100
（标高为4.150）
图中600及650高的梁增加构造腰筋：G6Φ10
图中：Φ8@100/200同Φ8@100/200(2)
Φ8@100同Φ8@100(2)
一层楼面梁
三维图
××建筑设计研究院
工程名称
××学院综合楼
证书号
电　话
图　名
一层楼面梁结构图
单位负责人
技术负责人
工程负责人
专业负责人
审　核
校　对
设　计
描　图
档案号
设计编号
图　号
结施-08
比　例
1:100
日　期
2019.3.6

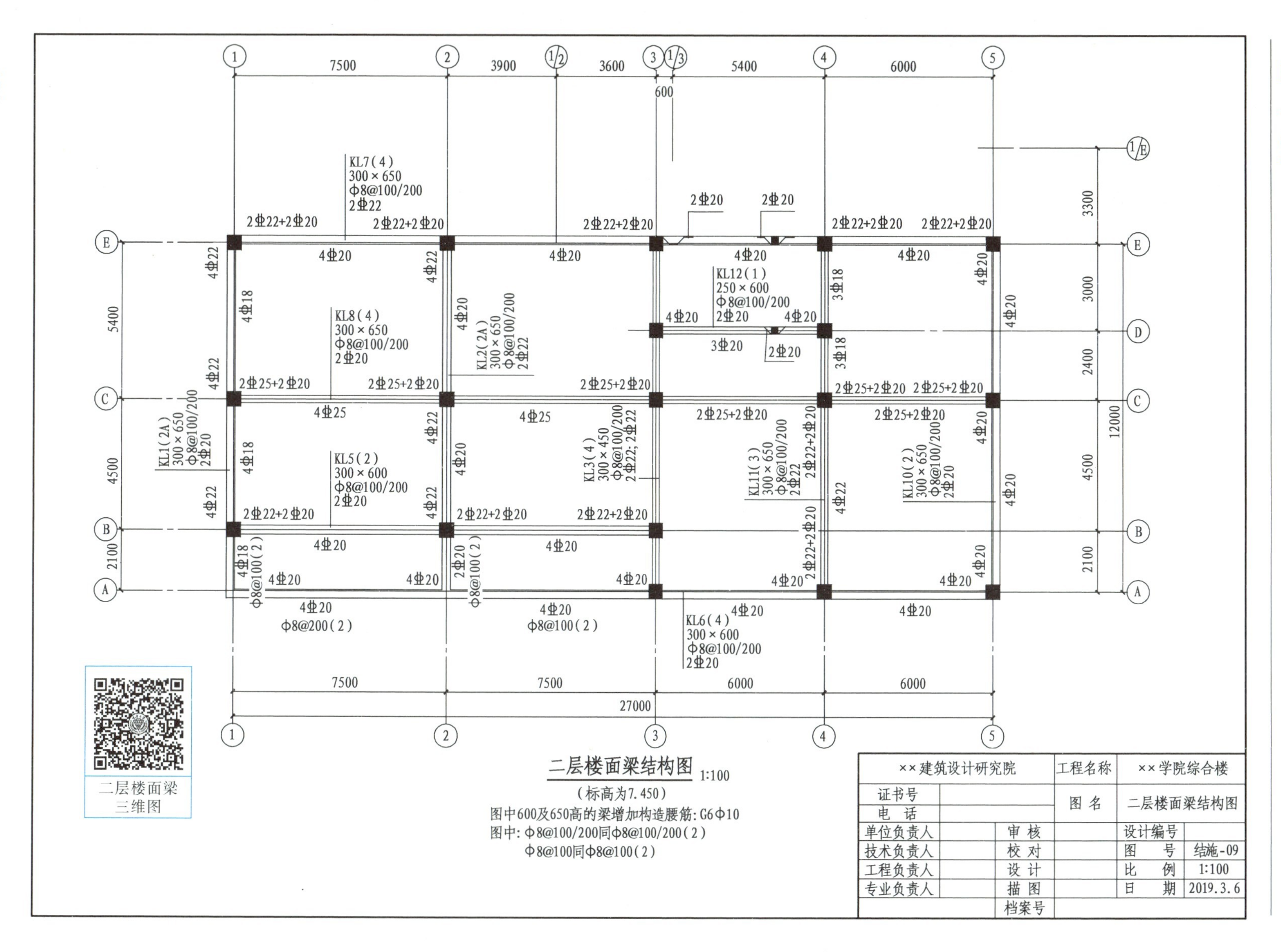
KL7(4)
300×650
Φ8@100/200
2Φ22
KL8(4)
300×650
Φ8@100/200
2Φ20
KL2(2A)
300×650
Φ8@100/200
2Φ22
KL12(1)
250×600
Φ8@100/200
2Φ20
KL1(2A)
300×650
Φ8@100/200
2Φ20
KL5(2)
300×600
Φ8@100/200
2Φ20
KL3(4)
300×450
Φ8@100/200
2Φ22;2Φ22
KL11(3)
300×650
Φ8@100/200
2Φ22
KL10(2)
300×650
Φ8@100/200
2Φ20
KL6(4)
300×600
Φ8@100/200
2Φ20
27000
12000
二层楼面梁结构图 1:100
(标高为7.450)
图中600及650高的梁增加构造腰筋：G6Φ10
图中：Φ8@100/200同Φ8@100/200(2)
Φ8@100同Φ8@100(2)
二层楼面梁
三维图
××建筑设计研究院
工程名称
××学院综合楼
证书号
电 话
图 名
二层楼面梁结构图
单位负责人
审 核
设计编号
技术负责人
校 对
图 号
结施-09
工程负责人
设 计
比 例
1:100
专业负责人
描 图
日 期
2019.3.6
档案号

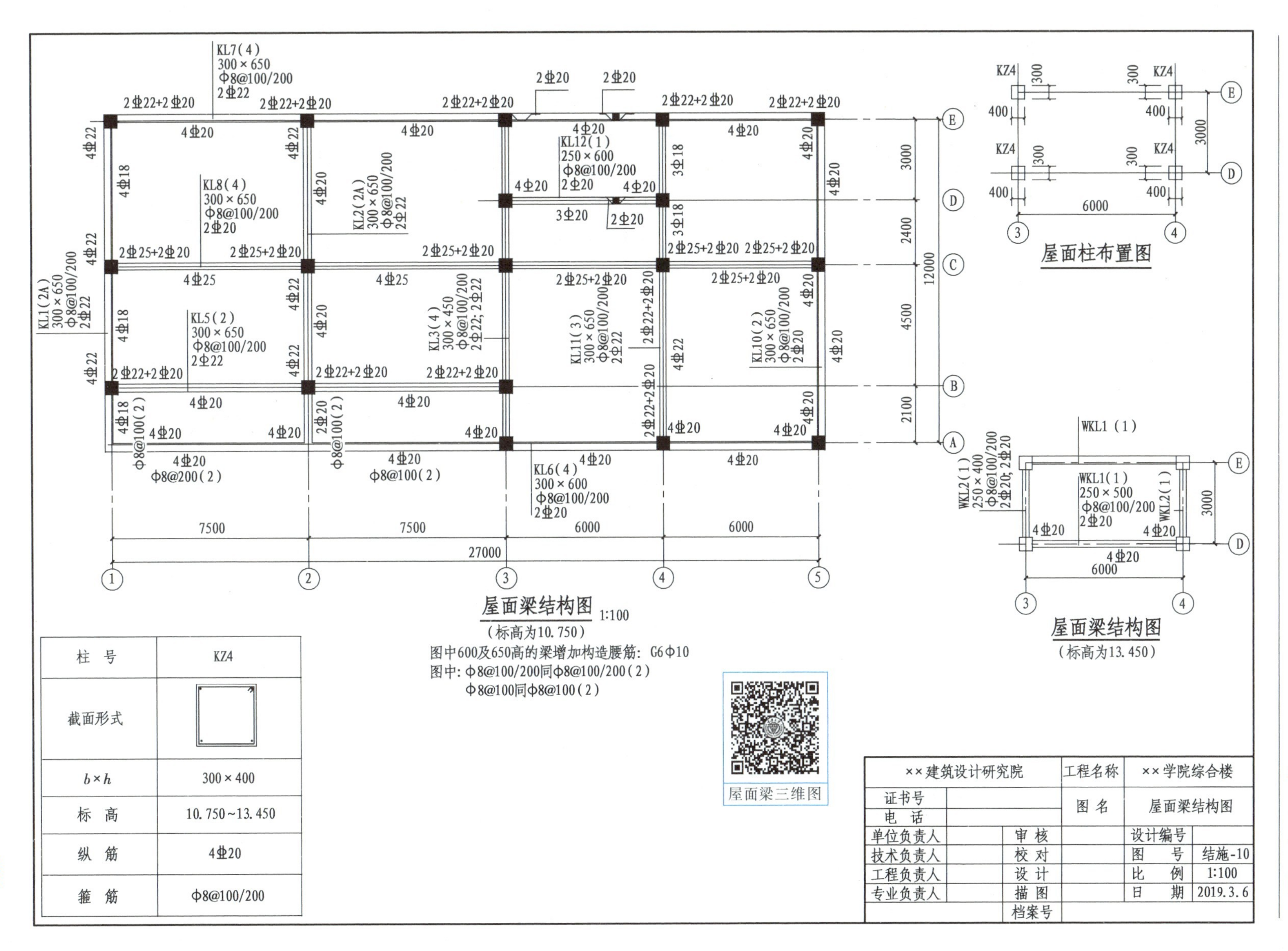
屋面梁结构图 1:100
(标高为10.750)
图中600及650高的梁增加构造腰筋：G6Φ10
图中：Φ8@100/200同Φ8@100/200(2)
Φ8@100同Φ8@100(2)
屋面柱布置图
屋面梁结构图
(标高为13.450)
屋面梁三维图
柱号 KZ4
截面形式
b×h 300×400
标高 10.750~13.450
纵筋 4Φ20
箍筋 Φ8@100/200
××建筑设计研究院
工程名称 ××学院综合楼
证书号
电话
图名 屋面梁结构图
单位负责人 审核 设计编号
技术负责人 校对 图号 结施-10
工程负责人 设计 比例 1:100
专业负责人 描图 日期 2019.3.6
档案号

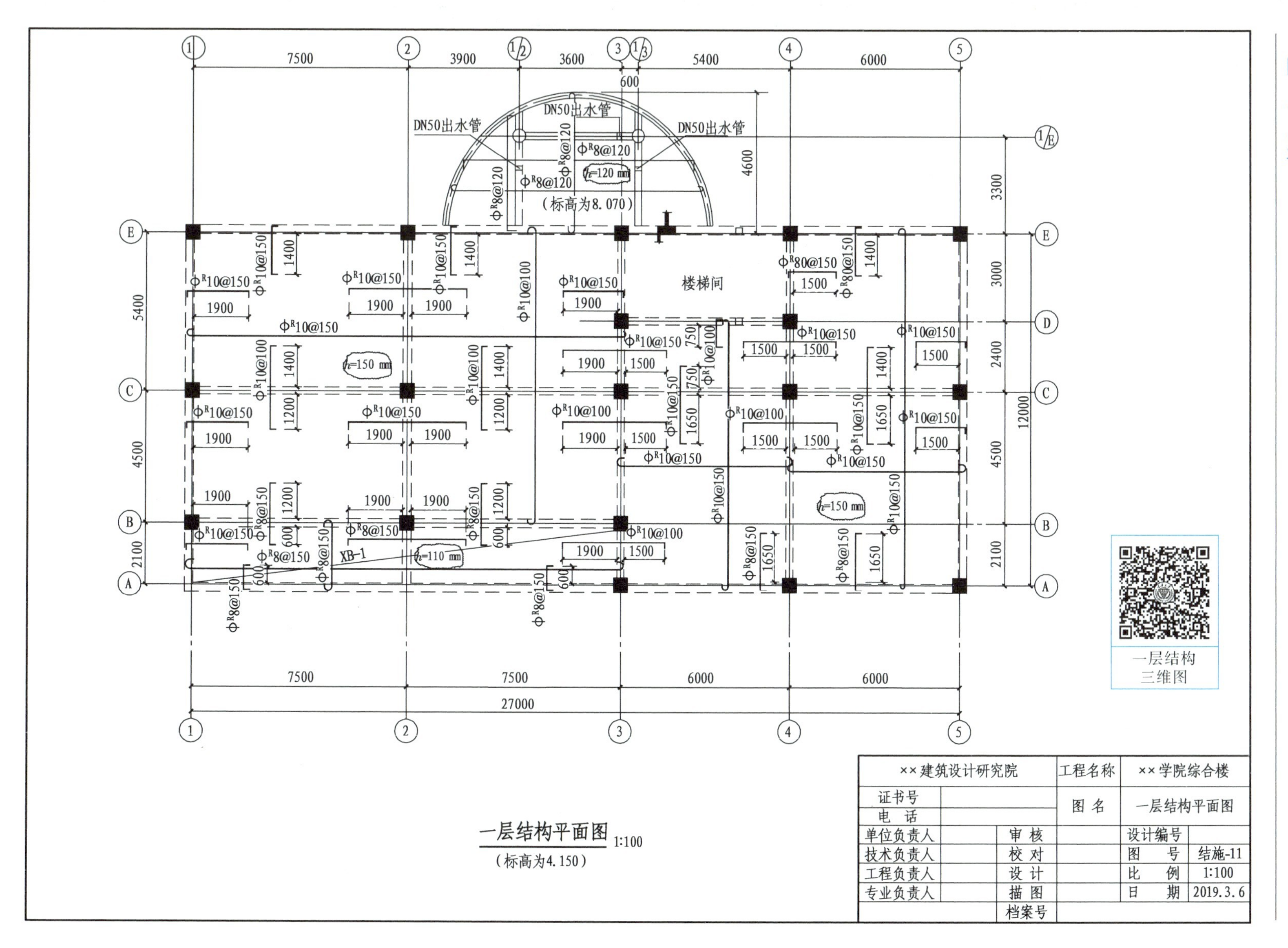
一层结构平面图 1:100
（标高为4.150）
××建筑设计研究院
工程名称 ××学院综合楼
图名 一层结构平面图
设计编号
图号 结施-11
比例 1:100
日期 2019.3.6
证书号
电话
单位负责人
技术负责人
工程负责人
专业负责人
审核
校对
设计
描图
档案号
一层结构三维图
楼梯间
DN50出水管
（标高为8.070）
XB-1
7500
3900
3600
5400
6000
600
4600
3300
3000
2400
4500
2100
12000
27000

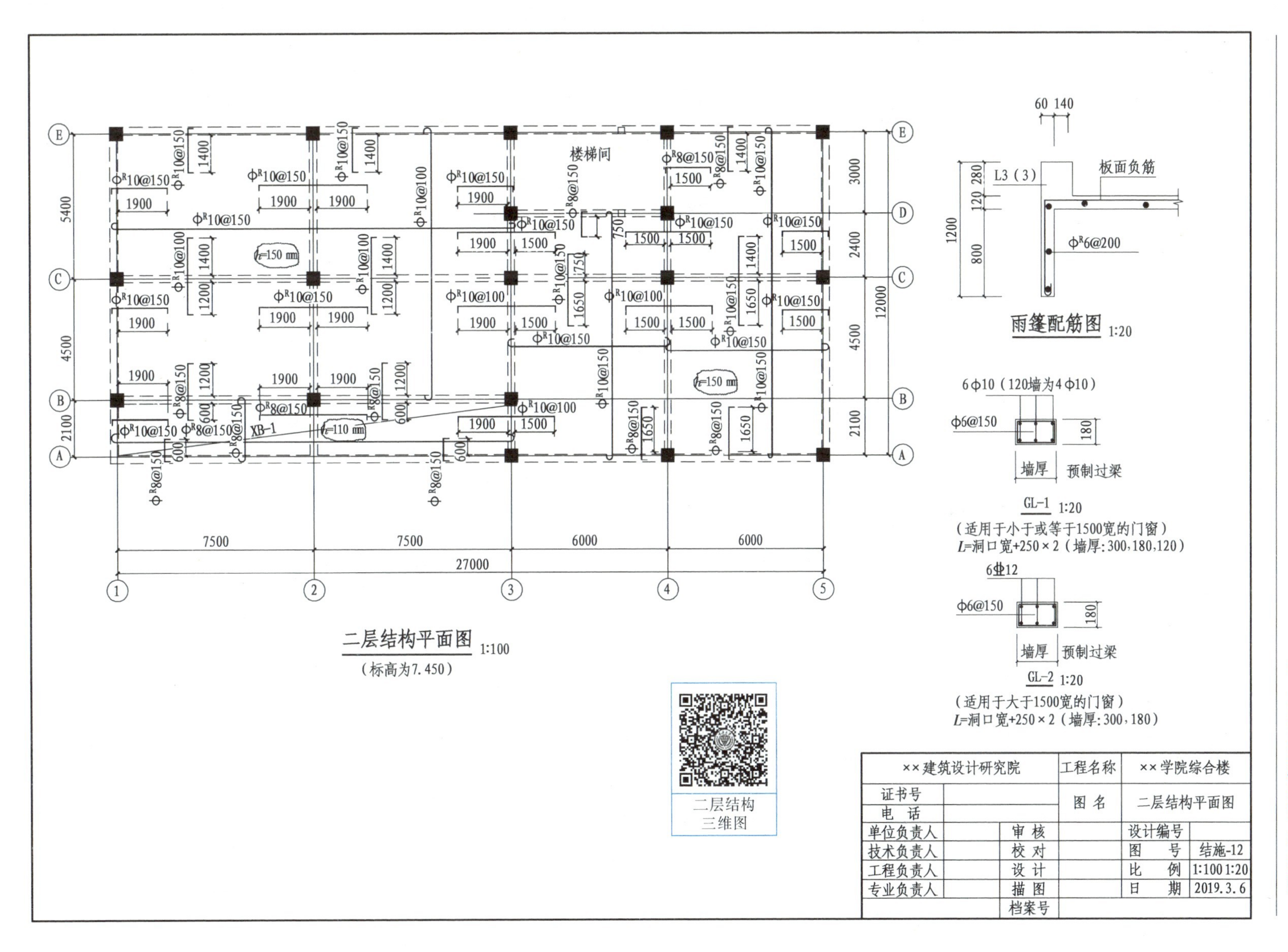

楼梯间
二层结构平面图 1:100
(标高为7.450)
雨篷配筋图 1:20
板面负筋
L3 (3)
6Φ10（120墙为4Φ10）
Φ6@150
墙厚
预制过梁
GL-1 1:20
(适用于小于或等于1500宽的门窗)
L=洞口宽+250×2（墙厚:300,180,120）
6Φ12
Φ6@150
墙厚
预制过梁
GL-2 1:20
(适用于大于1500宽的门窗)
L=洞口宽+250×2（墙厚:300,180）
二层结构
三维图
××建筑设计研究院
工程名称 ××学院综合楼
证书号
电话
图名 二层结构平面图
单位负责人 审核 设计编号
技术负责人 校对 图号 结施-12
工程负责人 设计 比例 1:100 1:20
专业负责人 描图 日期 2019.3.6
档案号

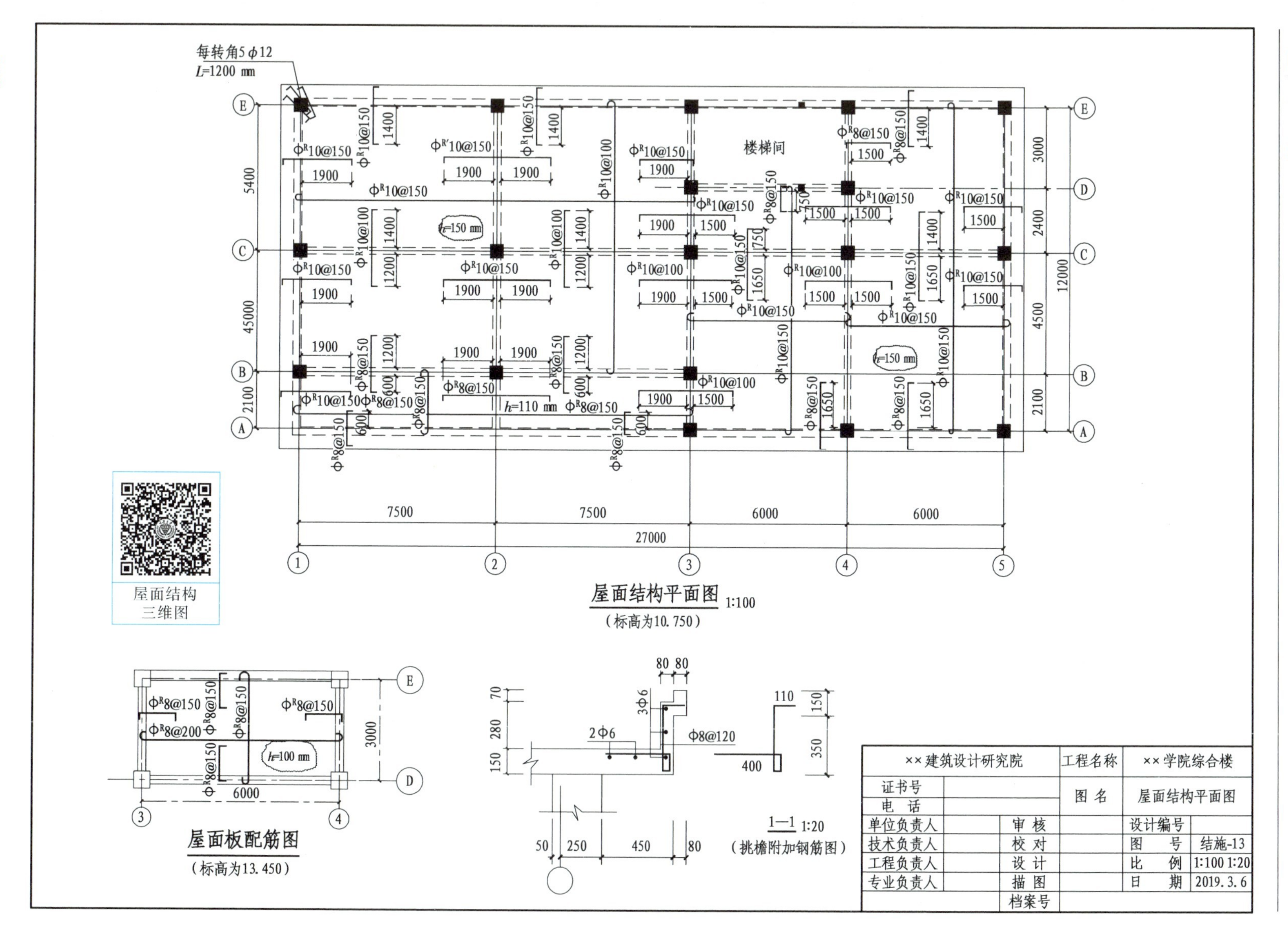
每转角5ф12
L=1200 mm
楼梯间
h=150 mm
h=110 mm
7500
7500
6000
6000
27000
5400
45000
2100
3000
2400
4500
12000
屋面结构平面图 1:100
(标高为10.750)
屋面结构
三维图
屋面板配筋图
(标高为13.450)
h=100 mm
1—1 1:20
(挑檐附加钢筋图)
3ф6
2ф6
ф8@120
××建筑设计研究院
工程名称
××学院综合楼
证书号
电 话
图 名
屋面结构平面图
单位负责人
技术负责人
工程负责人
专业负责人
审 核
校 对
设 计
描 图
档案号
设计编号
图 号
结施-13
比 例
1:100 1:20
日 期
2019.3.6

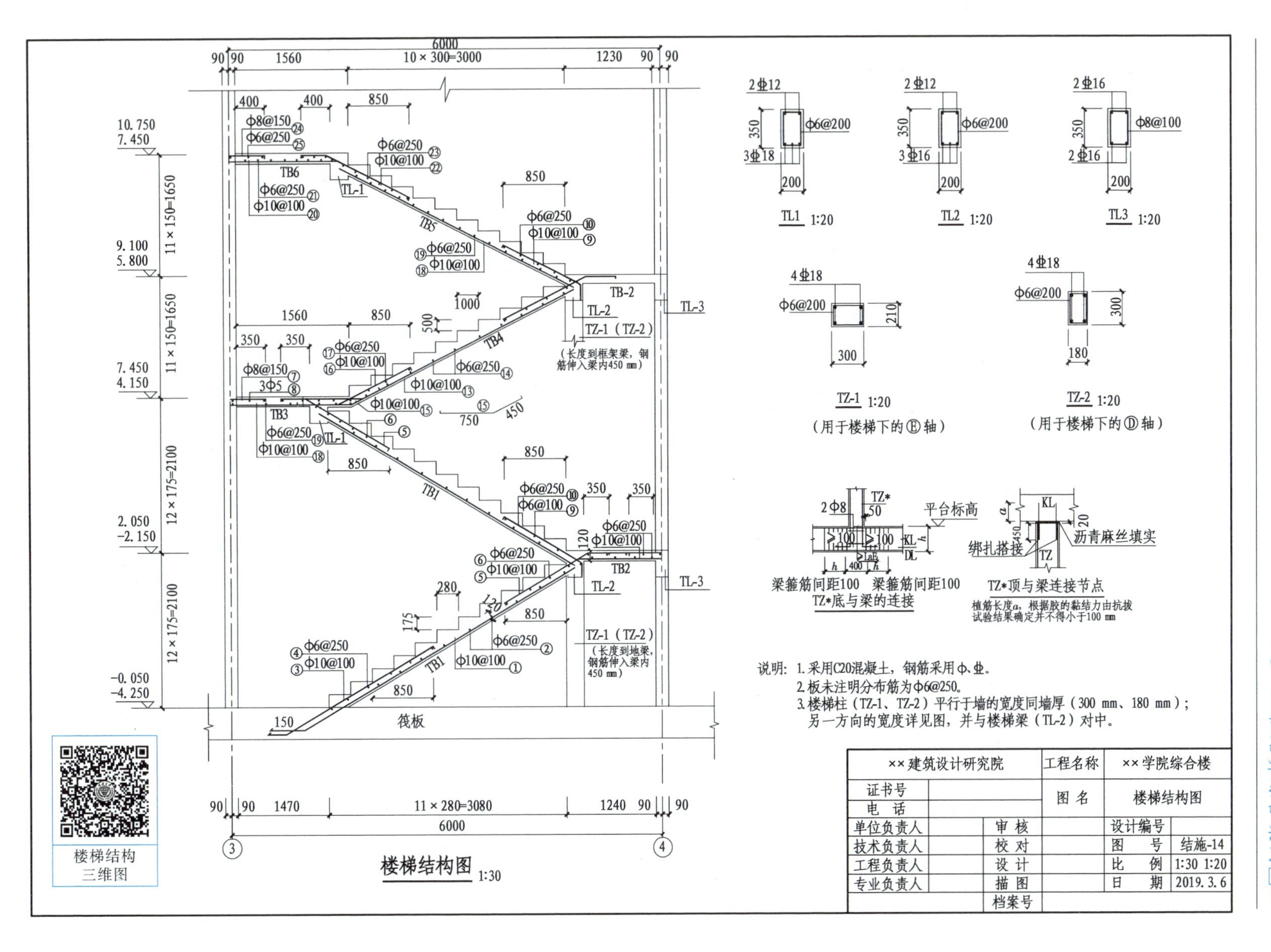
6000
10×300=3000
1560
1230
10.750
7.450
9.100
5.800
7.450
4.150
2.050
-2.150
-0.050
-4.250
11×150=1650
11×150=1650
12×175=2100
12×175=2100
TB6
TB5
TB4
TB3
TB2
TB1
TB-2
TL-1
TL-2
TL-3
TZ-1（TZ-2）
（长度到框架梁，钢筋伸入梁内450 mm）
（长度到地梁，钢筋伸入梁内450 mm）
筏板
1470
11×280=3080
1240
TL1 1:20
TL2 1:20
TL3 1:20
TZ-1 1:20
（用于楼梯下的Ⓔ轴）
TZ-2 1:20
（用于楼梯下的Ⓓ轴）
平台标高
梁箍筋间距100 梁箍筋间距100
TZ*底与梁的连接
绑扎搭接
沥青麻丝填实
TZ*顶与梁连接节点
植筋长度a，根据胶的黏结力由抗拔试验结果确定并不得小于100 mm
说明：1.采用C20混凝土，钢筋采用Φ、Φ。
2.板未注明分布筋为Φ6@250。
3.楼梯柱（TZ-1、TZ-2）平行于墙的宽度同墙厚（300 mm、180 mm）；另一方向的宽度详见图，并与楼梯梁（TL-2）对中。
××建筑设计研究院
工程名称
××学院综合楼
证书号
电话
图名
楼梯结构图
单位负责人
技术负责人
工程负责人
专业负责人
审核
校对
设计
描图
档案号
设计编号
图号 结施-14
比例 1:30 1:20
日期 2019.3.6
楼梯结构图 1:30
楼梯结构三维图

6.1 综合案例概述

6.1.1 招标工程量清单

招标工程量清单由具有编制能力的招标人或受其委托具有相应资质的工程造价咨询人编制,并作为招标文件的一部分。

招标工程量清单以单位(单项)工程为单位编制,由分部分项工程项目清单、措施项目清单、其他项目清单、规费和税金项目清单组成。

根据××建筑设计研究院设计的××学院综合楼工程全套施工图,以及《建设工程工程量清单计价规范》(GB 50500—2013)、《房屋建筑与装饰工程工程量计算规范》(GB 50854—2013)、2015 年《四川省建设工程工程量清单计价定额》、《建筑安装工程费用项目组成》(建标〔2013〕44 号)、《四川省住房和城乡建设厅关于印发〈建筑业营业税改征增值税四川省建设工程计价依据调整办法〉的通知》(川建造价发〔2016〕349 号)、《四川省住房和城乡建设厅关于印发〈建筑业营业税改征增值税四川省建设工程计价依据调整办法〉调整的通知》(川建造价发〔2018〕392 号)等,计算建筑与装饰工程的全部工程量,并编制工程量清单。鉴于招标工程量清单的工程量与投标人投标报价的工程量保持一致的原则,本案例不再给出招标工程量清单相关表格的内容。

6.1.2 投标报价

投标报价由投标人或受其委托具有相应资质的工程造价咨询人编制。投标人必须按招标工程量清单填报价格。项目编码、项目名称、项目特征、计量单位、工程量必须与招标工程量清单一致。投标报价不得低于工程成本且不得高于招标控制价。

投标报价由分部分项工程项目清单、措施项目清单、其他项目清单、规费和税金项目清单组成。

分部分项工程和措施项目中的单价项目,应根据招标文件和招标工程量清单中的特征描述确定综合单价计算。

措施项目中的总价项目金额,应根据招标文件及投标时拟订的施工组织设计或施工方案,按相关规定自主确定。其中,安全文明施工费必须按国家或省级、行业建设主管部门的规定计算,不得作为竞争性费用。

其他项目清单按下列规定报价:

①暂列金额按照招标工程量清单中列出的金额填写;

②材料、工程设备暂估价按照招标工程量清单中列出的单价计入综合单价;

③专业工程暂估价按照招标工程量清单中列出的金额填写;

④计日工按照招标工程量清单中列出的项目和数量,自主确定综合单价,并计算计日工

金额;

⑤总承包服务费按照招标工程量清单中列出的内容和提出的要求自主确定。

规费和税金必须按国家或省级、行业建设主管部门的规定计算,不得作为竞争性费用。

本案例投标报价清单内容详见本章后面的表格。

6.1.3 施工合同

第一部分 合同协议书

发包人(全称):×××

承包人(全称):×××

根据《中华人民共和国合同法》《中华人民共和国建筑法》及有关法律规定,遵循平等、自愿、公平和诚实信用的原则,双方就××学院综合楼工程施工及有关事项协商一致,共同达成如下协议。

一、工程概况

1. 工程名称:××学院综合楼工程。

2. 工程地点:四川省××市。

3. 工程立项批准文号:××。

4. 资金来源:自筹。

5. 工程内容:××学院综合楼工程,建筑面积约 1 310 m^2,框架结构。

群体工程应附"承包人承揽工程项目一览表"(附件 1)。

6. 工程承包范围:××学院综合楼工程招标文件所包含内容。

二、合同工期

计划开工日期:2019 年 4 月 26 日。

计划竣工日期:2019 年 8 月 29 日。

工期总日历天数:126 天,自监理人发出的开工通知中载明的开工日期起算。工期总日历天数与根据前述计划开竣工日期计算的工期天数不一致的,以工期总日历天数为准。

三、质量标准

工程质量符合国家现行建筑工程施工质量验收规范合格标准。

四、签约合同价与合同价格形式

1. 签约合同价为:

人民币(大写)贰佰贰拾叁万陆仟零捌拾叁元柒角伍分(¥2 236 083.75 元);

其中:

(1)安全文明施工费:

人民币(大写)壹拾壹万玖仟壹佰伍拾捌元陆角捌分(¥119 158.68 元);

(2)材料和工程设备暂估价金额:

人民币(大写)壹拾肆万零贰佰叁拾伍元捌角(¥140 235.80 元);

(3)专业工程暂估价金额:

人民币(大写)壹拾贰万伍仟叁佰贰拾柒元陆角(¥125 327.60元);

(4)暂列金额:

人民币(大写)壹拾万元整(¥100 000元)。

2. 合同价格形式:固定综合单价。

五、项目经理

承包人项目经理:李××;　职称:工程师;

身份证号:××;建造师执业资格证书号:××;

建造师注册证书号:××;

安全生产考核合格证书号:××。

六、合同文件构成

本协议书与下列文件一起构成合同文件:

(1)中标通知书(如果有);

(2)投标函及其附录(如果有);

(3)专用合同条款及其附件;

(4)通用合同条款;

(5)技术标准和要求;

(6)图纸;

(7)已标价工程量清单或预算书;

(8)其他合同文件。

在合同订立及履行过程中形成的与合同有关的文件均构成合同文件的组成部分。

上述各项合同文件包括合同当事人就该项合同文件所作出的补充和修改,属于同一类内容的文件,应以最新签署的为准。专用合同条款及其附件须经合同当事人签字或盖章。

七、承诺

1. 发包人承诺按照法律规定履行项目审批手续、筹集工程建设资金并按照合同约定的期限和方式支付合同价款。

2. 承包人承诺按照法律规定及合同约定组织完成工程施工,确保工程质量和安全,不进行转包及违法分包,并在缺陷责任期及保修期内承担相应的工程维修责任。

3. 发包人和承包人通过招投标形式签订合同的,双方理解并承诺不再就同一工程另行签订与合同实质性内容相背离的协议。

八、词语含义

本协议书中词语含义与第二部分通用合同条款中赋予的含义相同。

九、签订时间

本合同于2019年 4月24日签订。

十、签订地点

本合同在四川省××市签订。

十一、补充协议

合同未尽事宜，合同当事人另行签订补充协议，补充协议是合同的组成部分。

十二、合同生效

本合同自经双方签字盖章后生效。

十三、合同份数

本合同一式4份，均具有同等法律效力，发包人执2份，承包人执2份。

发包人(公章)：　　　　承包人(公章)：

……

第二部分 通用合同条款

第三部分 专业合同条款

1. 一般约定

1.1 词语定义

1.1.1 合同

1.1.1.10 其他合同文件包括：　/　。

1.1.2 合同当事人及其他相关方：

1.1.2.1 发包人：四川省××学院。

1.1.2.2 承包人：四川省××建筑工程有限公司。

1.1.2.3 项目经理(建造师)：李××；技术负责人：王××。

1.1.2.4 监理人：四川××监理有限公司；总监理工程师：张××。

1.1.2.5 发包人代表：刘××。

……

2. 发包人

3. 承包人

4. 监理人

5. 工程质量

6. 安全文明施工与环境保护

7. 工期和进度

8. 材料与设备

9. 试验与检验

10. 变更

10.1 变更的范围

10.4 变更估价

10.4.1 变更估价原则

关于变更估价的约定：

(1)因工程量清单漏项(仅适用于合同协议书约定采用固定综合单价合同形式时)或变

更引起措施项目发生变化,原措施项目费中已有的措施项目,采用原措施项目费的组价方法变更;原措施项目费中没有的措施项目,由承包人根据措施项目变更情况,提出适当的措施项目费变更,由监理人和发包人商定或确定变更措施项目的费用。

(2)合同协议书约定采用单价合同形式时,因非承包人原因引起已标价工程量清单中列明的工程量发生增减,且单个子目工程量变化幅度在15%以内(含)时,应执行已标价工程量清单中列明的该子目的单价。单个子目工程量变化幅度在15%以外(不含),对工程量增加幅度15%以外部分的综合单价(材料价格除外)下浮5%作为结算价格;对工程量减少幅度15%以外部分(或减少15%后剩余部分)的综合单价(材料价格除外)上浮5%作为结算价格。

(3)工程量清单新增、漏项或索赔部分按照

①合同中已有适用于变更工程的价格,按合同已有的价格(中标人的中标单价)变更合同价款;

②合同中只有类似于变更工程的价格,可以参照类似价格(中标人的中标单价)变更合同价款;

③合同中没有类似于变更工程的价格,按2015年《四川省建设工程工程量清单计价定额》进行组价后,其综合单价(材料价格除外)下浮5%后作为结算价格,材料价格按投标报价中所列的材料价格计算,其中暂估价材料按发包人确定的价格执行;如投标报价中没有的,按××市同期信息价的下限下浮3%计算;投标报价中未列的材料价格且××市同期信息价中也没有的,双方协商解决。确认增(减)的工程变更价款作为追加(减)合同价款,工程竣工结算完成后支付。

10.5 承包人的合理化建议

10.7 暂估价

10.7.1 材料暂估价

本工程材料暂估价分甲供材料暂估价、需承包方提供的材料暂估价。需承包方提供的材料暂估价具体明细如下:

(1)立邦永得丽面漆;

(2)立邦永得丽底漆;

(3)立邦永得丽面漆(外);

(4)立邦永得丽底漆(外)。

以上材料待甲方重新认价后,进入工程结算。

10.7.2 专业工程暂估价

本工程专业工程暂估价含门窗、栏杆、卫生间隔断等。本部分的价格待甲方重新认价后,进入工程结算。所有专业工程暂估价表中计列项目,甲方可能另行委托专业施工单位施工,其总承包服务费按施工单位投标时的费率进入工程结算。若本部分甲方直接委托总承包单位施工,总承包服务费不再计取。

10.8 暂列金额

10.9 甲供材料

本工程甲供材料为暂估价，具体明细如下：

(1)彩釉地砖(600 mm×600 mm)；

(2)彩釉地砖(300 mm×300 mm)；

(3)150 mm×200 mm 瓷砖；

(4)200 mm×300 mm 瓷砖；

(5)彩釉踢脚地砖(150 mm×300 mm)；

(6)彩釉踢脚地砖(150 mm×500 mm)；

(7)浅灰色外墙面砖；

(8)浅灰色饰面砖；

(9)灰白色磨光花岗石。

以上甲供材料价款在工程进度款支付、竣工价款结算支付时在相应款项中扣除，其总承包服务费按施工单位投标时的费率进入工程结算。

10.10 新增、索赔、签证部分安全文明施工费、规费的计取

本工程新增、索赔、签证部分项目计取安全文明施工费、规费，计取方法同分部分项工程量清单项目。

11. 价格调整

11.1 市场价格波动引起的调整

(1)市场价格波动是否调整合同价格的约定：同意按以下约定调整。

因市场价格波动调整合同价格，采用以下第 2 种方式对合同价格进行调整：

第 1 种方式：采用价格指数进行价格调整。

关于各可调因子、定值和变值权重，以及基本价格指数及其来源的约定： / 。

第 2 种方式：采用造价信息进行价格调整。

(2)关于基准价格的约定：发布招标文件时，施工当期××市《工程造价信息》。

专用合同条款①承包人在已标价工程量清单或预算书中载明的材料单价低于基准价格的：专用合同条款合同履行期间材料单价涨幅以基准价格为基础超过 5% 时，或材料单价跌幅以已标价工程量清单或预算书中载明材料单价为基础超过 5% 时，其超过部分据实调整。

②承包人在已标价工程量清单或预算书中载明的材料单价高于基准价格的：专用合同条款合同履行期间材料单价跌幅以基准价格为基础超过 5% 时，材料单价涨幅以已标价工程量清单或预算书中载明材料单价为基础超过 5% 时，其超过部分据实调整。

③承包人在已标价工程量清单或预算书中载明的材料单价等于基准单价的：专用合同条款合同履行期间材料单价涨跌幅以基准单价为基础超过±5% 时，其超过部分据实调整。

《工程造价信息》中没有的可调材料，施工当期价格由承包人和发包人协商确定。

第 3 种方式：其他价格调整方式： / 。

12. 合同价格、计量与支付

12.1 合同价格形式

(1)单价合同。

综合单价包含的风险范围：材料市场价格的变化幅度小于或等于合同约定的价格变化幅度时，不做调整；变化幅度大于合同中约定的价格变化幅度时，按合同约定调整；

人工费基准价按川建价发〔2018〕27 号文(该文件规定××市房屋建筑与装饰、仿古建筑、

市政、园林绿化、构筑物、城市轨道交通、爆破、房屋建筑维修与加固、城市地下综合管廊工程人工费调整系数为35%)精神执行。施工期间,人工费执行当地造价主管部门发布的当期人工费调整系数;

本工程的可调主要材料种类有圆钢、螺纹钢、冷轧带肋钢筋、商品混凝土、页岩标准砖、水泥煤渣空心砌块,其基准单价详见招标工程量清单总说明中的“可调材料基准价格表”,风险幅度为±5%,其他不予调整。施工期间,可调材料价格执行施工当期××市《工程造价信息》发布的市场综合价。

机具使用费和综合费不予调整。

风险费用的计算方法:按照专用合同11.1款约定计算。

风险范围以外合同价格的调整方法: / 。

(2)总价合同。

(3)其他价格方式。

12.2 预付款

12.2.1 预付款的支付

预付款支付比例或金额:合同价款的20%(含农民工工资专户要求的第一个月工资)。

预付款支付期限:承包人与发包人签订施工合同后7日内。

预付款扣回的方式:按月结算的最后三个月均摊扣回。

安全文明施工费用的预付:发包人应当在不迟于约定的开工日期前的7天内将按规定计算的安全文明施工费用的预付款一次性拨付给承包人。

12.2.2 预付款担保

12.3 计量

12.4 工程进度款支付

12.4.1 付款周期

关于付款周期的约定:按月支付。

12.4.2 进度付款申请单的编制

关于进度付款申请单编制的约定:承包人应在每月25日前提交进度付款申请表。

12.4.3 进度付款申请单的提交

12.4.4 进度款审核和支付

(1)本工程进度款按实际完成工程量的70%进行支付,每月办理一次。承包人应在每月25日前按发包人要求的格式提交进度付款申请表。

(2)监理人在收到月进度付款申请表后5个工作日内完成审核,并向发包人出具进度付款证书。

(3)工程竣工验收并经检验合格后支付至合同价款的80%(含预付款和安全文明施工费)。

(4)工程竣工结算审计结束后,按审计结论支付至结算总价款的97%,扣除3%质量保证金。其中,一年期满后7日内退还1%的质量保证金,剩余质量保证金在缺陷责任期满后一个月以内退还(无息)。

13.验收和工程试车

14.竣工结算

15. 缺陷责任与保修
16. 违约
17. 不可抗力
18. 保险
19. 索赔
20. 争议解决
附件

6.2　投标报价书

××学院综合楼工程项目　工程

投标总价

投标人：　四川省××建筑工程有限工程

（单位盖章）

投标总价

招标人：________________

工程名称：××学院综合楼工程项目

投标总价（小写）：2 236 083.75 元

（大写）：贰佰贰拾叁万陆仟零捌拾叁元柒角伍分

投标人：四川省××建筑工程有限工程

（单位盖章）

法定代表人

或其授权人：赵××

（签字或盖章）

编制人：________________

（造价人员签字盖专用章）

时间：2019 年 3 月 26 日

总说明

工程名称:××学院综合楼工程项目

1. 工程概况

本工程为××学院综合楼工程,建筑面积为 1 310 m^2,建筑消防等级为 2 级,抗震设防烈度为 7 度,建筑场地类别为Ⅱ类,抗震等级为四级(框架)。地下一层,地上三层(局部四层)。地下室层高 4.2 m,一层层高 4.2 m,二、三层层高 3.3 m,局部突出的楼梯间层高 2.7 m,总高 13.8 m。框架结构(地下室局部剪力墙)、钢筋混凝土筏板基础(局部独立基础)等。

2. 工程招标和分包范围

招标范围包括设计图纸范围内建筑与装饰工程的全部内容,分包情况见甲方相关文件要求。

3. 投标报价编制依据

(1)××学院综合楼工程建筑施工图、结构施工图;

(2)《建设工程工程量清单计价规范》(GB 50500—2013)、《房屋建筑与装饰工程工程量计算规范》(GB 50854—2013);

(3)《2013 建设工程计价计量规范辅导》;

(4)《四川省建设工程工程量清单计价管理试行办法》及其配套文件;

(5)《建设工程工程量清单计价规范》(GB 50500—2013)、《房屋建筑与装饰工程工程量计算规范》(GB 50584—2013)等 9 本工程量计算规范;

(6)2015 年《四川省建设工程工程量清单计价定额》及其配套文件;

(7)《四川省住房和城乡建设厅关于印发〈四川省建设工程安全文明施工费计价管理办法〉的通知》(川建发〔2017〕5 号);

(8)《四川省住房和城乡建设厅关于调增工程施工扬尘污染防治费等安全文明施工费计取标准的通知》(川建造价发〔2019〕180 号);

(9)《四川省住房和城乡建设厅关于印发〈建筑业营业税改征增值税四川省建设工程计价依据调整办法〉的通知》(川建造价发〔2016〕349 号);

(10)《四川省住房和城乡建设厅关于印发〈建筑业营业税改征增值税四川省建设工程计价依据调整办法〉调整的通知》(川建造价发〔2018〕392 号);

(11)《四川省住房和城乡建设厅关于重新调整〈建筑业营业税改征增值税四川省建设工程计价依据调整办法〉的通知》(川建造价发〔2019〕181 号);

(12)《四川省建设工程造价管理总站关于对成都市等 19 个市、州 2015 年〈四川省建设工程工程量清单计价定额〉人工费调整的批复》(川建价发〔2018〕27 号);

(13)四川省住房和城乡建设厅办公室于 2014 年 5 月 22 日印发的《四川省施工企业工程规费计取标准》;

(14)招标文件、招标工程量清单及其补充通知、答疑纪要;

(15)建设工程设计文件及相关资料;

(16)市场价格信息或工程造价管理机构发布的工程造价信息;

(17)建设单位、设计单位补充的其他文件、资料等。

4. 工程质量、材料、施工等的特殊要求

(1)材料满足招标文件、设计及相关规范要求;

(2)工程质量满足国家相关验收规范要求;

(3)商品混凝土采用大型拌和站供应;

(4)各种土方、材料、半成品、成品的运距均在报价时已综合考虑。

5. 其他需说明的问题

(1)本工程分部分项工程量清单所列的工程量由招标人根据施工设计图计算,作为投标报价的基础,不作为结算与支付依据,支付与结算时以修正的工程量清单和签证为依据。

(2)本工程所用混凝土全部采用厂拌商品混凝土,运输费、泵送费等已一并计入投标报价。

(3)本工程土石方工程清单数量已计入因工作面和放坡而发生的工程量。投标人在施工前需提交本工程的土石方开挖实施方案，经招标人批准后方可实施。结算土石方工程量应按现场实际工作面和放坡进行计算，但超出甲方批准施工方案范围的工作面和放坡部分不予计算。

(4)本次“招标措施项目清单与计价表(一)”中的项目除安全文明施工费为不可竞争费用外，招标人给出了一些通用的措施项目，投标人可根据自身情况和本工程实际情况自行增减。若投标人未列或招标人给出但投标人未报价的项目，招标人视为该项措施费用已包含在投标总价中，中标后不予调整。

(5)承包人应根据工程实际及自身施工组织设计，对措施二的项目予以自行增减，投标措施项目清单与计价表中没有填报的措施项目，均视为不需要发生或已综合计入其他项目单价中，结算时不得额外增加措施项目和措施费用。

(6)本次招标将楼梯不锈钢栏杆、各类门窗、卫生间防潮隔断列为专业暂估价工程。各投标人应严格按照工程量清单中“专业工程暂估价表”所列的项目和价格进行投标报价，未按此要求报价的投标文件将予以废标。

(7)各投标单位应根据招标工程量清单中“规费、税金项目计价表”和“总价措施项目清单与计价表”中给定的规费金额和安全文明施工费金额进行报价，不得调整，不按此规定计取的投标报价按废标处理。给定的规费为63 835.00元，安全文明施工费为119 158.68元。

(8)本工程招标人招标控制价为2 402 649.15元，其中含暂列金额100 000元，专业工程暂估价125 327.60元。

(9)本工程甲供材料如下：

①彩釉地砖(600 mm×600 mm)；

②彩釉地砖(300 mm×300 mm)；

③150 mm×200 mm瓷砖；

④200 mm×300 mm瓷砖；

⑤彩釉踢脚地砖(150 mm×300 mm)；

⑥彩釉踢脚地砖(150 mm×500 mm)；

⑦浅灰色外墙面砖；

⑧浅灰色饰面砖；

⑨灰白色磨光花岗石。

以上甲供材料价款在工程进度款支付、竣工价款结算支付时在相应款项中扣除，其总包配合费投标时已自行考虑。

(10)本项目为一般计税方式，材料价为不含税价，可调材料范围及调整基价如下：

圆钢、钢筋综合	t	3 720
螺纹钢	t	3 710
冷轧带肋钢筋	t	3 920
C10 商品混凝土	m^3	480
C15 商品混凝土	m^3	490
C20 商品混凝土	m^3	500
C30 商品混凝土	m^3	530
水泥 32.5	t	460
水泥 42.5	t	490
标准砖	千匹	470
水泥煤渣空心砌块	m^3	210

(11)因教学需要，以上(1)—(8)条摘自招标控制价总说明。

单项工程投标报价汇总表

工程名称:综合楼【建筑与装饰工程】

序号	单位工程名称	金额(元)	其中:(元)		
			暂估价	安全文明施工费	规费
1	建筑与装饰工程	2 236 083.75	265 563,40	119 158.68	63 835.00
2	安装工程				
合　计		2 236 083.75	265 563.40	119 158.68	63 835.00

单位工程投标报价汇总表

工程名称:综合楼【建筑与装饰工程】

序号	汇总内容	金额(元)	其中:暂估价(元)
1	分部分项及单价措施项目	1 635 558.28	140 235.80
0101	土石方工程	34 981.04	
0104	砌筑工程	109 992.50	
0105	混凝土及钢筋混凝土工程	709 921.23	
0109	屋面及防水工程	39 881.01	
0110	保温、隔热、防腐工程	3 942.83	
0111	楼地面装饰工程	131 474.84	62 067.19
0112	墙、柱面装饰与隔断、幕墙工程	193 652.95	41 050.91
0113	天棚工程	64 056.26	5 648.84
0114	油漆、涂料、裱糊工程	81 469.71	31 468.86
	单价措施项目	266 185.91	
2	总价措施项目	122 912.53	
2.1	其中:安全文明施工费	119 158.68	
3	其他项目	237 661.51	125 327.60
3.1	其中:暂列金额	100 000.00	
3.2	其中:专业工程暂估价	125 327.60	125 327.60
3.3	其中:计日工	7 765.00	
3.4	其中:总承包服务费	4 568.91	
4	规费	63 835.00	
5	创优质工程奖补偿奖励费		
6	税前工程造价	2 059 967.32	
6.1	其中:甲供材料(设备)费	103 118.10	
7	销项增值税额	176 116.43	
投标报价总价合计=税前工程造价+销项增值税额		2 236 083.75	265 563.40

分部分项工程量清单与计价表

工程名称:综合楼【建筑与装饰工程】　　　　第 1 页 共 14 页

序号	项目编码	项目名称 项目特征描述	计量单位	工程量	金额(元)			
					综合单价	合价	其中	
							定额人工费	暂估价
		0101 土石方工程						
1	010101003001	挖沟槽土方 1. 土壤类别:二类土 2. 挖土深度:2.0 m 以内	m^3	91.95	19.41	1 784.75	1 274.43	
2	010101002001	挖一般土方 1. 土壤类别:二类土 2. 挖土深度:5.0 m 以内	m^3	1 661.82	10.88	18 080.60	10 419.61	
3	010103001001	基础回填方 1. 密实度要求:满足设计和规范的要求 2. 填方材料品种、粒径:由投标人根据设计要求验方后方可填入,并符合相关工程的质量规范要求	m^3	601.42	9.27	5 575.16	3 355.92	
4	010103001002	室内回填方 1. 密实度要求:满足设计和规范的要求 2. 填方材料品种、粒径:由投标人根据设计要求验方后方可填入,并符合相关工程的质量规范要求	m^3	13.49	9.27	125.05	75.27	
5	010103002001	余方弃置 1. 废弃料品种:挖出的土,未用于回填的部分 2. 运距:由投标人根据施工现场实际情况自行考虑	m^3	1 138.51	8.27	9 415.48	1 445.91	
		分部小计				34 981.04	16 571.14	
		0104 砌筑工程						
6	010401003001	实心砖墙 1. 砖品种、规格、强度等级:MU10 标准砖(240 mm×115 mm×53 mm) 2. 墙体类型:内隔墙 3. 砂浆强度等级、配合比:M10 水泥砂浆	m^3	8.82	481.36	4 245.60	1 160.09	

分部分项工程量清单与计价表

工程名称:综合楼【建筑与装饰工程】　　第2页 共14页

序号	项目编码	项目名称 项目特征描述	计量单位	工程量	金额(元)			
					综合单价	合价	其中	
							定额人工费	暂估价
7	010401005001	空心砖墙-300 mm、180 mm水泥煤渣填充墙 1.砖品种、规格、强度等级:水泥煤渣空心砌块 2.墙体类型:300 mm、180 mm厚框架间填充墙 3.砂浆强度等级、配合比:M5混合砂浆	m^3	206.03	373.79	77 011.95	22 519.08	
8	010401012001	零星砌砖-剪力墙贴砖 1.零星砌砖名称、部位:地下室剪力墙贴砖 2.砖品种、规格、强度等级:MU10标准砖(240 mm×115 mm×53 mm) 3.砂浆强度等级、配合比:M5混合砂浆	m^3	31.56	544.32	17 178.74	5 589.91	
9	010401012002	零星砌砖-屋顶女儿墙 1.零星砌砖名称、部位:屋顶女儿墙砌砖 2.砖品种、规格、强度等级:MU10标准砖(240 mm×115 mm×53 mm) 3.砂浆强度等级、配合比:M5水泥砂浆	m^3	21.29	542.80	11 556.21	3 770.88	
		分部小计				109 992.50	33 039.96	
0105 混凝土及钢筋混凝土工程								
10	010501001001	C10基础垫层 1.混凝土种类:商品混凝土 2.混凝土强度等级:C10	m^3	30.76	496.51	15 272.65	686.26	
11	010501004001	C20筏板基础 1.混凝土种类:商品混凝土 2.混凝土强度等级:C20	m^3	137.94	515.74	71 141.18	3 218.14	

分部分项工程量清单与计价表

工程名称:综合楼【建筑与装饰工程】　　　　　第 3 页 共 14 页

<table>
<tr><th rowspan="3">序号</th><th rowspan="3">项目编码</th><th rowspan="3">项目名称
项目特征描述</th><th rowspan="3">计量单位</th><th rowspan="3">工程量</th><th colspan="4">金额(元)</th></tr>
<tr><th rowspan="2">综合单价</th><th rowspan="2">合价</th><th colspan="2">其中</th></tr>
<tr><th>定额人工费</th><th>暂估价</th></tr>
<tr><td>12</td><td>010501003001</td><td>C20 独立基础
1. 混凝土种类:商品混凝土
2. 混凝土强度等级:C20</td><td>m^3</td><td>10.25</td><td>515.74</td><td>5 286.34</td><td>239.13</td><td></td></tr>
<tr><td>13</td><td>010502001001</td><td>C30 矩形柱
1. 混凝土种类:商品混凝土
2. 混凝土强度等级:C30</td><td>m^3</td><td>54.61</td><td>551.81</td><td>30 134.34</td><td>1 490.85</td><td></td></tr>
<tr><td>14</td><td>010502001002</td><td>C30 矩形柱-楼梯柱
1. 混凝土种类:商品混凝土
2. 混凝土强度等级:C20</td><td>m^3</td><td>0.75</td><td>551.81</td><td>413.86</td><td>20.48</td><td></td></tr>
<tr><td>15</td><td>010502002001</td><td>C20 构造柱、边框
1. 混凝土种类:商品混凝土
2. 混凝土强度等级:C20
3. 含门窗边构造柱、边框、屋顶女儿墙构造柱等</td><td>m^3</td><td>6.68</td><td>529.06</td><td>3 534.12</td><td>218.84</td><td></td></tr>
<tr><td>16</td><td>010502003001</td><td>C30 异形柱-雨篷下
1. 柱形状:圆形
2. 混凝土种类:商品混凝土
3. 混凝土强度等级:C30</td><td>m^3</td><td>1.94</td><td>551.81</td><td>1 070.51</td><td>52.96</td><td></td></tr>
<tr><td>17</td><td>010503001001</td><td>C30 基础梁
1. 混凝土种类:商品混凝土
2. 混凝土强度等级:C30</td><td>m^3</td><td>1.65</td><td>551.51</td><td>909.99</td><td>44.04</td><td></td></tr>
<tr><td>18</td><td>010503002001</td><td>C30 矩形梁-楼梯梁
1. 混凝土种类:商品混凝土
2. 混凝土强度等级:C30</td><td>m^3</td><td>1.61</td><td>551.51</td><td>887.93</td><td>42.97</td><td></td></tr>
</table>

分部分项工程量清单与计价表

工程名称:综合楼【建筑与装饰工程】 第4页 共14页

序号	项目编码	项目名称 项目特征描述	计量单位	工程量	金额(元)			
					综合单价	合价	其中	
							定额人工费	暂估价
19	010504001001	C20直形墙 1. 混凝土种类:商品混凝土 2. 混凝土强度等级:C20	m^3	65.09	522.60	34 016.03	1 823.17	
20	010505001001	C30有梁板 1. 混凝土种类:商品混凝土 2. 混凝土强度等级:C30	m^3	253.08	552.59	139 849.48	6 785.07	
21	010505007001	C30挑檐板 1. 混凝土种类:商品混凝土 2. 混凝土强度等级:C30	m^3	8.40	561.10	4 713.24	265.02	
22	010505008001	C30半圆形雨篷 1. 混凝土种类:商品混凝土 2. 混凝土强度等级:C30	m^3	5.45	561.10	3 058.00	171.95	
23	010506001001	C30直形楼梯 1. 混凝土种类:商品混凝土 2. 混凝土强度等级:C30	m^2	56.24	145.58	8 187.42	981.39	
24	010507001001	C20坡道 1. 垫层材料种类、厚度:连砂石垫层,100 mm厚 2. 面层厚度、混凝土种类:混凝土C20提浆抹光,80 mm厚	m^2	5.08	51.82	263.25	34.80	
25	010507001002	C15散水 1. 基层:素土夯实 2. 面层厚度、混凝土种类:混凝土C15提浆抹光,100 mm厚,宽0.8 m 3. 变形缝填塞材料种类:建筑油膏嵌缝 4. 具体做法详见西南11J812第4页第4节点	m^2	54.00	49.48	2 671.92	475.20	

分部分项工程量清单与计价表

工程名称:综合楼【建筑与装饰工程】　　　　第 5 页 共 14 页

序号	项目编码	项目名称 项目特征描述	计量单位	工程量	金额(元)			
					综合单价	合价	其中	
							定额人工费	暂估价
26	010507004001	C15 半圆形台阶 1. 踏步高、宽:具体做法详见西南 11J812 第 7 页第 3 节点(面层另列) 2. 混凝土种类:商品混凝土 3. 混凝土强度等级:C15	m^2	8.37	83.34	697.56	42.27	
27	010507005001	C20 女儿墙压顶 1. 断面尺寸:240 mm×80 mm 2. 混凝土种类:商品混凝土 3. 混凝土强度等级:C20	m	91.29	10.19	930.25	55.69	
28	010510003001	C20 预制过梁 1. 图代号:详施工图 2. 单件体积:2 m^3 以内 3. 安装高度:2.0~3.3 m 4. 混凝土强度等级:C20 5. 砂浆(细石混凝土)强度等级、配合比:1:2.5 水泥砂浆	m^3	8.32	2 032.38	16 909.40	358.68	
29	010515001001	现浇构件钢筋-圆钢 10 mm 以内 1. 钢筋种类、规格:圆钢 10 mm 以内	t	13.831	5 141.11	71 106.69	11 307.53	
30	010515001002	现浇构件钢筋-螺纹钢 10 mm 以上 1. 钢筋种类、规格:螺纹钢 10 mm 以上	t	39.851	4 912.37	195 762.86	21 278.44	
31	010515001003	现浇构件钢筋-冷轧带肋钢筋 1. 钢筋种类、规格:冷轧带肋钢筋	t	17.142	5 455.16	93 512.35	15 267.52	

分部分项工程量清单与计价表

工程名称:综合楼【建筑与装饰工程】 第6页 共14页

序号	项目编码	项目名称 项目特征描述	计量单位	工程量	金额(元)			
					综合单价	合价	其中	
							定额人工费	暂估价
32	010515001004	现浇构件钢筋-砌体加筋圆钢10 mm以内 1. 钢筋种类、规格:圆钢10 mm以内	t	0.759	5 022.34	3 811.96	620.52	
33	010515002001	预制构件钢筋-圆钢10 mm以内 1. 钢筋种类、规格:圆钢10 mm以内	t	0.701	5 067.94	3 552.63	577.52	
34	010515002002	预制构件钢筋-圆钢10 mm以上 1. 钢筋种类、规格:圆钢10 mm以上	t	0.398	5 067.94	2 017.04	327.89	
35	010516002001	预埋铁件 1. 钢材种类、规格、尺寸:具体详见施工图	t	0.026	8 085.60	210.23	45.84	
		分部小计				709 921.23	66 432.17	
0109 屋面及防水工程								
36	010902002001	屋面涂膜防水 1. 防水膜品种:聚氨酯涂膜 2. 涂膜厚度、遍数、增强材料种类:满刮腻子一道,焦油聚氨酯涂膜一道(2.5 mm厚) 3. 找平层:20 mm厚1:3水泥砂浆找平 4. 防水部位:雨篷、挑檐、楼梯顶	m^2	230.22	67.96	15 645.75	3 084.95	
37	010902003001	屋面刚性层 1. 刚性层厚度:40 mm 2. 混凝土种类:细石混凝土 3. 混凝土强度等级:C30						

分部分项工程量清单与计价表

工程名称：综合楼【建筑与装饰工程】　　　　第 7 页 共 14 页

序号	项目编码	项目名称 项目特征描述	计量单位	工程量	金额（元）			
					综合单价	合价	其中	
							定额人工费	暂估价
37	010902003001	4. 嵌缝材料种类：建筑油膏 5. 钢筋规格、型号：钢筋网圆钢 4，间隔 150 mm，双向 6. 防水部位：大屋面	m^2	324.78	37.80	12 276.68	2 279.96	
38	010903002001	墙面涂膜防水 1. 防水膜品种：焦油聚氨酯涂膜 2. 涂膜厚度、遍数、增强材料种类：满刮腻子一道，焦油聚氨酯涂膜一道（2 mm 厚） 3. 防水部位：剪力墙外侧贴保护实心砖（另列）	m^2	290.68	41.14	11 958.58	1 770.24	
		分部小计				39 881.01	7 135.15	
0110 保温、隔热、防腐工程								
39	011001001001	保温隔热屋面 1. 保温隔热材料品种、规格、厚度：1∶8 水泥珍珠岩 2% 找坡，40 mm 厚	m^2	324.78	12.14	3 942.83	883.40	
		分部小计				3 942.83	883.40	
0111 楼地面装饰工程								
40	011102003001	块料地面-600 mm×600 mm 地砖（有垫层） 1. 垫层材料种类、厚度：C10 混凝土，80 mm 厚 2. 找平层厚度、砂浆配合比：素水泥浆一道 3. 结合层厚度、砂浆配合比：20 mm 厚 1∶2 水泥砂浆 4. 面层材料品种、规格、颜色：600 mm × 600 mm 地砖 5. 嵌缝材料种类：白水泥嵌缝	m^2	14.64	139.75	2 045.94	455.45	748.25

分部分项工程量清单与计价表

工程名称:综合楼【建筑与装饰工程】　　　　第 8 页 共 14 页

序号	项目编码	项目名称 项目特征描述	计量单位	工程量	金额(元)			
					综合单价	合价	其中	
							定额人工费	暂估价
41	011102003002	块料地面-300 mm×300 mm 地砖(有垫层) 1. 垫层材料种类、厚度:C10 混凝土,80 mm 厚 2. 找平层厚度、砂浆配合比:素水泥浆一道 3. 结合层厚度、砂浆配合比:20 mm 厚 1∶2 水泥砂浆 4. 面层材料品种、规格、颜色:300 mm × 300 mm 地砖 5. 嵌缝材料种类:白水泥嵌缝	m^2	54.92	120.79	6 633.79	1 636.07	1 857.01
42	011102003003	块料地面-600 mm×600 mm 地砖(无垫层) 1. 找平层厚度、砂浆配合比:素水泥浆一道 2. 结合层厚度、砂浆配合比:20 mm 厚 1∶2 水泥砂浆 3. 面层材料品种、规格、颜色:600 mm × 600 mm 地砖 4. 嵌缝材料种类:白水泥嵌缝	m^2	218.44	100.03	21 850.55	6 406.85	11 193.00
43	011102003004	块料楼面-600 mm×600 mm 地砖 1. 找平层厚度、砂浆配合比:素水泥浆一道 2. 结合层厚度、砂浆配合比:20 mm 厚 1∶2 水泥砂浆	m^2	741.50	100.03	74 172.25	21 748.20	38 001.90

分部分项工程量清单与计价表

工程名称:综合楼【建筑与装饰工程】　　　　第 9 页 共 14 页

序号	项目编码	项目名称 项目特征描述	计量单位	工程量	金额(元)			
					综合单价	合价	其中	
							定额人工费	暂估价
43	011102003004	3. 面层材料品种、规格、颜色:600 mm × 600 mm 地砖 4. 嵌缝材料种类:白水泥嵌缝						
44	011102003005	块料楼面-300 mm×300 mm 地砖 1. 找平层厚度、砂浆配合比:素水泥浆一道 2. 结合层厚度、砂浆配合比:20 mm 厚 1:2 水泥砂浆 3. 面层材料品种、规格、颜色:300 mm×300 mm 地砖 4. 嵌缝材料种类:白水泥嵌缝	m^2	91.45	81.07	7 413.85	2 560.60	3 095.00
45	011105003001	块料踢脚线-楼梯间 1. 踢脚线高度:150 mm(楼梯间) 2. 黏结层厚度、材料种类:15 mm 厚 1:1 水泥砂浆 3. 面层材料品种、规格、颜色:150 mm×300 mm 黑色面砖 4. 嵌缝材料种类:白水泥嵌缝	m^2	12.87	127.96	1 646.85	661.39	657.90
46	011105003002	块料踢脚线-室内、走廊 1. 踢脚线高度:150 mm(室内、走廊) 2. 黏结层厚度、材料种类:15 mm 厚 1:1 水泥砂浆 3. 面层材料品种、规格、颜色:150 mm×500 mm 黑色面砖 4. 嵌缝材料种类:白水泥嵌缝	m^2	55.91	127.96	7 154.24	2 873.21	2 850.90

分部分项工程量清单与计价表

工程名称:综合楼【建筑与装饰工程】　　　　第10页 共14页

序号	项目编码	项目名称 项目特征描述	计量单位	工程量	金额(元)			
					综合单价	合价	其中	
							定额人工费	暂估价
47	011106002001	块料楼梯面层 1. 找平层厚度、砂浆配合比:20 mm 厚 1:3 水泥砂浆 2. 面层材料品种、规格、颜色:300 mm×300 mm 楼梯砖 3. 嵌缝材料种类:白水泥嵌缝	m^2	56.24	157.41	8 852.74	3 742.21	2 986.83
48	011107002001	块料台阶面 1. 黏结材料种类:水泥砂浆 1:2 厚度 20 mm 2. 面层材料品种、规格、颜色:600 mm×600 mm 地砖 3. 嵌缝材料种类:白水泥嵌缝	m^2	8.37	203.66	1 704.63	610.26	676.40
		分部小计				131 474.84	40 694.24	62 067.19
0112 墙、柱面装饰与隔断、幕墙工程								
49	011201001001	墙面一般抹灰 1. 墙体类型:内墙 2. 底层厚度、砂浆配合比:15 mm 厚 1:3 水泥砂浆 3. 面层厚度、砂浆配合比:5 mm 厚 1:2.5 水泥砂浆	m^2	1 430.39	23.88	34 157.71	16 077.58	
50	011203001001	零星一般抹灰 1. 基层类型、部位:挑檐 2. 底层厚度、砂浆配合比:15 mm 厚 1:3 水泥砂浆	m^2	196.39	41.89	8 226.78	4 858.69	

分部分项工程量清单与计价表

工程名称:综合楼【建筑与装饰工程】　　　　第 11 页 共 14 页

序号	项目编码	项目名称 项目特征描述	计量单位	工程量	金额(元)			
					综合单价	合价	其中	
							定额人工费	暂估价
50	011203001001	3. 面层厚度、砂浆配合比:6 mm 厚 1∶2.5 水泥砂浆						
51	011204003001	块料墙面-餐厅、走廊 200 mm×300 mm 瓷砖 1. 墙体类型:餐厅、走廊墙裙 2. 安装方式:粘贴 3. 底层厚度、砂浆配合比:20 mm 厚 1:3 水泥砂浆 4. 黏结层厚度、砂浆配合比:15 mm 厚 1∶1 水泥砂浆 5. 面层材料品种、规格、颜色:200 mm × 300 mm 瓷砖 6. 缝宽、嵌缝材料种类:白水泥嵌缝	m^2	198.99	96.66	19 234.37	7 619.33	6 208.80
52	011204003002	块料墙面-厨房、卫生间 150 mm×200 mm 瓷砖 1. 墙体类型:厨房、卫生间 2. 安装方式:粘贴 3. 底层厚度、砂浆配合比:20 mm 厚 1:3 水泥砂浆 4. 黏结层厚度、砂浆配合比:15 mm 厚 1∶1 水泥砂浆 5. 面层材料品种、规格、颜色:150 mm ×200 mm 瓷砖 6. 缝宽、嵌缝材料种类:白水泥嵌缝	m^2	275.36	96.66	26 616.30	10 543.53	8 592.48

分部分项工程量清单与计价表

工程名称:综合楼【建筑与装饰工程】　　　　第 12 页 共 14 页

序号	项目编码	项目名称 项目特征描述	计量单位	工程量	金额(元)			
					综合单价	合价	其中	
							定额人工费	暂估价
53	011204003003	块料墙面-外墙 1. 墙体类型:外墙 2. 安装方式:粘贴 3. 底层厚度、砂浆配合比:15 mm 厚 1:3 水泥砂浆 4. 黏结层厚度、砂浆配合比:7 mm 厚 1:0.5:2 混合砂浆 5. 面层材料品种、规格、颜色:浅灰色外墙面砖 6. 缝宽、嵌缝材料种类:白水泥嵌缝	m^2	932.24	102.52	95 573.24	48 224.78	21 869.41
54	011205002001	块料柱面-外柱面 1. 柱截面类型、尺寸:圆形,直径 450 mm 2. 安装方式:粘贴 3. 底层厚度、砂浆配合比:15 mm 厚 1:3 水泥砂浆 4. 黏结层厚度、砂浆配合比:7 mm 厚 1:0.5:2 混合砂浆 5. 面层材料品种、规格、颜色:浅灰色外墙面砖 6. 缝宽、嵌缝材料种类:白水泥嵌缝	m^2	11.91	107.43	1 279.49	648.26	292.86
55	011206001001	石材零星项目-外墙勒脚 1. 基层类型、部位:外墙勒脚 2. 安装方式:粘贴 3. 底层厚度、砂浆配合比:20 mm 厚 1:3 水泥砂浆	m^2	26.88	245.06	6 587.21	1 884.83	3 621.84

分部分项工程量清单与计价表

工程名称:综合楼【建筑与装饰工程】　　　　第 13 页 共 14 页

序号	项目编码	项目名称 项目特征描述	计量单位	工程量	金额(元)			
					综合单价	合价	其中	
							定额人工费	暂估价
55	011206001001	4. 黏结层厚度、砂浆配合比:10 mm 厚 1:1 水泥砂浆 5. 面层材料品种、规格、颜色:400 mm 高灰白色磨光花岗石 6. 缝宽、嵌缝材料种类:白水泥嵌缝						
56	011206002001	块料零星项目-雨篷吊边外侧面 1. 基层类型、部位:雨篷吊边外侧面 2. 安装方式:粘贴 3. 底层厚度、砂浆配合比:13 mm 厚 1:2.5 水泥砂浆 4. 黏结层厚度、砂浆配合比:7 mm 厚 1:0.5:2 混合砂浆 5. 面层材料品种、规格、颜色:浅灰色饰面砖 6. 缝宽、嵌缝材料种类:白水泥嵌缝	m^2	17.57	112.57	1 977.85	998.50	465.52
		分部小计				193 652.95	90 855.50	41 050.91
0113 天棚工程								
57	011301001001	天棚抹灰 1. 基层类型:混凝土 2. 抹灰厚度、材料种类、砂浆配合比:水泥 108 胶浆 1:0.1:0.2;1:2 水泥砂浆 5 mm 厚;1:3 水泥砂浆 7 mm 厚	m^2	882.98	21.44	18 931.09	9 827.57	
58	011302001001	吊顶天棚 1. 吊顶形式、吊杆规格、高度:平顶 2. 龙骨材料种类、规格、中距:U 形轻钢龙骨,不上人型	m^2	437.09	103.24	45 125.17	14 428.34	5 648.84

分部分项工程量清单与计价表

工程名称:综合楼【建筑与装饰工程】 第 14 页 共 14 页

序号	项目编码	项目名称 项目特征描述	计量单位	工程量	金额(元)			
					综合单价	合价	其中	
							定额人工费	暂估价
58	011302001001	3. 面层材料品种、规格:纸面石膏板(9 mm 厚) 4. 油漆品种、油漆遍数:孔眼用腻子填平,乳胶漆底漆一遍,面漆两遍 5. 具体详见施工图						
		分部小计				64 056.26	24 255.91	5 648.84
0114 油漆、涂料、裱糊工程								
59	011406001001	内墙抹灰面油漆 1. 基层类型:抹灰面 2. 腻子种类:成品腻子 3. 刮腻子遍数:两道 4. 油漆品种、刷漆遍数:乳胶漆三道(底漆一道、面漆两道) 5. 部位:内墙	m^2	1 446.34	33.52	48 481.32	21 405.83	18 691.27
60	011406001002	天棚抹灰面油漆 1. 基层类型:抹灰面 2. 腻子种类:成品腻子 3. 刮腻子遍数:两道 4. 油漆品种、刷漆遍数:乳胶漆三道(底漆一道、面漆两道) 5. 部位:天棚	m^2	882.98	33.52	29 597.49	13 068.10	11 411.45
61	011406001003	外墙抹灰面油漆 1. 基层类型:抹灰面 2. 腻子种类:成品腻子 3. 刮腻子遍数:两道 4. 油漆品种、刷漆遍数:外墙涂料 5. 部位:挑檐外侧	m^2	88.86	38.16	3 390.90	1 164.07	1 366.14
		分部小计				81 469.71	35 638.00	31 468.86
合　计						1 369 372.37	315 505.47	140 235.80

分部分项工程量清单综合单价分析表(举例)

工程名称:综合楼【建筑与装饰工程】　　　　第　页共　页

项目编码	(6) 010401003001	项目名称	实心砖墙	计量单位	m^3	工程量	8.82

清单综合单价组成明细													
定额编号	定额项目名称	定额单位	数量	单价(元)					合价(元)				
				定额人工费	人工费	材料费	机械费	管理费和利润	定额人工费	人工费	材料费	机械费	管理费和利润
AD0019	砖墙水泥砂浆(细砂)M10	10 m^3	0.1	1 315.30	1 775.66	3 028.91	6.90	2.15	131.53	177.57	302.89	0.69	0.22
人工单价		小　计							131.53	177.57	302.89	0.69	0.22
元/工日		未计价材料费											
清单项目综合单价(元)									481.36				

材料费明细	主要材料名称、规格、型号	单位	数量	单价(元)	合价(元)	暂估单价(元)	暂估合价(元)
	水泥砂浆(细砂)M10	m^3	0.224	306.40	68.63		
	标准砖	千匹	0.531	440.00	233.64		
	水泥 32.5	kg	[61.152]	0.40	(24.46)		
	细砂	m^3	[0.259 8]	170.00	(44.17)		
	水	m^3	0.121	2.00	0.24		
	其他材料费				0.38		
	材料费小计				302.89		

分部分项工程量清单综合单价分析表(举例)

工程名称:综合楼【建筑与装饰工程】　　第　页共　页

项目编码	(15) 010502002001	项目名称		C20 构造柱、边框		计量单位		m^3		工程量		6.68
清单综合单价组成明细												
定额编号	定额项目名称	定额单位	数量	单价(元)					合价(元)			
				定额人工费	人工费	材料费	机械费	管理费和利润	定额人工费	人工费	材料费	机械费	管理费和利润
AE0094	商品混凝土构造柱C20	10 m^3	0.1	327.60	442.26	4 832.43	14.94	0.94	32.76	44.23	483.24	1.49	0.09
人工单价	小　计								32.76	44.23	483.24	1.49	0.09
元/工日	未计价材料费												
清单项目综合单价(元)									529.06				

材料费明细	主要材料名称、规格、型号	单位	数量	单价(元)	合价(元)	暂估单价(元)	暂估合价(元)
	商品混凝土 C20	m^3	1.005	480.00	482.40		
	水	m^3	0.383	2.00	0.77		
	其他材料费				0.07		
	材料费小计				483.24		

单价措施项目清单与计价表

工程名称:综合楼【建筑与装饰工程】　　　　第 1 页 共 3 页

序号	项目编码	项目名称 项目特征描述	计量单位	工程量	金额(元)			
					综合单价	合价	其中	
							定额人工费	暂估价
1	011701001001	综合脚手架 1. 建筑结构形式:框架结构 2. 檐口高度:详见建筑施工图	m^2	1 310.00	17.67	23 147.70	11 410.10	
2	011701006001	满堂脚手架 1. 搭设方式:综合 2. 搭设高度:详见结构施工图 3. 脚手架材质:综合	m^2	275.88	4.70	1 296.64	689.70	
3	011701002001	外脚手架 1. 搭设方式:综合 2. 搭设高度:详见建筑施工图 3. 脚手架材质:综合	m^2	864.00	7.40	6 393.60	2 652.48	
		小　计				30 837.94	14 752.28	
混凝土模板及支架(撑)								
4	011702001001	基础垫层 1. 部位:独立基础、筏板基础垫层 2. 具体情况详见施工图	m^2	11.72	43.63	511.34	127.04	
5	011702001002	独立基础 1. 基础类型:独立基础 2. 具体情况详见施工图	m^2	22.64	49.29	1 115.93	350.01	
6	011702001003	筏板基础 1. 基础类型:筏板基础 2. 具体情况详见施工图	m^2	36.20	43.98	1 592.08	637.84	
7	011702005001	基础梁 1. 梁截面形状:矩形 2. 具体情况详见施工图	m^2	14.29	44.50	635.91	241.79	
8	011702002001	矩形柱 1. 部位:矩形柱 2. 截面尺寸:按设计图,各种截面尺寸综合 3. 支撑高度:按设计图,超高费用需计入综合单价	m^2	464.24	52.18	24 224.04	9 238.38	

单价措施项目清单与计价表

工程名称:综合楼【建筑与装饰工程】　　　　第2页 共3页

序号	项目编码	项目名称 项目特征描述	计量单位	工程量	金额(元)			
					综合单价	合价	其中	
							定额人工费	暂估价
9	011702003001	构造柱 1. 部位:屋面女儿墙、超宽的门窗构造柱 2. 具体情况详见施工图	m^2	74.92	48.19	3 610.39	1 356.05	
10	011702004001	异形柱 1. 柱截面形状:圆形 2. 支撑高度:按设计图,超高费用需计入综合单价	m^2	14.20	61.73	876.57	412.79	
11	011702006001	矩形梁 1. 部位:楼梯梁 2. 支撑高度:按设计图,超高费用需计入综合单价	m^2	19.35	49.37	955.31	383.71	
12	011702009001	过梁 1. 部位:矩形预制过梁 2. 具体情况详见施工图	m^2	97.02	43.15	4 186.41	1 655.16	
13	011702011001	直形墙 1. 部位:地下室剪力墙 2. 支撑高度:按设计图,超高费用需计入综合单价	m^2	442.39	49.09	21 716.93	9 312.31	
14	011702014001	有梁板 1. 部位:有梁板 2. 支撑高度:按设计图,各种高度综合,超高费用需计入综合单价	m^2	1 872.46	52.43	98 173.08	39 733.60	
15	011702023001	雨篷 1. 部位:圆形雨篷挑梁 2. 具体情况详见施工图	m^2	24.84	93.03	2 310.87	1 262.87	
16	011702024001	楼梯 1. 部位:直形楼梯 2. 具体情况详见施工图	m^2	56.24	138.43	7 785.30	4 203.38	

单价措施项目清单与计价表

工程名称:综合楼【建筑与装饰工程】　　　　第3页 共3页

序号	项目编码	项目名称 项目特征描述	计量单位	工程量	金额(元)			
					综合单价	合价	其中	
							定额人工费	暂估价
17	011702025001	屋面挑檐 1. 部位:屋面挑檐 2. 具体情况详见施工图	m^2	116.68	73.32	8 554.98	3 944.95	
18	011702025002	女儿墙压顶 1. 部位:屋面女儿墙压顶 2. 具体情况详见施工图	m^2	13.46	73.32	986.89	455.08	
		小　计				177 236.03	73 314.96	
垂直运输								
19	011703001001	垂直运输 1. 框架结构、地下室局部剪力墙 2. 地下一层、地上三层,局部四层,檐高详见建筑施工图 3. 具体情况详见施工图	m^2	1 310.00	14.30	18 733.00	6 288.00	
		小　计				18 733.00	6 288.00	
大型机械设备进出场及安拆								
20	011705001001	大型机械设备进出场及安拆 1. 机械设备名称、规格型号:由投标人根据施工现场实际情况自行考虑 2. 具体情况详见施工图	台次	1	39 378.94	39 378.94	15 706.00	
		小　计				39 378.94	15 706.00	
合　计						266 185.91	110 061.24	

总价措施项目清单与计价表

工程名称:综合楼【建筑与装饰工程】 第1页 共2页

序号	项目编码	项目名称	计算基础	费率(%)	金额(元)	调整费率(%)	调整后金额(元)	备注
1	011707001001	安全文明施工			119 158.68			
1.1	①	环境保护	分部分项工程量清单项目定额人工费+单价措施项目定额人工费	1.54	6 553.73			
1.2	②	文明施工	分部分项工程量清单项目定额人工费+单价措施项目定额人工费	6.52	27 746.95			
1.3	③	安全施工	分部分项工程量清单项目定额人工费+单价措施项目定额人工费	11.36	48 344.38			
1.4	④	临时设施	分部分项工程量清单项目定额人工费+单价措施项目定额人工费	8.58	36 513.62			
2	011707002001	夜间施工			1 659.71			
	①	夜间施工费	分部分项工程量清单项目定额人工费+单价措施项目定额人工费	0.39	1 659.71			
3	011707003001	非夜间施工照明			860.00			
4	011707004001	二次搬运						
	①	二次搬运费	分部分项工程量清单项目定额人工费+单价措施项目定额人工费					
5	011707005001	冬雨期施工			1 234.14			

总价措施项目清单与计价表

工程名称:综合楼【建筑与装饰工程】　　　　第 2 页 共 2 页

序号	项目编码	项目名称	计算基础	费率(%)	金额(元)	调整费率(%)	调整后金额(元)	备注
	①	冬雨期施工费	分部分项工程量清单项目定额人工费+单价措施项目定额人工费	0.29	1 234.14			
6	011707006001	地上、地下设施,建筑物的临时保护设施						
7	011707007001	已完工程及设备保护						
8	011707008001	工程定位复测						
	①	工程定位复测费	分部分项工程量清单项目定额人工费+单价措施项目定额人工费					
合　计					122 912.53			

单价措施项目清单综合单价分析表(举例)

工程名称:综合楼【建筑与装饰工程】　　　　第　页共　页

项目编码	(2) 011702001001	项目名称	基础垫层	计量单位	m²	工程量	11.72

清单综合单价组成明细													
定额编号	定额项目名称	定额单位	数量	单价(元)					合价(元)				
				定额人工费	人工费	材料费	机械费	管理费和利润	定额人工费	人工费	材料费	机械费	管理费和利润
AS0025	混凝土模板及支架(撑)基础垫层木模板	100 m²	0.01	1 083.75	1 463.06	2 860.30	38.17	1.37	108.38	14.63	28.60	0.38	0.01
人工单价		小　计							108.38	14.63	28.60	0.38	0.01
元/工日		未计价材料费											
清单项目综合单价(元)									43.63				

材料费明细	主要材料名称、规格、型号	单位	数量	单价(元)	合价(元)	暂估单价(元)	暂估合价(元)
	二等锯材	m³	0.014 425	1 900.00	27.41		
	其他材料费				1.19		
	材料费小计				28.60		

单价措施项目清单综合单价分析表(举例)

工程名称:综合楼【建筑与装饰工程】　　　　第　页共　页

项目编码	(18) 011703001001		项目名称		垂直运输		计量单位		m²		工程量		1 310.00
清单综合单价组成明细													
定额编号	定额项目名称	定额单位	数量	单价(元)					合价(元)				
				定额人工费	人工费	材料费	机械费	管理费和利润	定额人工费	人工费	材料费	机械费	管理费和利润
AS0116	垂直运输檐高≤20 m(6层)现浇框架	100 m²	0.01	480.08	648.11		780.70	1.53	4.801	6.48		7.81	0.02
人工单价		小　计							4.801	6.48		7.81	0.02
元/工日		未计价材料费											
清单项目综合单价(元)									14.30				
材料费明细	主要材料名称、规格、型号						单位	数量	单价(元)	合价(元)		暂估单价(元)	暂估合价(元)
	其他材料费												
	材料费小计												

其他项目清单与计价汇总表

工程名称:综合楼【建筑与装饰工程】　　　　第1页 共1页

序号	项目名称	金额(元)	结算金额(元)	备　注
1	暂列金额	100 000.00		
2	暂估价	125 327.60		
2.1	材料暂估价			
2.2	专业工程暂估价	125 327.60		
3	计日工	7 765.00		
4	总承包服务费	4 568.91		
合　计		237 661.51		

暂列金额明细表

工程名称:综合楼【建筑与装饰工程】　　　　第1页 共1页

序号	项目名称	计量单位	暂定金额(元)	备　注
1	暂列金额	项	100 000.00	
合　计			100 000.00	—

材料暂估单价及调整表(含甲供材料)

工程名称:综合楼【建筑与装饰工程】 第1页 共1页

序号	材料(工程设备)名称、规格、型号	计量单位	数量		暂估(元)		确认(元)		差额±(元)		备注
			暂估	确认	单价	合价	单价	合价	单价	合价	
1	彩釉地砖 600 mm×600 mm	m^2	1 012.39		50.00	50 619.55					甲供
2	彩釉地砖 300 mm×300 mm	m^2	240.57		33.00	7 938.84					甲供
3	彩釉踢脚地砖 150 mm×300 mm	m^2	13.16		50.00	657.90					甲供
4	彩釉踢脚地砖 150 mm×500 mm	m^2	57.02		50.00	2 850.90					甲供
5	瓷砖 200 mm×300 mm	m^2	206.96		30.00	6 208.80					甲供
6	瓷砖 150 mm×200 mm	m^2	286.42		30.00	8 592.48					甲供
7	浅灰色外墙面砖	m^2	963.58		23.00	22 162.27					甲供
8	灰白色磨光花岗石	m^2	30.18		120.00	3 621.84					甲供
9	浅灰色饰面砖	m^2	20.24		23.00	465.52					甲供
10	立邦永得丽底漆	kg	375.40		25.00	9 385.00					
11	立邦永得丽面漆	kg	976.54		27.00	26 366.55					
12	立邦永得丽面漆(外)	kg	31.38		32.00	1 004.22					
13	立邦永得丽底漆(外)	kg	12.06		30.00	361.92					
合 计						140 235.79					

专业工程暂估价及估算价表

工程名称:综合楼【建筑与装饰工程】　　　　第1页 共1页

序号	工程名称	工程内容	暂估金额(元)	结算金额(元)	差额±(元)	备　注
2.1	楼梯不锈钢栏杆	制作、运输、安装、刷防护材料	5 233.80			23.79 m×220 元/m
2.2	地弹门	制作、运输、安装	7 761.60			13.86 m^2×560 元/m^2
2.3	胶合板门	制作、运输、安装	33 122.40			89.52 m^2×370 元/m^2
2.4	铝合金窗	制作、运输、安装	68 889.60			215.28 m^2×320 元/m^2
2.5	卫生间成品隔断	制作、运输、安装	10 320.20			46.91 m^2×220 元/m^2
合　计			125 327.60	—	—	—

计日工表

工程名称:综合楼【建筑与装饰工程】　　　　第1页 共1页

编号	项目名称	单位	暂定数量	实际数量	综合单价(元)	合价(元)	
						暂定	实际
一	人工						
1	土建、市政、园林绿化、抹灰工程、构筑物、城市轨道交通、爆破、房屋建筑维修与加固工程普工	工日	25		92.00	2 300.00	
2	土建、市政、园林绿化、构筑物、城市轨道交通、房屋建筑维修与加固工程混凝土工	工日	15		115.00	1 725.00	
3	土建、市政、园林绿化、抹灰工程、构筑物、城市轨道交通、爆破、房屋建筑维修与加固工程技工	工日	10		124.00	1 240.00	
4	装饰普工(抹灰工程除外)	工日	8		104.00	832.00	
5	装饰技工(抹灰工程除外)	工日	6		141.00	846.00	
6	装饰细木工	工日	6		137.00	822.00	
人工小计						7 765.00	
二	材料						
材料小计							
三	施工机械						
施工机械小计							
四、综合费							
总　计						7 765.00	

总承包服务费计价表

工程名称:综合楼【建筑与装饰工程】　　　　第1页 共1页

序号	项目名称	项目价值(元)	服务内容	计算基础	费率(%)	金额(元)
一	发包人发包专业工程					2 506.55
1	专业工程总包配合费	125 327.60			2	2 506.55
二	发包人供应材料					2 062.36
1	甲供材料配合费	103 118.10			2	2 062.36
	合　计					4 568.91

规费、税金项目计价表

工程名称:综合楼【建筑与装饰工程】　　　　第1页 共1页

序号	项目名称	计算基础	计算基数	计算费率(%)	金额(元)
1	规费	分部分项清单定额人工费+单价措施项目清单定额人工费			63 835.00
1.1	社会保险费	分部分项清单定额人工费+单价措施项目清单定额人工费			49 791.30
(1)	养老保险费	分部分项清单定额人工费+单价措施项目清单定额人工费	425 566.71	7.5	31 917.50
(2)	失业保险费	分部分项清单定额人工费+单价措施项目清单定额人工费	425 566.71	0.6	2 553.40
(3)	医疗保险费	分部分项清单定额人工费+单价措施项目清单定额人工费	425 566.71	2.7	11 490.30
(4)	工伤保险费	分部分项清单定额人工费+单价措施项目清单定额人工费	425 566.71	0.7	2 978.97
(5)	生育保险费	分部分项清单定额人工费+单价措施项目清单定额人工费	425 566.71	0.2	851.13
1.2	住房公积金	分部分项清单定额人工费+单价措施项目清单定额人工费	425 566.71	3.3	14 043.70
1.3	工程排污费	按工程所在地收取标准,按实计入			
2	销项增值税额	分部分项工程费+措施项目费+其他项目费+规费+创优质工程奖补偿奖励费-按规定不计税的工程设备金额-除税甲供材料(设备)设备费	1 956 849.22	9	176 116.43
合　计					239 951.43

承包人提供主要材料和工程设备一览表(适用造价信息差额调整法)

工程名称:综合楼【建筑与装饰工程】　　　　第1页 共3页

序号	名称、规格、型号	单位	数量	风险系数(%)	基准单价(元)	投标单价(元)	发承包人确认单价(元)	备注
1	脚手架钢材	kg	775.484			4.50		
2	锯材 综合	m^3	1.843			1 900.00		
3	其他材料费	元	11 812.838			1.00		
4	柴油(机械)	kg	1 937.400			7.10		
5	二等锯材	m^3	21.567			1 900.00		
6	复合模板	m^2	830.096			25.00		
7	对拉螺栓	kg	233.879			6.50		
8	对拉螺栓塑料管	m	1 189.64			1.00		
9	汽油(机械)	kg	83.222			8.57		
10	摊销卡具和支撑钢材	kg	1 707.81			4.50		
11	铁件	kg	15.506			4.50		
12	枕木	m^3	0.08			1 900.00		
13	镀锌铁丝 8#	kg	35			5.50		
14	草袋子	片	10			1.00		
15	螺栓 大型机械安装用	个	84			1.00		
16	水泥 42.5	kg	3 367.274	5	0.49	0.45		
17	石灰	kg	1 840			0.20		
18	中砂	m^3	133.553			170.00		
19	砾石 5 ~40 mm	m^3	13.914			150.00		
20	钢筋 综合	t	0.4	5	3 720	3 700.00		
21	水	m^3	497.225			2.00		
22	标准砖	千匹	33.856	5	470	440.00		
23	水泥 32.5	kg	70 173.825	5	0.46	0.40		
24	细砂	m^3	41.098			170.00		

承包人提供主要材料和工程设备一览表(适用造价信息差额调整法)

工程名称:综合楼【建筑与装饰工程】　　　　第2页 共3页

序号	名称、规格、型号	单位	数量	风险系数(%)	基准单价(元)	投标单价(元)	发承包人确认单价(元)	备注
25	水泥煤渣空心砌块	m^3	193.05	5	210	210.00		
26	石灰膏	m^3	6.2			130.00		
27	特细砂	m^3	5.35			170.00		
28	商品混凝土 C10	m^3	36.684	5	480	460.00		
29	商品混凝土 C20	m^3	222.818	5	500	480.00		
30	商品混凝土 C30	m^3	355.62	5	530	510.00		
31	连砂石	m^3	0.631			110.00		
32	砾石 5～20 mm	m^3	0.35			150.00		
33	建筑油膏	kg	173.78			1.80		
34	建筑焦油	kg	6.914			0.80		
35	商品混凝土 C15	m^3	1.347	5	490	470.00		
36	预制过梁	m^3	8.362			1 900.00		
37	碎石 5～31.5 mm	m^3	0.291			150.00		
38	圆钢 直径≤ϕ10	t	16.326	5	3 720	3 700.00		
39	螺纹钢 直径>ϕ10	t	41.844	5	3 710	3 700.00		
40	焊条 综合	kg	345.093			5.50		
41	冷轧扭带肋钢筋	t	18.342	5	3 920	3 900.00		
42	圆钢 >ϕ10	t	0.406	5	3 720	3 700.00		
43	预埋铁件	kg	26.65			5.00		
44	单组份聚氨酯防水涂料	kg	1 509.492			12.00		
45	稀释剂	kg	71.716			9.00		
46	圆钢 ≤ϕ10	t	0.39	5	3 720	3 700.00		
47	石油沥青 30#	kg	7.753			4.20		
48	汽油	kg	18.657			8.57		

承包人提供主要材料和工程设备一览表(适用造价信息差额调整法)

工程名称:综合楼【建筑与装饰工程】　　第 3 页 共 3 页

序号	名称、规格、型号	单位	数量	风险系数(%)	基准单价(元)	投标单价(元)	发承包人确认单价(元)	备注
49	珍珠岩	m^3	17.225			120.00		
50	白水泥	kg	872.461			0.50		
51	805 胶水	kg	90.066			1.00		
52	防水石膏板	m^2	458.955			20.00		
53	装配式 U 形轻钢龙骨	m^2	445.842			18.00		
54	加工铁件	kg	295.043			5.00		
55	滑石粉	kg	946.746			0.35		
56	大白粉	kg	28.945			0.40		
57	腻子胶	kg	292.448			1.50		
58	成品腻子粉 耐水型(N)	kg	177.8			2.50		
59	嵌缝腻子 kf80	kg	0.925			1.50		

说明:合同约定只有圆钢、螺纹钢、冷轧带肋钢筋、商品混凝土、页岩标准砖、水泥煤渣空心砌块允许调整价差,此表就只对以上材料注明了基准单价和风险幅度。

6.3 工程结算

6.3.1 合同价款的调整

除说明的变更项目外,其他内容没有变化,按照原设计图纸计算结算工程量。在施工过程中,本案例发生了如下影响合同价款调整的因素:

1)图纸会审对设计图中存在的异议进行明确

①基础梁采用 C30 混凝土。

②剪力墙采用 C20 混凝土。

③楼梯柱、楼梯梁、楼梯梯段采用 C30 混凝土。

④半圆形雨篷梁板采用 C30 混凝土。

⑤屋面挑檐采用 C30 混凝土。

⑥其余混凝土构件采用的混凝土强度等级见施工图。

⑦局部突出的楼梯间墙体均采用180 mm厚煤渣空心砖墙。

⑧局部突出的楼梯间女儿墙采用240 mm厚MU10标准砖、M2.5水泥砂浆砌筑,并按三层屋面女儿墙的要求设置构造柱。

⑨地下室楼梯间地面采用600 mm×600 mm地砖,一层地弹门门厅处采用600 mm×600 mm地砖,楼梯间与各层相连的平台处采用300 mm×300 mm地砖,各层楼梯段及休息平台处采用300 mm×300 mm地砖;地下室600 mm×600 mm地砖地面下因有筏板基础,不做C10垫层。

⑩半圆形雨篷下面台阶及地面采用600 mm×600 mm地砖。

⑪卫生间防潮板隔断高度(含隔断门)明确为高1.8 m。

⑫局部突出的楼梯间层高为2.7 m,窗SC-1215、SC-0915上方框架梁的尺寸为250 mm×500 mm,故其离地高度调整为0.7 m。

⑬局部突出的楼梯间层高为2.7 m,门FM-1227(尺寸为1.2 m×2.7 m)上方框架梁的尺寸为250 mm×500 mm,故将该门修改为FM-1222(尺寸为1.2 m×2.2 m)。

⑭二、三层走廊吊顶高度为2.5 m,故将二、三层楼梯间门FM-1227(尺寸为1.2 m×2.7 m)修改为FM-1224(尺寸为1.2 m×2.4 m)。

⑮半圆形雨篷采用石膏板吊顶,吊顶高度3.4 m,做法同顶2。

⑯梯顶ϕ35塑料水舌长度由$L=150$ mm修改为$L=280$ mm;半圆形雨篷水舌做法同梯顶,设置的数量为3个。

⑰屋顶落水管采用ϕ110 PVC雨水管。

⑱仅一层外墙SM-1824门前为坡道。

⑲挑檐内外侧均抹灰,仅外侧为白色涂料;女儿墙内侧抹灰,无涂料,外侧为浅灰色大块外墙面砖。

⑳局部突出楼梯间外墙面为浅灰色大块外墙面砖。

㉑一层楼梯间门SM-1824改为FM-1824。

2)基础超深,且导致混凝土换填

因开挖时筏板基础底部发现软弱土层,导致超挖的尺寸长为12 m、宽为8 m、深为0.4 m,超挖部分采用C10混凝土换填。

3)设计变更

①经各方协商并经设计确认后,楼梯间胶合板门变更为防火门,卫生间胶合板门变更为塑钢门,其他胶合板门变更为钢制门,厨房卫生间石膏板吊顶改为铝扣板集成吊顶。

②经各方协商并经设计确认后,④—⑤/Ⓔ轴增加DK1,梁边线与框架柱外侧平齐;④—⑤/Ⓐ轴增加DK1,梁边线与框架柱外侧平齐;④—⑤/Ⓒ轴增加DK1,梁中心线与轴线重合。

4)清单漏项

①上人屋面20 mm厚1:2.5水泥砂浆找平层漏项;

②屋面落水管漏项;

③梯顶、半圆形雨篷顶水舌漏项；

④屋面泄水孔 200 mm×120 mm×240 mm 漏项；

⑤室内独立柱装修漏项；

⑥依据《钢筋机械连接规程》(JGJ 107—2010)且经设计确认，直径 22 mm 以上的梁纵筋采用直螺纹套筒机械连接，该项目漏项。

5)人工费政策性调整

本工程人工费基准价按川建价发〔2018〕27 号文(该文件××市房屋建筑与装饰、仿古建筑、市政、园林绿化、构筑物、城市轨道交通、爆破、房屋建筑维修与加固、城市地下综合管廊工程人工费调整系数为 35%)精神执行，该文件执行时间为 2019 年 1 月 1 日起。本工程确认的施工时间为 2019 年 4 月底至 2019 年 8 月底。在施工期间，四川省造价站发布了川建价发〔2019〕6 号文(该文件××市房屋建筑与装饰、仿古建筑、市政、园林绿化、构筑物、城市轨道交通、爆破、房屋建筑维修与加固、城市地下综合管廊工程人工费调整系数为 37%)，该文件执行时间为 2019 年 7 月 1 日起。经确认本工程前两个月为建筑工程(不含抹灰)施工，后两个月为装饰工程(含抹灰)施工。故依据上述两个人工费调整文件，装饰工程(含抹灰)人工费政策性调整需上浮 2%，且经计算，装饰工程(含抹灰)定额人工费合计为 190 184.49 元。

故装饰工程(含抹灰)人工费政策性需调增：190 184.49×2% = 3 803.69(元)。

6)项目特征不符

分部分项工程项目“保温隔热屋面”，招标工程量清单项目特征描述为：1:8 水泥珍珠岩，40 mm 厚。与实际情况不符，故准确的描述为：1:8 水泥珍珠岩 2% 找坡，最薄处 40 mm 厚。经过计算实际平均厚度为 0.04+6.0×2% ÷2 = 0.10(m)，结算时此项处理方法为：组价方式与投标时相同，仅把本清单项目下所套定额量按厚度 0.10 m 计算。

7)工程量偏差

分部分项工程项目“C30 基础梁”，投标时工程量为 1.65 m^3，结算时工程量为 4.12 m^3，故按照施工合同，将工程量增加 15% 以外的部分综合单价下浮；分部分项工程项目“块料地面 600 mm×600 mm 地砖(有垫层)”，投标时工程量为 14.64 m^2，结算时工程量为 47.99 m^2，按同样依据将综合单价下浮；单价措施项目“C30 基础梁模板”，投标时工程量为 14.29 m^2，结算时工程量为 35.74 m^2，按同样依据将综合单价下浮。

分部分项工程项目“石膏板吊顶天棚”，投标时工程量为 437.09 m^2，结算时工程量为 314.17 m^2，工程量减少幅度超过 15%，故按照合同将综合单价上浮。

8)钢筋材料涨价

本工程施工期间，仅钢筋引起了材料价格调整，水泥、商品混凝土、砖砌体材料价格波动未达到材料价格调整的合同约定条件。本工程圆钢基准单价为 3 720 元/t，施工方投标报价为 3 700 元/t；螺纹钢基准单价为 3 710 元/t，施工方投标报价为 3 700 元/t；冷轧带肋钢筋基准单价为 3 920 元/t，施工方投标报价为 3 900 元/t。合同施工工期为 126 天，建筑工程主体施工时间为前两个月。实际主体施工过程中，钢筋涨价超过了 5% 的风险系数，且基准单价大于投标单价，故钢筋材料价以基准单价为基础进行调增。具体钢筋涨价调整如下表所示：

钢筋材料价格信息表

类　别	工程量(t)	基准单价(元/t)	主体施工第一个月信息价(元/t)	主体施工第二个月信息价(元/t)	主体施工钢筋平均价(元/t)	可调单价(元/t)	可调总价(元)
圆钢	17.106	3 720	4 120	4 200	4 160	254	4 344.92
螺纹钢	47.172	3 710	4 240	4 320	4 280	384.5	16 215.13
冷轧带肋钢筋	18.422	3 920	4 100	4 180	4 140	24	442.13
钢筋材料涨价合计							21 002.18

注：根据合同约定，因材料涨价，承包方承担5%的风险。

9）提前竣工（赶工补偿）、误工赔偿

本工程在施工过程中，变更较少，亦没有出现意外因素，总承包方在合同规定时间内完成了全部工程内容。本工程无提前竣工（赶工补偿）、误工赔偿。

10）索赔申请

以基础超深换填索赔为例说明。

费用索赔申请表

工程名称：××学院综合办公楼　　　　　　　　　　编号：索-001

致：四川省××学院

根据施工合同条款10.2.3和10.7条的约定，由于基底开挖超深，采用C10混凝土换填原因，我方要求索赔金额（大写）贰万贰仟肆佰玖拾捌元整（小写22 498元），请予核准。

附：1. 费用索赔的详细理由和依据：因开挖时筏板基础底部发现软弱土层，导致超挖的尺寸长为12 m、宽为8 m、深为0.4 m，超挖部分采用C10混凝土换填。

2. 索赔金额的计算：

C10混凝土超挖换填综合单价采用投标时的C10基础垫层单价。

超挖工程量：12×8×0.4＝38.40(m^3)；综合单价：496.51元/m^3；

分部分项费用：38.40×496.51＝19 065.98（元）；取安全文明施工费、规费、税金后约为：19 065.98×1.18＝22 497.86（元）。

3. 证明材料：经甲方设计签字确认的技术核定单、基础开挖超挖照片、基础换填照片等。

四川省××建筑工程有限公司
××学院综合楼工程项目部专用章

承包人（章）

造价人员：朱××　　　　承包人代表：宋××　　　　日期：2019年5月9日

续表

<table>
<tr>
<td>复核意见：
根据施工合同条款 10.2.3 和 10.7 条的约定，你方提出的费用索赔申请经复核：
□不同意此项索赔，具体意见见附件。
☑同意此项索赔，索赔金额的计算由造价工程师复核。

监理工程师：张××
日期：2019 年 5 月 9 日</td>
<td>复核意见：
根据施工合同条款 10.2.3 和 10.7 条的约定，你方提出的费用索赔申请经复核，索赔金额约为（大写）贰万贰仟元（小写 22 000 元）。准确金额以审定的竣工结算书为准。

造价工程师：何××
日期：2019 年 5 月 9 日</td>
</tr>
<tr>
<td colspan="2">审核意见：
□不同意此项索赔，具体意见见附件。
☑同意此项索赔，与本期进度款同期支付。

发包人（章）
造价工程师：杨××
日期：2019 年 5 月 10 日</td>
</tr>
</table>

11）现场签证

本工程在施工过程中，具体发生如下签证（所发生工程量已经双方签字确认）：

技术、经济签证核定单

受文单位：　　编号：第 1 号　　第 1 页 共 1 页

<table>
<tr><td>工程名称或编号</td><td colspan="2"></td><td>施工单位</td><td></td></tr>
<tr><td>分部分项工程名称</td><td colspan="2"></td><td>图纸编号</td><td></td></tr>
<tr><td>核定内容</td><td colspan="4"></td></tr>
<tr><td colspan="5">拟建建筑物一侧堆有大量建渣，严重影响了本工程的施工。应甲方要求，该处建渣运至本工程场地外指定位置处，经现场双方确认发生如下机械台班：
（1）240 型履带式挖掘机 12 个小时；
（2）50 型轮胎式装载机 43 个小时。</td></tr>
<tr><td>受文单位签证：
四川省××学院基建处
2019 年 4 月 28 日</td><td colspan="2">建设单位现场代表：
刘××
2019 年 4 月 28 日</td><td colspan="2" rowspan="2">监理工程师（注册方章）：

张××
2019 年 4 月 28 日</td></tr>
<tr><td>填表人：（签字）

周××
2019 年 4 月 26 日</td><td colspan="2">项目技术负责人：（签字）

王××
2019 年 4 月 26 日</td></tr>
</table>

技术、经济签证核定单

受文单位： 编号：第 2 号 第 1 页 共 1 页

<table>
<tr><td>工程名称或编号</td><td></td><td>施工单位</td><td></td></tr>
<tr><td>分部分项工程名称</td><td></td><td>图纸编号</td><td></td></tr>
<tr><td>核定内容</td><td colspan="3"></td></tr>
<tr><td colspan="4">在独立基础、基础梁开挖过程中，发现老房子基础，双方共同收方确认工程量如下：
(1)破除砖砌体基础为 3.6 m^3；
(2)破除钢筋混凝土基础为 2.4 m^3；
(3)建渣外运 2 km。</td></tr>
<tr><td>受文单位签证：
四川省××学院基建处
2019 年 4 月 30 日</td><td colspan="2">建设单位现场代表：
刘××
2019 年 4 月 30 日</td><td rowspan="2">监理工程师（注册方章）：
中华人民共和国注册监理工程师 张×× 注册号×× 有效期×× 四川省××监理有限公司
张××
2019 年 4 月 30 日</td></tr>
<tr><td>填表人：（签字）
周××
2019 年 4 月 28 日</td><td colspan="2">项目技术负责人：（签字）
四川省××建筑工程有限公司 ××学院综合楼工程项目部专用章
王××
2019 年 4 月 28 日</td></tr>
</table>

12)安全文明施工评价确认

本案例工程安全文明施工最终综合评价得分为 90 分，等级为优秀。

根据《四川省住房和城乡建设厅关于印发〈四川省建设工程安全文明施工费计价管理办法〉的通知》（川建发〔2017〕5 号）、《四川省住房和城乡建设厅关于调增工程施工扬尘污染防治费等安全文明施工费计取标准的通知》（川建造价发〔2019〕180 号），结合如下公式：

安全文明施工费=基本费+现场评价费

现场评价费费率=基本费费率×40%+基本费费率×(最终综合评价得分−80)×3%

安全文明施工费费率测定机构测定安全文明施工费费率情况如下表所示：

安全文明施工费费率评价表

<table>
<tr><th rowspan="2">费用名称</th><th rowspan="2">计费基础</th><th rowspan="2">基本费费率(%)</th><th rowspan="2">现场评价费费率(%)</th><th colspan="2">扬尘污染防治等增加费</th><th rowspan="2">测定费率(%)</th></tr>
<tr><th>基本费费率(%)</th><th>现场评价费费率(%)</th></tr>
<tr><td>环境保护费</td><td rowspan="4">分部分项工程量清单项目定额人工费+单价措施项目定额人工费</td><td>0.26</td><td>0.18</td><td>0.51</td><td>0.36</td><td>1.31</td></tr>
<tr><td>文明施工费</td><td>2.73</td><td>1.91</td><td>0.53</td><td>0.37</td><td>5.54</td></tr>
<tr><td>安全施工费</td><td>5.5</td><td>3.85</td><td>0.18</td><td>0.13</td><td>9.66</td></tr>
<tr><td>临时设施费</td><td>3.76</td><td>2.63</td><td>0.53</td><td>0.37</td><td>7.29</td></tr>
</table>

13）规费确认

根据四川省住房和城乡建设厅办公室于2014年5月22日印发的《四川省施工企业工程规费计取标准》，并核实施工总承包单位提供的企业规费证，本工程无工程排污费。

本工程规费取费表如下表所示：

施工总承包单位规费取费表

序号	规费名称	计费基础	规费费率(%)
1	养老保险费	分部分项清单定额人工费+单价措施项目清单定额人工费	6.75
2	失业保险费	分部分项清单定额人工费+单价措施项目清单定额人工费	0.54
3	医疗保险费	分部分项清单定额人工费+单价措施项目清单定额人工费	2.43
4	工伤保险费	分部分项清单定额人工费+单价措施项目清单定额人工费	0.63
5	生育保险费	分部分项清单定额人工费+单价措施项目清单定额人工费	0.18
6	住房公积金	分部分项清单定额人工费+单价措施项目清单定额人工费	2.97

14）材料暂估价、未定价材料确认

暂估材料价格以甲方最终确认的价格进入工程结算，甲供材料在工程进度款支付及竣工结算支付时在相应款项中扣除。

经甲方确认品牌后并签发材料定价单，暂估材料（含甲供材料）、未定价材料最终确认价格如下表所示：

暂估材料（含甲供材料）、未定价材料确认表

序号	材料名称、规格、型号	计量单位	确认单价（元）	部　位
1	彩釉地砖 300 mm×300 mm（甲供）	m^2	39.00	厨房、卫生间、楼梯间
2	彩釉地砖 600 mm×600 mm（甲供）	m^2	52.00	其他楼地面
3	彩釉踢脚地砖 150 mm×300 mm（甲供）	m^2	50.00	楼梯间
4	彩釉踢脚地砖 150 mm×500 mm（甲供）	m^2	62.00	室内、走廊
5	瓷砖 200 mm×300 mm（甲供）	m^2	33.00	餐厅、走廊墙裙
6	瓷砖 150 mm×200 mm（甲供）	m^2	33.00	厨房、卫生间
7	浅灰色外墙面砖（甲供）	m^2	26.00	外立面

续表

序号	材料名称、规格、型号	计量单位	确认单价(元)	部　位
8	灰白色磨光花岗石(甲供)	m^2	120.00	外墙勒脚
9	浅灰色饰面砖(甲供)	m^2	26.00	雨篷
10	立邦永得丽面漆	kg	27.00	内墙
11	立邦永得丽底漆	kg	25.00	内墙
12	立邦永得丽面漆(外)	kg	34.00	挑檐外侧
13	立邦永得丽底漆(外)	kg	32.00	挑檐外侧

经计算,暂估材料调整差价(仅甲供材料)如下表所示:

暂估材料调整差价(仅甲供材料)计算表

序号	材料名称、规格、型号	计量单位	数量	暂估单价(元)	确认单价(元)	单价价差(元)	调增价差(元)
1	彩釉地砖 600 mm×600 mm	m^2	1 043.86	50	52	2	2 087.72
2	彩釉地砖 300 mm×300 mm	m^2	225.17	33	39	6	1 351.00
3	彩釉踢脚地砖 150 mm×300 mm	m^2	11.22	50	50	0	0.00
4	彩釉踢脚地砖 150 mm×500 mm	m^2	57.53	50	62	12	690.34
5	瓷砖 200 mm×300 mm	m^2	216.32	30	33	3	648.96
6	瓷砖 150 mm×200 mm	m^2	281.22	30	33	3	843.65
7	浅灰色外墙面砖	m^2	979.44	23	26	3	2 938.31
8	灰白色磨光花岗石	m^2	30.18	120	120	0	0.00
9	浅灰色饰面砖	m^2	20.24	23	26	3	60.72
暂估材料调整差价(仅甲供材料)合计							8 620.70

经计算,暂估材料调整差价(除甲供材料外)如下表所示:

暂估材料调整差价(除甲供材料外)计算表

序号	材料名称、规格、型号	计量单位	数量	暂估单价(元)	确认单价(元)	单价价差(元)	调增价差(元)
1	立邦永得丽面(外)	kg	30.25	32	34	2	60.50
2	立邦永得丽底(外)	kg	11.63	30	32	2	23.26
3	立邦永得丽底漆	kg	363.72	25	25	0	0.00
4	立邦永得丽面漆	kg	946.13	27	27	0	0.00
暂估材料调整差价(除甲供材料外)合计							83.76

15）专业工程暂估价的确定

专业工程暂估价确认表

序号	工程名称	计量单位	确认不含税包干单价(元)	备　注
1	不锈钢栏杆	m	220.00	
2	地弹门	m^2	480.00	
3	防火门	m^2	450.00	
4	钢制门	m^2	380.00	
5	塑钢门	m^2	340.00	
6	铝合金窗	m^2	320.00	
7	防潮板隔断(含配件)	m^2	220.00	
8	铝扣板吊顶	m^2	120.00	厨房、卫生间

注:一至三层楼梯间门变更为防火门,卫生间门变更为塑钢门;其余变更为普通钢制门;卫生间吊顶由石膏板吊顶变更为铝扣板吊顶。确认的专业工程单价为除税金以外的综合包干价,本部分由甲方直接委托总承包单位施工,结算时总承包服务费不再计取。

本案例以上因素的调整结果见结算价款清单表格。

6.3.2　合同价款期中及竣工结算支付

工程在施工开始前,按照合同约定需向承包方支付预付工程款;施工过程中按月向承包方支付进度款;工程完工后,发承包双方必须在合同约定时间内办理工程竣工结算,待结算审计报告出来后,支付竣工结算款。工程竣工结算应由承包人或受其委托具有相应资质的工程造价咨询人编制,并由发包人或受其委托具有相应资质的工程造价咨询人核对。

工程结算编制的依据:工程量清单计价规范、工程合同、投标文件、工程竣工图及相关资料、技术核定单、经济签证单、其他依据。

本案例工程审计部门审定的竣工结算清单内容详见6.4节后面的表格。本工程合同价款为2 236 084元,竣工结算价款为2 177 381元(其中,甲供材料确认总价为113 222元)。

施工单位每月完成并经工程师核准的工程量价款如下表所示(留3%的质量保证金):

各月产值核定表

月　份	2019.5	2019.6	2019.7	2019.8
工程量价款/万元	44	52	63	60
甲供材料价款/万元	0	0	6	5.32

结合施工合同条款内容,本工程的进度款及竣工结算支付计算如下:

本工程预付款为:223.61×20% =44.72(万元)

第一月所付进度款为:44×70% =30.80(万元)

第二月所付进度款为:52×70% −44.72/3=21.49(万元)

第三月所付进度款为:(63−6)×70% −44.72/3=24.99(万元)

第四月所付进度款为:(60−5.32)×70% −44.72/3=23.37(万元)

竣工验收后所付进度款为:(44+52+63+60−11.32)×(80% −70%)= 20.77(万元)

竣工结算付款为:(217.74−11.32)×97% −(44+52+63+60−11.32)×80% =34.08(万元)

说明:教材第2章进度款支付计算中,甲供材料款是从进度款中扣除的,该案例的进度款支付计算是工程款先扣除甲供材料款再做进度款的计算。

造成这种现象是因为对规范理解不同造成的,两种方式不影响工程价款总额,但对施工单位工程价款回款快慢有影响,具体方式应该在合同中明确约定。这就要求要重视合同的签订,对可能出现不同理解的条款,一定要通过合同予以明确。

6.4　竣工结算书

××学院综合楼工程项目　工程

竣工结算书

发包人:　四川省××学院

(单位盖章)

承包人:　四川省××建筑工程有限公司

(单位盖章)

××学院综合楼工程项目 工程

竣工结算总价

签约合同价(小写)：2 236 083.75 元　（大写）：贰佰贰拾叁万陆仟零捌拾叁元柒角伍分

竣工结算价(小写)：2 177 381.24 元　（大写）：贰佰壹拾柒万柒仟叁佰捌拾壹元贰角肆分

发包人：四川省××学院　承包人：四川省××建筑工程有限公司

（单位盖章）　（单位盖章）

法定代表人
或其授权人：
（签字或盖章）

法定代表人
或其授权人：
（签字或盖章）

编制人：
（造价人员签字盖专用章）

核对人：
（造价工程师签字盖专用章）

编制时间：2019 年 9 月 30 日　核对时间：2019 年 10 月 16 日

总说明

工程名称:某学院综合楼工程项目

1. 工程概况

本工程为××学院综合楼工程,建筑面积为1 310 m^2,建筑消防等级为2级,抗震设防烈度为7度,建筑场地类别为Ⅱ类,抗震等级为四级(框架)。地下一层,地上三层(局部四层)。地下室层高4.2 m,一层层高4.2 m,二、三层层高3.3 m,局部突出的楼梯间层高2.7 m,总高13.8 m。框架结构(地下室局部剪力墙)、钢筋混凝土筏板基础(局部独立基础)等。

2. 工程招标和分包范围

详见招标文件。

3. 工程结算编制依据

(1)××学院综合楼工程建筑施工图、结构施工图;

(2)《建设工程工程量清单计价规范》(GB 50500—2013)、《房屋建筑与装饰工程工程量计算规范》(GB 50854—2013);

(3)《建设工程工程量清单计价规范》(GB 50500—2013)及《房屋建筑与装饰工程工程量计算规范》(GB 50584—2013)等9本工程量计算规范有关事项的通知;

(4)2015年《四川省建设工程工程量清单计价定额》及其配套文件;

(5)四川省住房和城乡建设厅安全文明施工费计取文件(川建发〔2017〕5号、川建造价发〔2019〕180号);

(6)四川省住房和城乡建设厅建筑业营业税改征增值税文件(川建造价发〔2016〕349号、川建造价发〔2018〕392号、川建造价发〔2019〕181号);

(7)四川省建设工程造价管理总站人工费调整文件(川建价发〔2018〕27号、川建价发〔2019〕6号);

(8)四川省住房和城乡建设厅办公室于2014年5月22日印发的《四川省施工企业工程规费计取标准》;

(9)招标文件、招标工程量清单及其补充通知、答疑纪要;

(10)评标文件、投标文件、中标通知书;

(11)××学院综合楼工程建筑竣工图、结构竣工图;

(12)施工合同、图纸会审记录、设计变更文件、竣工资料、竣工验收报告等;

(13)市场价格信息及施工期间工程造价管理机构发布的工程造价信息;

(14)建设单位、设计单位补充的其他文件、资料等。

4. 工程质量、材料、施工等特殊要求

详见招标文件。

5. 其他需说明的问题

(1)暂估材料调整价差按招标暂估价及甲方认质认价确认单执行。

(2)楼梯不锈钢栏杆、各类门窗、卫生间防潮隔断、卫生间铝扣板吊顶为不含税包干价,按甲方认质认价确认单执行。

(3)安全文明施工费费率按该项目所在地建设工程质量安全监督站确认的“建设工程安全文明施工措施评价及费率测定表”执行。

(4)规费费率按施工企业提供的2018年度规费证执行。

(5)本工程甲供材料、可调材料范围及调整基价详见招标清单。

(6)本项目为一般计税方式,材料价为不含税价。

单项工程竣工结算汇总表

工程名称:综合楼【建筑与装饰工程】　　　　第 1 页 共 1 页

序号	单位工程名称	金额(元)	其中:(元)	
			安全文明施工费	规费
1	建筑与装饰工程	2 177 381.24	103 130.35	58 498.31
2	安装工程			
	合　计	2 177 381.24	103 130.35	58 498.31

单位工程竣工结算汇总表

工程名称:综合楼【建筑与装饰工程】　　　　第 1 页 共 1 页

序号	汇总内容	金额(元)	其中:暂估价(元)
1	分部分项及单价措施项目	1 839 246.40	
0101	土石方工程	35 211.29	
0104	砌筑工程	107 425.04	
0105	混凝土及钢筋混凝土工程	713 828.06	
0109	屋面及防水工程	39 137.49	
0110	保温、隔热、防腐工程	11 112.11	
0111	楼地面装饰工程	134 156.26	
0112	墙、柱面装饰与隔断、幕墙工程	197 952.28	
0113	天棚工程	51 467.92	
0114	油漆、涂料、裱糊工程	81 770.98	
	专业工程部分	123 810.60	
	签证索赔部分	76 819.43	
	单价措施项目	226 554.94	
2	总价措施项目	106 936.93	
2.1	其中:安全文明施工费	103 130.35	
3	其他项目	2 264.44	
3.1	其中:专业工程结算价		
3.2	其中:计日工		
3.3	其中:总承包服务费	2 264.44	
4	规费	58 498.31	
5	创优质工程奖补偿奖励费		
6	税前工程造价	2 006 946.08	
6.1	其中:甲供材料(设备)费	113 222.10	
7	销项增值税额	170 435.16	
竣工结算总价合计=税前工程造价+销项增值税额		217 738.24	

分部分项工程量清单与计价表

工程名称:综合楼【建筑与装饰工程】　　　　第1页 共19页

序号	项目编码	项目名称 项目特征描述	计量单位	工程量	金额(元)			
					综合单价	合价	其中	
							定额人工费	暂估价
0101 土石方工程								
1	010101003001	挖沟槽土方 1. 土壤类别:二类土 2. 挖土深度:2.0 m以内	m^3	88.82	19.41	1 724.00	1 231.05	
2	010101002001	挖一般土方 1. 土壤类别:二类土 2. 挖土深度:5.0 m以内	m^3	1 678.86	10.88	18 266.00	10 526.45	
3	010103001001	基础回填方 1. 密实度要求:满足设计和规范的要求 2. 填方材料品种、粒径:由投标人根据设计要求验方后方可填入,并符合相关工程的质量规范要求	m^3	589.09	9.27	5 460.86	3 287.12	
4	010103001002	室内回填方 1. 密实度要求:满足设计和规范的要求 2. 填方材料品种、粒径:由投标人根据设计要求验方后方可填入,并符合相关工程的质量规范要求	m^3	13.49	9.27	125.05	75.27	
5	010103002001	余方弃置 1. 废弃料品种:挖出的土,未用于回填的部分 2. 运距:由投标人根据施工现场实际情况自行考虑	m^3	1 165.10	8.27	9 635.38	1 479.68	
		分部小计				35 211.29	16 599.57	

分部分项工程量清单与计价表

工程名称:综合楼【建筑与装饰工程】　　　　第2页 共19页

序号	项目编码	项目名称 项目特征描述	计量单位	工程量	金额(元)			
					综合单价	合价	其中	
							定额人工费	暂估价
		0104 砌筑工程						
6	010401003001	实心砖墙 1. 砖品种、规格、强度等级:MU10 标准砖(240 mm×115 mm×53 mm) 2. 墙体类型:内隔墙 3. 砂浆强度等级、配合比:M10 水泥砂浆	m^3	9.10	481.36	4 380.38	1 196.92	
7	010401005001	空心砖墙-300 mm、180 mm 水泥煤渣填充墙 1. 砖品种、规格、强度等级:水泥煤渣空心砌块 2. 墙体类型:300 mm、180 mm 厚框架间填充墙 3. 砂浆强度等级、配合比:M5 混合砂浆	m^3	200.61	373.79	74 986.01	21 926.67	
8	010401012001	零星砌砖-剪力墙贴砖 1. 零星砌砖名称、部位:地下室剪力墙贴砖 2. 砖品种、规格、强度等级:MU10 标准砖(240 mm×115 mm×53 mm) 3. 砂浆强度等级、配合比:M5 混合砂浆	m^3	33.01	544.32	17 968.00	5 846.73	
9	010401012002	零星砌砖-屋顶女儿墙 1. 零星砌砖名称、部位:屋顶女儿墙砌砖 2. 砖品种、规格、强度等级:MU10 标准砖(240 mm×115 mm×53 mm) 3. 砂浆强度等级、配合比:M5 水泥砂浆	m^3	18.59	542.80	10 090.65	3 292.66	
		分部小计				107 425.04	32 262.98	

分部分项工程量清单与计价表

工程名称:综合楼【建筑与装饰工程】　　　　第3页 共19页

序号	项目编码	项目名称 项目特征描述	计量单位	工程量	金额(元)			
					综合单价	合价	其中	
							定额人工费	暂估价
0105 混凝土及钢筋混凝土工程								
10	010501001001	C10 基础垫层 1. 混凝土种类:商品混凝土 2. 混凝土强度等级:C10	m^3	30.76	496.51	15 272.65	686.26	
11	010501004001	C20 筏板基础 1. 混凝土种类:商品混凝土 2. 混凝土强度等级:C20	m^3	137.94	515.74	71 141.18	3 218.14	
12	010501003001	C20 独立基础 1. 混凝土种类:商品混凝土 2. 混凝土强度等级:C20	m^3	10.25	515.74	5 286.34	239.13	
13	010502001001	C30 矩形柱 1. 混凝土种类:商品混凝土 2. 混凝土强度等级:C30	m^3	53.36	551.81	29 444.58	1 456.73	
14	010502001002	C30 矩形柱-楼梯柱 1. 混凝土种类:商品混凝土 2. 混凝土强度等级:C30	m^3	0.69	551.81	380.75	18.84	
15	010502002001	C20 构造柱、边框 1. 混凝土种类:商品混凝土 2. 混凝土强度等级:C20 3. 含门窗边构造柱、边框、屋顶女儿墙构造柱等	m^3	6.68	529.06	3 534.12	218.84	
16	010502003001	C30 异形柱-雨篷下 1. 柱形状:圆形 2. 混凝土种类:商品混凝土 3. 混凝土强度等级:C30	m^3	1.69	551.81	932.56	46.14	

分部分项工程量清单与计价表

工程名称:综合楼【建筑与装饰工程】 第4页 共19页

序号	项目编码	项目名称 项目特征描述	计量单位	工程量	金额(元)			
					综合单价	合价	其中	
							定额人工费	暂估价
17	010503001001	C30 基础梁 1. 混凝土种类:商品混凝土 2. 混凝土强度等级:C30	m^3	1.90	551.51	1 047.87	50.71	
18	010503001002	C30 基础梁(工程量增加超15%以外调整) 1. 混凝土种类:商品混凝土 2. 混凝土强度等级:C30	m^3	2.22	549.63	1 220.18	56.28	
19	010503002001	C30 矩形梁-楼梯梁 1. 混凝土种类:商品混凝土 2. 混凝土强度等级:C30	m^3	1.60	551.51	882.42	42.70	
20	010504001001	C20 直形墙 1. 混凝土种类:商品混凝土 2. 混凝土强度等级:C20	m^3	67.03	522.60	35 029.88	1 877.51	
21	010505001001	C30 有梁板 1. 混凝土种类:商品混凝土 2. 混凝土强度等级:C30	m^3	258.17	552.59	142 662.16	6 921.54	
22	010505007001	C30 挑檐板 1. 混凝土种类:商品混凝土 2. 混凝土强度等级:C30	m^3	8.40	561.10	4 713.24	265.02	
23	010505008001	C30 半圆形雨篷 1. 混凝土种类:商品混凝土 2. 混凝土强度等级:C30	m^3	5.45	561.10	3 058.00	171.95	
24	010506001001	C30 直形楼梯 1. 混凝土种类:商品混凝土 2. 混凝土强度等级:C30	m^2	50.91	145.58	7 411.48	888.38	

分部分项工程量清单与计价表

工程名称:综合楼【建筑与装饰工程】 第5页 共19页

序号	项目编码	项目名称 项目特征描述	计量单位	工程量	金额(元)			
					综合单价	合价	其中	
							定额人工费	暂估价
25	010507001001	C20 坡道 1. 垫层材料种类、厚度:连砂石垫层,100 mm 厚 2. 面层厚度、混凝土种类:混凝土 C20 提浆抹光,80 mm 厚	m^2	4.32	51.82	223.86	29.59	
26	010507001002	C15 散水 1. 基层:素土夯实 2. 面层厚度、混凝土种类:混凝土 C15 提浆抹光,100 mm 厚,宽 0.8 m 3. 变形缝填塞材料种类:建筑油膏嵌缝 4. 具体做法详见西南 11J812 第 4 页第 4 节点	m^2	55.93	49.48	2 767.42	492.18	
27	010507004001	C15 半圆形台阶 1. 踏步高、宽:具体做法详见西南 11J812 第 7 页第 3 节点(面层另列) 2. 混凝土种类:商品混凝土 3. 混凝土强度等级:C15	m^2	8.37	83.34	697.56	42.27	
28	010507005001	C20 女儿墙压顶 1. 断面尺寸:240 mm×80 mm 2. 混凝土种类:商品混凝土 3. 混凝土强度等级:C20	m	84.14	10.19	857.39	51.33	
29	010510003001	C20 预制过梁 1. 图代号:详见施工图 2. 单件体积:2 m^3 以内 3. 安装高度:2.0~3.3 m 4. 混凝土强度等级:C20 5. 砂浆(细石混凝土)强度等级、配合比:1:2.5 水泥砂浆	m^3	8.42	2 032.38	17 112.64	362.99	

分部分项工程量清单与计价表

工程名称:综合楼【建筑与装饰工程】 第 6 页 共 19 页

序号	项目编码	项目名称 项目特征描述	计量单位	工程量	金额(元)			
					综合单价	合价	其中	
							定额人工费	暂估价
30	010515001001	现浇构件钢筋-圆钢 10 以内 1. 钢筋种类、规格:圆钢 10 以内	t	13.485	5 141.11	69 327.87	11 024.66	
31	010515001002	现浇构件钢筋-螺纹钢 10 以上 1. 钢筋种类、规格:螺纹钢 10 以上	t	40.164	4 912.37	197 300.43	21 445.57	
32	010515001003	现浇构件钢筋-冷轧带肋钢筋 1. 钢筋种类、规格:冷轧带肋钢筋	t	17.217	5 455.16	93 921.49	15 334.32	
33	010515001004	现浇构件钢筋-砌体加筋圆钢 10 以内 1. 钢筋种类、规格:圆钢 10 以内	t	0.759	5 022.34	3 811.96	620.52	
34	010515002001	预制构件钢筋-圆钢 10 以内 1. 钢筋种类、规格:圆钢 10 以内	t	0.703	5 067.94	3 562.76	579.17	
35	010515002002	预制构件钢筋-圆钢 10 以上 1. 钢筋种类、规格:圆钢 10 以上	t	0.398	5 067.94	2 017.04	327.89	
36	010516002001	预埋铁件 1. 钢材种类、规格、尺寸:具体详见施工图	t	0.026	8 085.60	210.23	45.84	
		分部小计				713 828.06	66 514.50	

分部分项工程量清单与计价表

工程名称:综合楼【建筑与装饰工程】　　　　　　第7页 共19页

序号	项目编码	项目名称 项目特征描述	计量单位	工程量	金额(元)			
					综合单价	合价	其中	
							定额人工费	暂估价
0109 屋面及防水工程								
37	010902002001	屋面涂膜防水(含弯起部分) 1. 防水膜品种:聚氨酯涂膜 2. 涂膜厚度、遍数、增强材料种类:满刮腻子一道,焦油聚氨酯涂膜一道(2.5 mm) 3. 找平层:20 mm 厚 1:3水泥砂浆找平 4. 防水部位:雨篷、挑檐、楼梯顶	m^2	230.22	67.96	15 645.75	3 084.95	
38	010902003001	屋面刚性层 1. 刚性层厚度:40 mm 2. 混凝土种类:细石混凝土 3. 混凝土强度等级:C30 4. 嵌缝材料种类:建筑油膏 5. 钢筋规格、型号:钢筋网圆钢4,间隔150 mm双向 6. 防水部位:大屋面	m^2	305.11	37.80	11 533.16	2 141.87	
39	010903002001	墙面涂膜防水 1. 防水膜品种:焦油聚氨酯涂膜 2. 涂膜厚度、遍数、增强材料种类:满刮腻子一道,焦油聚氨酯涂膜一道(2 mm) 3. 防水部位:剪力墙外侧贴保护实心砖(另列)	m^2	290.68	41.14	11 958.58	1 770.24	
		分部小计				39 137.49	6 997.06	
0110 保温、隔热、防腐工程								
40	011001001001	保温隔热屋面(因项目特征不符,调整综合单价)						

分部分项工程量清单与计价表

工程名称:综合楼【建筑与装饰工程】　　　　第 8 页 共 19 页

序号	项目编码	项目名称 项目特征描述	计量单位	工程量	金额(元)			
					综合单价	合价	其中	
							定额人工费	暂估价
40	011001001001	保温隔热材料品种、规格、厚度:1:8 水泥珍珠岩 2% 找坡,最薄处 40 mm 厚	m^2	305.11	36.42	11 112.11	2 489.70	
		分部小计				11 112.11	2 489.70	
0111 楼地面装饰工程								
41	011102003001	块料地面-600 mm×600 mm 地砖(有垫层) 1. 垫层材料种类、厚度:C10 混凝土,80 mm 厚 2. 找平层厚度、砂浆配合比:素水泥浆一道 3. 结合层厚度、砂浆配合比:20 mm 厚 1:2 水泥砂浆 4. 面层材料品种、规格、颜色:600 mm×600 mm 地砖 5. 嵌缝材料种类:白水泥嵌缝	m^2	16.84	139.75	2 353.39	523.89	861.00
42	011102003006	块料地面-600 mm×600 mm 地砖(有垫层,工程量增加超 15% 以外调整) 1. 垫层材料种类、厚度:C10 混凝土,80 mm 厚 2. 找平层厚度、砂浆配合比:素水泥浆一道 3. 结合层厚度、砂浆配合比:20 mm 厚 1:2 水泥砂浆 4. 面层材料品种、规格、颜色:600 mm×600 mm 地砖 5. 嵌缝材料种类:白水泥嵌缝	m^2	31.15	137.41	4 280.32	915.50	1 599.00

分部分项工程量清单与计价表

工程名称:综合楼【建筑与装饰工程】 第9页 共19页

序号	项目编码	项目名称 项目特征描述	计量单位	工程量	金额(元)			
					综合单价	合价	其中	
							定额人工费	暂估价
43	011102003002	块料地面-300 mm×300 mm地砖(有垫层) 1. 垫层材料种类、厚度:C10混凝土,80 mm厚 2. 找平层厚度、砂浆配合比:素水泥浆一道 3. 结合层厚度、砂浆配合比:20 mm厚1:2水泥砂浆 4. 面层材料品种、规格、颜色:300 mm×300 mm地砖 5. 嵌缝材料种类:白水泥嵌缝	m^2	54.92	120.79	6 633.79	1 636.07	1 857.01
44	011102003003	块料地面-600 mm×600 mm地砖(无垫层) 1. 找平层厚度、砂浆配合比:素水泥浆一道 2. 结合层厚度、砂浆配合比:20 mm厚1:2水泥砂浆 3. 面层材料品种、规格、颜色:600 mm×600 mm地砖 4. 嵌缝材料种类:白水泥嵌缝	m^2	217.49	100.03	21 755.52	6 378.98	11 146.90
45	011102003004	块料楼面-600 mm×600 mm地砖 1. 找平层厚度、砂浆配合比:素水泥浆一道 2. 结合层厚度、砂浆配合比:20 mm厚1:2水泥砂浆 3. 面层材料品种、规格、颜色:600 mm×600 mm地砖 4. 嵌缝材料种类:白水泥嵌缝	m^2	739.74	100.03	73 996.19	21 696.57	37 909.65

分部分项工程量清单与计价表

工程名称:综合楼【建筑与装饰工程】　　　　第10页 共19页

序号	项目编码	项目名称 项目特征描述	计量单位	工程量	金额(元)			
					综合单价	合价	其中	
							定额人工费	暂估价
46	011102003005	块料楼面-300 mm×300 mm地砖 1. 找平层厚度、砂浆配合比:素水泥浆一道 2. 结合层厚度、砂浆配合比:20 mm 厚 1:2 水泥砂浆 3. 面层材料品种、规格、颜色:300 mm×300 mm 地砖 4. 嵌缝材料种类:白水泥嵌缝	m^2	84.82	81.07	6 876.36	2 374.96	2 868.36
47	011105003001	块料踢脚线-楼梯间 1. 踢脚线高度:150 mm(楼梯间) 2. 黏结层厚度、材料种类:15 mm 厚 1:1 水泥砂浆 3. 面层材料品种、规格、颜色:150 mm×300 mm 黑色面砖 4. 嵌缝材料种类:白水泥嵌缝	m^2	10.98	127.96	1 405.00	564.26	561.00
48	011105003002	块料踢脚线-室内、走廊 1. 踢脚线高度:150 mm(室内、走廊) 2. 黏结层厚度、材料种类:15 mm 厚 1:1 水泥砂浆 3. 面层材料品种、规格、颜色:150 mm×500 mm 黑色面砖 4. 嵌缝材料种类:白水泥嵌缝	m^2	55.73	127.96	7 131.21	2 863.96	2 840.70

分部分项工程量清单与计价表

工程名称:综合楼【建筑与装饰工程】　　　　第11页 共19页

序号	项目编码	项目名称 项目特征描述	计量单位	工程量	金额(元)			
					综合单价	合价	其中	
							定额人工费	暂估价
49	011106002001	块料楼梯面层 1.找平层厚度、砂浆配合比:20 mm厚1:3水泥砂浆 2.面层材料品种、规格、颜色:300 mm×300 mm楼梯砖 3.嵌缝材料种类:白水泥嵌缝	m^2	50.91	157.41	8 013.74	3 387.55	2 705.14
50	011107002001	块料台阶面 1.黏结材料种类:20 mm厚1:2水泥砂浆 2.面层材料品种、规格、颜色:600 mm×600 mm地砖 3.嵌缝材料种类:白水泥嵌缝	m^2	8.40	203.66	1 710.74	612.44	676.40
		分部小计				134 156.26	40 954.18	63 025.16
0112 墙、柱面装饰与隔断、幕墙工程								
51	011201001001	墙面一般抹灰 1.墙体类型:内墙 2.底层厚度、砂浆配合比:15 mm厚1:3水泥砂浆 3.面层厚度、砂浆配合比:5 mm厚1:2.5水泥砂浆	m^2	1 479.25	23.88	35 324.49	16 626.77	
52	011203001001	零星一般抹灰(挑檐内外侧、女儿墙内侧) 1.基层类型、部位:挑檐	m^2	224.07	41.89	9 386.29	5 543.49	

分部分项工程量清单与计价表

工程名称:综合楼【建筑与装饰工程】　　　　　　第 12 页 共 19 页

序号	项目编码	项目名称 项目特征描述	计量单位	工程量	金额(元)			
					综合单价	合价	其中	
							定额人工费	暂估价
52	011203001001	2. 底层厚度、砂浆配合比:15 mm 厚 1:3 水泥砂浆 3. 面层厚度、砂浆配合比:6 mm 厚 1:2.5 水泥砂浆						
53	011204003001	块料墙面-餐厅、走廊 200 mm×300 mm 瓷砖 1. 墙体类型:餐厅、走廊墙裙 2. 安装方式:粘贴 3. 底层厚度、砂浆配合比:20 mm 厚 1:3 水泥砂浆 4. 黏结层厚度、砂浆配合比:15 mm 厚 1:1 水泥砂浆 5. 面层材料品种、规格、颜色:200 mm × 300 mm 瓷砖 6. 缝宽、嵌缝材料种类:白水泥嵌缝	m^2	207.95	96.66	20 100.45	7 962.41	6 489.60
54	011204003002	块料墙面-厨房、卫生间 150 mm×200 mm 瓷砖 1. 墙体类型:厨房、卫生间 2. 安装方式:粘贴 3. 底层厚度、砂浆配合比:20 mm 厚 1:3 水泥砂浆 4. 黏结层厚度、砂浆配合比:15 mm 厚 1:1 水泥砂浆 5. 面层材料品种、规格、颜色:150 mm × 200 mm 瓷砖 6. 缝宽、嵌缝材料种类:白水泥嵌缝	m^2	270.36	96.66	26 133.00	10 352.08	8 436.48

分部分项工程量清单与计价表

工程名称:综合楼【建筑与装饰工程】　　　　第13页 共19页

序号	项目编码	项目名称 项目特征描述	计量单位	工程量	金额(元)			
					综合单价	合价	其中	
							定额人工费	暂估价
55	011204003003	块料墙面-外墙 1. 墙体类型:外墙 2. 安装方式:粘贴 3. 底层厚度、砂浆配合比:15 mm 厚 1:3 水泥砂浆 4. 黏结层厚度、砂浆配合比:7 mm 厚 1:0.5:2 混合砂浆 5. 面层材料品种、规格、颜色:浅灰色外墙面砖 6. 缝宽、嵌缝材料种类:白水泥嵌缝	m^2	948.81	102.52	97 272.00	49 081.94	22 258.85
56	011205002001	块料柱面-外柱面 1. 柱截面类型、尺寸:圆形,直径 450 mm 2. 安装方式:粘贴 3. 底层厚度、砂浆配合比:15 mm 厚 1:3 水泥砂浆 4. 黏结层厚度、砂浆配合比:7 mm 厚 1:0.5:2 混合砂浆 5. 面层材料品种、规格、颜色:浅灰色外墙面砖 6. 缝宽、嵌缝材料种类:白水泥嵌缝	m^2	10.90	107.43	1 170.99	593.29	268.25
57	011206001001	石材零星项目-外墙勒脚 1. 基层类型、部位:外墙勒脚 2. 安装方式:粘贴 3. 底层厚度、砂浆配合比:20 mm 厚 1:3 水泥砂浆	m^2	26.88	245.06	6 587.21	1 884.83	3 621.84

分部分项工程量清单与计价表

工程名称：综合楼【建筑与装饰工程】　　　　第 14 页 共 19 页

序号	项目编码	项目名称 项目特征描述	计量单位	工程量	金额（元）			
					综合单价	合价	其中	
							定额人工费	暂估价
57	011206001001	4. 黏结层厚度、砂浆配合比：10 mm 厚 1∶1 水泥砂浆 5. 面层材料品种、规格、颜色：400 mm 高灰白色磨光花岗石 6. 缝宽、嵌缝材料种类：白水泥嵌缝						
58	011206002001	块料零星项目-雨篷吊边外侧面 1. 基层类型、部位：雨篷吊边外侧面 2. 安装方式：粘贴 3. 底层厚度、砂浆配合比：13 mm 厚 1∶2.5 水泥砂浆 4. 黏结层厚度、砂浆配合比：7 mm 厚 1∶0.5∶2 混合砂浆 5. 面层材料品种、规格、颜色：浅灰色饰面砖 6. 缝宽、嵌缝材料种类：白水泥嵌缝	m^2	17.57	112.57	1 977.85	998.50	465.52
		分部小计				197 952.28	93 043.31	41 540.54
0113 天棚工程								
59	011301001001	天棚抹灰 1. 基层类型：混凝土 2. 抹灰厚度、材料种类、砂浆配合比：水泥 108 胶浆 1∶0.1∶0.2；1∶2水泥砂浆 5 mm 厚；1∶3水泥砂浆 7 mm 厚	m^2	854.91	21.44	18 329.27	9 515.15	

分部分项工程量清单与计价表

工程名称:综合楼【建筑与装饰工程】　　　　第 15 页 共 19 页

序号	项目编码	项目名称 项目特征描述	计量单位	工程量	金额(元)			
					综合单价	合价	其中	
							定额人工费	暂估价
60	011302001001	吊顶天棚(减少超过 15%以外综合单价调整) 1. 吊顶形式、吊杆规格、高度:平顶 2. 龙骨材料种类、规格、中距:U 形轻钢龙骨,不上人型 3. 面层材料品种、规格:纸面石膏板(9 mm 厚) 4. 油漆品种、油漆遍数:孔眼用腻子填平,乳胶漆底漆一遍、面漆两遍 5. 具体详见施工图	m^2	314.17	105.48	33 138.65	10 889.13	4 060.58
		分部小计				51 467.92	20 404.28	4 060.58
0114 油漆、涂料、裱糊工程								
61	011406001001	内墙抹灰面油漆 1. 基层类型:抹灰面 2. 腻子种类:成品腻子 3. 刮腻子遍数:两道 4. 油漆品种、刷漆遍数:乳胶漆三道(底漆一道、面漆两道) 5. 部位:内墙	m^2	1 486.95	33.52	49 842.56	22 006.86	19 217.25
62	011406001002	天棚抹灰面油漆 1. 基层类型:抹灰面 2. 腻子种类:成品腻子 3. 刮腻子遍数:两道 4. 油漆品种、刷漆遍数:乳胶漆三道(底漆一道、面漆两道) 5. 部位:天棚	m^2	854.91	33.52	28 656.58	12 652.67	11 048.31

分部分项工程量清单与计价表

工程名称:综合楼【建筑与装饰工程】　　　　第 16 页 共 19 页

序号	项目编码	项目名称 项目特征描述	计量单位	工程量	金额(元)			
					综合单价	合价	其中	
							定额人工费	暂估价
63	011406001003	外墙抹灰面油漆 1. 基层类型:抹灰面 2. 腻子种类:成品腻子 3. 刮腻子遍数:两道 4. 油漆品种、刷漆遍数:外墙涂料 5. 部位:挑檐外侧	m^2	85.74	38.16	3 271.84	1 123.19	1 316.93
		分部小计				81 770.98	35 782.72	31 582.49
		专业工程部分						
64	011503001001	楼梯不锈钢栏杆 1. 不锈钢楼梯栏杆	m	31.72	220.00	6 978.40		
65	010802001001	地弹门 SM-2433 1. 一层 SM-2433	m^2	7.92	480.00	3 801.60		
66	010802003001	防火门 FM-1824、FM-1224、FM-1222 1. 楼梯间一层 FM-1824,二、三层 FM-1224,出屋面楼梯间 FM-1222	m^2	12.72	450.00	5 724.00		
67	010802004001	钢制门 1. 普通钢制门	m^2	54.00	380.00	20 520.00		
68	010802001002	塑钢门 M-0920、M-0924 1. 卫生间塑钢门 M-0920、M-0924	m^2	7.92	340.00	2 692.80		
69	010807001001	铝合金窗 1. 铝合金普通玻璃窗	m^2	183.15	320.00	58 608.00		
70	011210005001	卫生间成品隔断 1. 卫生间成品防潮隔断(含配件),高 1.8 m	m^2	46.91	220.00	10 320.20		
71	011302001002	厨房卫生间铝扣板集成吊顶 1. 部位:厨房卫生间 2. 铝扣板集成吊顶	m^2	126.38	120.00	15 165.60		
		分部小计				123 810.60		

分部分项工程量清单与计价表

工程名称:综合楼【建筑与装饰工程】　　　　第 17 页 共 19 页

序号	项目编码	项目名称 项目特征描述	计量单位	工程量	金额(元)			
					综合单价	合价	其中	
							定额人工费	暂估价
签证索赔部分								
72	010501001002	C10 混凝土超挖换填(与C10 基础垫层类似) 1. 混凝土种类:商品混凝土 2. 混凝土强度等级:C10	m^3	38.40	496.51	19 065.98	856.70	
73	011201001002	柱面一般抹灰(与墙面一般抹灰类似) 1. 墙体类型:柱墙 2. 底层厚度、砂浆配合比:15 mm 厚 1:3 水泥砂浆 3. 面层厚度、砂浆配合比:5 mm 厚 1:2.5 水泥砂浆	m^2	24.18	23.88	577.42	271.78	
74	011105003003	柱面踢脚线(与块料踢脚线-室内、走廊类似) 1. 踢脚线高度:150 mm(柱面) 2. 黏结层厚度、材料种类:15 mm 厚 1:1 水泥砂浆 3. 面层材料品种、规格、颜色:150 mm×500 mm 黑色面砖 4. 嵌缝材料种类:白水泥嵌缝	m^2	0.67	127.96	85.73	34.43	35.70
75	011406001004	柱抹灰面油漆(与内墙抹灰面油漆类似) 1. 基层类型:抹灰面 2. 腻子种类:成品腻子 3. 刮腻子遍数:两道 4. 油漆品种、刷漆遍数:乳胶漆三道(底漆一道、面漆两道) 5. 部位:柱面	m^2	24.18	33.52	810.51	357.86	312.76

分部分项工程量清单与计价表

工程名称:综合楼【建筑与装饰工程】　　　　第 18 页 共 19 页

序号	项目编码	项目名称 项目特征描述	计量单位	工程量	金额(元)			
					综合单价	合价	其中	
							定额人工费	暂估价
76	011101006001	屋面水泥砂浆找平层 1. 上人屋面 20 mm 厚 1:2.5 水泥砂浆找平层	m^2	305.11	18.73	5 714.71	1 891.68	
77	010902004001	屋面排水管 1. 上人屋面 ϕ110PVC 雨水管	m	88.80	50.33	4 469.30	1 864.80	
78	010902006001	屋面吐水管 1. 屋面、雨篷面塑料水舌 $L=0.28$ m	个	4	10.86	43.44	15.12	
79	010902006002	屋面泄水孔(漏项) 1. 屋面留置泄水孔 200mm×120 mm×240 mm	个	80	33.50	2 680.00	1 552.00	
80	010516003001	机械连接(漏项) 1. 连接方式:机械连接 2. 螺纹套筒种类:直螺纹套筒 3. 规格:直径 22 mm 及以上梁钢筋	个	84	33.19	2 787.96	657.72	
81	041001007001	签证 2-破除砖砌体基础 1. 具体内容详见签证 2	m^3	3.60	83.97	302.29	223.67	
82	041001008002	签证 2-破除钢筋混凝土基础 1. 具体内容详见签证 2	m^3	2.40	256.65	615.96	456.10	
83	010103002002	签证 2-破除建筑外运(与余方弃置类似) 1. 废弃料品种:挖出的土,未用于回填的部分 2. 运距:由投标人根据施工现场实际情况自行考虑	m^3	6	8.27	49.62	7.62	

分部分项工程量清单与计价表

工程名称:综合楼【建筑与装饰工程】　　　　　　　　　　　　　　　　第19页 共19页

序号	项目编码	项目名称 项目特征描述	计量单位	工程量	金额(元)			
					综合单价	合价	其中	
							定额人工费	暂估价
84	自编001	签证1-240型履带式挖掘机 1.具体内容详见签证1	台班	1.50	923.01	1 384.52		
85	自编002	签证1-50型轮胎式装载机 1.具体内容详见签证1	台班	5.38	877.63	4 721.65		
86	自编003	装饰工程(含抹灰)人工费政策性调整	项	1	3 803.69	3 803.69		
87	自编004	钢筋涨价调整	项	1	21 002.18	21 002.18		
88	自编005	暂估材料调整差价(仅甲供材料)	项	1	8 620.70	8 620.70		
89	自编006	暂估材料调整差价(除甲供材料外)	项	1	83.77	83.77		
		分部小计				76 819.43	8 189.48	348.46
合　计						1 572 691.46	323 237.78	140 557.23

单价措施项目清单与计价表

工程名称:综合楼【建筑与装饰工程】 第1页 共3页

序号	项目编码	项目名称 项目特征描述	计量单位	工程量	金额(元)			
					综合单价	合价	其中	
							定额人工费	暂估价
脚手架工程								
1	011701001001	综合脚手架 1. 建筑结构形式:框架结构 2. 檐口高度:详建筑施工图	m^2	1 310.00	11.67	23 147.70	11 410.10	
2	011701006001	满堂脚手架 1. 搭设方式:综合 2. 搭设高度:详见结构施工图 3. 脚手架材质:综合	m^2	275.88	4.70	1 296.64	689.70	
3	011701002001	外脚手架 1. 搭设方式:综合 2. 搭设高度:详见建筑施工图 3. 脚手架材质:综合	m^2	888.00	7.40	6 571.20	2 726.16	
		小 计				31 015.54	14 825.96	
混凝土模板及支架(撑)								
4	011702001001	基础垫层 1. 部位:独立基础、筏板基础垫层 2. 具体情况详见施工图	m^2	11.72	43.63	511.34	127.04	
5	011702001002	独立基础 1. 基础类型:独立基础 2. 具体情况详见施工图	m^2	22.64	49.29	1 115.93	350.01	
6	011702001003	筏板基础 1. 基础类型:筏板基础 2. 具体情况详见施工图	m^2	36.20	43.98	1 592.08	637.84	
7	011702005001	基础梁 1. 梁截面形状:矩形 2. 具体情况详见施工图	m^2	16.43	44.50	731.14	278.00	

单价措施项目清单与计价表

工程名称:综合楼【建筑与装饰工程】　　　　第2页 共3页

序号	项目编码	项目名称 项目特征描述	计量单位	工程量	金额(元)			
					综合单价	合价	其中	
							定额人工费	暂估价
8	011702005002	基础梁(工程量增加超过15%以外调整) 1. 梁截面形状:矩形 2. 具体情况详见施工图	m^2	19.31	43.31	836.32	310.31	
9	011702002001	矩形柱 1. 部位:矩形柱 2. 截面尺寸:按设计图,各种截面尺寸综合 3. 支撑高度:按设计图,超高费用需计入综合单价	m^2	462.99	52.18	24 158.82	9 213.50	
10	011702003001	构造柱 1. 部位:屋面女儿墙、超宽的门窗构造柱 2. 具体情况详见施工图	m^2	74.93	48.19	3 610.88	1 356.23	
11	011702004001	异形柱 1. 柱截面形状:圆形 2. 支撑高度:按设计图,超高费用需计入综合单价	m^2	14.20	61.73	876.57	412.79	
12	011702006001	矩形梁 1. 部位:楼梯梁 2. 支撑高度:按设计图,超高费用需计入综合单价	m^2	19.35	49.37	955.31	383.71	
13	011702009001	过梁 1. 部位:矩形预制过梁 2. 具体情况详见施工图	m^2	98.49	43.15	4 249.84	1 680.24	
14	011702011001	直形墙 1. 部位:地下室剪力墙 2. 支撑高度:按设计图,超高费用需计入综合单价	m^2	442.37	49.09	21 715.94	9 311.89	
15	011702014001	有梁板 1. 部位:有梁板 2. 支撑高度:按设计图,各种高度综合,超高费用需计入综合单价	m^2	1 872.46	52.43	98 173.08	39 733.60	

单价措施项目清单与计价表

工程名称:综合楼【建筑与装饰工程】　　　　第3页 共3页

序号	项目编码	项目名称 项目特征描述	计量单位	工程量	金额(元)			
					综合单价	合价	其中	
							定额人工费	暂估价
16	011702023001	雨篷 1. 部位:圆形雨篷挑梁 2. 具体情况详见施工图	m^2	24.84	93.03	2 310.87	1 262.87	
17	011702024001	楼梯 1. 部位:直形楼梯 2. 具体情况详见施工图	m^2	50.91	138.43	7 047.47	3 805.01	
18	011702025001	屋面挑檐 1. 部位:屋面挑檐 2. 具体情况详见施工图	m^2	116.68	73.32	8 554.98	3 944.95	
19	011702025002	女儿墙压顶 1. 部位:屋面女儿墙压顶 2. 具体情况详见施工图	m^2	13.46	73.32	986.89	455.08	
		小　计				177 427.46	73 263.07	
垂直运输								
20	011703001001	垂直运输 1. 框架结构、地下室局部剪力墙 2. 地下一层、地上三层,局部四层,檐高详见建筑施工图 3. 具体情况详见施工图	m^2	1 310.00	14.30	18 733.00	6 288.00	
		小　计				18 733.00	6 288.00	
大型机械设备进出场及安拆								
21	011705001001	大型机械设备进出场及安拆 1. 机械设备名称、规格型号:由投标人根据施工现场实际情况自行考虑 2. 具体情况详见施工图	台次	1	39 378.94	39 378.94	15 706.00	
		小　计				39 378.94	15 706.00	
合　计						266 554.94	110 083.03	

总价措施项目清单与计价表

工程名称:综合楼【建筑与装饰工程】 第1页 共2页

序号	项目编码	项目名称	计算基础	费率(%)	金额(元)	调整费率(%)	调整后金额(元)	备注
1	011707001001	安全文明施工			103 130.35			
1.1	①	环境保护	分部分项工程量清单项目定额人工费+单价措施项目定额人工费	1.31	5 676.50			
1.2	②	文明施工	分部分项工程量清单项目定额人工费+单价措施项目定额人工费	5.54	24 005.97			
1.3	③	安全施工	分部分项工程量清单项目定额人工费+单价措施项目定额人工费	9.66	41 858.79			
1.4	④	临时设施	分部分项工程量清单项目定额人工费+单价措施项目定额人工费	7.29	31 589.09			
2	011707002001	夜间施工			1 689.95			
	①	夜间施工费	分部分项工程量清单项目定额人工费+单价措施项目定额人工费	0.39	1 689.95			
3	011707003001	非夜间施工照明			860.00			
4	011707004001	二次搬运						
	①	二次搬运费	分部分项工程量清单项目定额人工费+单价措施项目定额人工费					
5	011707005001	冬雨期施工			1 256.63			

总价措施项目清单与计价表

工程名称：综合楼【建筑与装饰工程】　　第2页 共2页

序号	项目编码	项目名称	计算基础	费率（%）	金额（元）	调整费率（%）	调整后金额（元）	备注
	①	冬雨期施工费	分部分项工程量清单项目定额人工费+单价措施项目定额人工费	0.29	1 256.63			
6	011707006001	地上、地下设施，建筑物的临时保护设施						
7	011707007001	已完工程及设备保护						
8	011707008001	工程定位复测						
	①	工程定位复测费	分部分项工程量清单项目定额人工费+单价措施项目定额人工费					
合　计					106 936.93			

其他项目清单与计价汇总表

工程名称：综合楼【建筑与装饰工程】　　第1页 共1页

序号	项目名称	金额（元）	结算金额（元）	备　注
1	暂列金额			
2	暂估价			
2.1	材料暂估价			
2.2	专业工程暂估价			
3	计日工			
4	总承包服务费	2 264.44		
合　计		2 264.44		

总承包服务费计价表

工程名称:综合楼【建筑与装饰工程】　　　　第 1 页 共 1 页

序号	项目名称	项目价值(元)	服务内容	计算基础	费率(%)	金额(元)
一	发包人发包专业工程					
1	专业工程总包配合费					
二	发包人供应材料					2 264.44
1	甲供材料配合费	113 222.10			2	2 264.44
	合　计					2 264.44

规费、税金项目计价表

工程名称:综合楼【建筑与装饰工程】　　　　第 1 页 共 1 页

序号	项目名称	计算基础	计算基数	计算费率(%)	金额(元)
1	规费	分部分项清单定额人工费+单价措施项目清单定额人工费			58 498.31
1.1	社会保险费	分部分项清单定额人工费+单价措施项目清单定额人工费			45 628.68
(1)	养老保险费	分部分项清单定额人工费+单价措施项目清单定额人工费	433 320.81	6.75	29 249.15
(2)	失业保险费	分部分项清单定额人工费+单价措施项目清单定额人工费	433 320.81	0.54	2 339.93
(3)	医疗保险费	分部分项清单定额人工费+单价措施项目清单定额人工费	433 320.81	2.43	10 529.70
(4)	工伤保险费	分部分项清单定额人工费+单价措施项目清单定额人工费	433 320.81	0.63	2 729.92
(5)	生育保险费	分部分项清单定额人工费+单价措施项目清单定额人工费	433 320.81	0.18	779.98
1.2	住房公积金	分部分项清单定额人工费+单价措施项目清单定额人工费	433 320.81	2.97	12 869.63
1.3	工程排污费	按工程所在地收取标准,按实计入			
2	销项增值税额	分部分项工程费+措施项目费+其他项目费+规费+创优质工程奖补偿奖励费-按规定不计税的工程设备金额-除税甲供材料(设备)设备费	1 893 723.98	9	170 435.16
合　计					228 933.47

其他结算表格从略。

素质培养　关注行业发展，持续学习

二十大报告指出："必须坚持科技是第一生产力、人才是第一资源、创新是第一动力，深入实施科教兴国战略、人才强国战略、创新驱动发展战略，开辟发展新领域新赛道，不断塑造发展新动能新优势""加快实施创新驱动发展战略""加快实现高水平科技自立自强"。

随着国家对科技与环保的重视和推进，绿色建筑、智能建造、建筑工业化、建筑信息化、建筑产业互联网、工程总承包、全过程工程咨询等成为建筑业焦点，行业发展呈现以下趋势：

装配式建筑成为主流。装配式建筑是在工厂预制构件、在现场连接安装的建造方式，强调的是施工技术手段创新，包括预制装配式混凝土建筑、钢结构建筑、木结构建筑等，能大大减少人工作业和现场湿法作业，且融合了大量数字化技术，符合建筑业产业现代化、智能化、绿色化的发展方向。住房和城乡建设部印发的《"十四五"建筑业发展规划》，提出到2025年装配式建筑占新建建筑的比例达到30%以上。

绿色节能建筑成为发展重点。国家在"十四五"时期明确了9项重点任务：提升绿色建筑发展质量、提高新建建筑节能水平、加强既有建筑节能绿色改造、推动可再生能源应用、实施建筑电气化工程、推广新型绿色建造方式、促进绿色建材推广应用、推进区域建筑能源协同、推动绿色城市建设。

工程总承包模式将成建筑业未来主要发展模式。工程总承包模式在国际工程市场中占有很大份额，也是在当前国内工程市场中被政府管理部门和现行《中华人民共和国建筑法》努力推广的一种模式，越来越多地应用于我国施工生产当中。

商业模式向"投建营"全产业链一体化发展延伸。为适应行业发展需求，大型建筑业企业正大力拓展规划设计、投融资、全过程咨询、产业导入等高附加值的业务能力，加快产业链高端补链、强链步伐，加强产业链间的协同整合，全面提升全产业链、一体化发展的竞争优势。

PPP市场仍是建筑业企业转型的重要方向。PPP市场模式（即政府和社会资本合作，是公共基础设施中的一种项目运作模式）创新也是大势所趋，基础设施RETIS与混合型ABO为PPP市场带来新机遇，建筑业企业继续推进规模发展，PPP项目仍是持有优质运营资产的机会，是向资产运营型企业转型的重要手段。

新基建市场发展空间较大。建筑业将加快向信息化、数字化、智能化转型，智慧城市、智能交通、智能能源、智能建筑等成为新的发展方向，新型基础设施与传统基础设施的嵌套、融合发展成为必然，将深刻改变建筑业的实现方式、生产组织和管理模式。

建筑市场体系及运行机制更加健全。到2025年，建筑法修订加快推进，法律法规体系更加完善。企业资质管理制度进一步完善，个人执业资格管理进一步强化，工程担保和信用管理制度不断健全，工程造价市场化机制初步形成。工程建设组织模式持续优化，工程总承包和全过程工程咨询广泛推行。

新技术、新材料、新工艺、新项目管理模式都将影响工程造价，工程结算人员必须关注行业发展，持续学习，才能适应行业要求。

（1）扫一扫，了解装配式建筑工程造价计算概述（1）。

(2)扫一扫,了解装配式建筑工程造价计算概述(2)。

(3)扫一扫,了解装配式建筑住宅部品。

(4)扫一扫,了解套管注浆工程量计算。

(5)扫一扫,了解装配式建筑后浇段及模板工程量计算。

(6)扫一扫,了解绿色建筑。

(7)扫一扫,了解绿色建筑方案设计说明。

装配式建筑工程造价计算概述(1)

装配式建筑工程造价计算概述(2)

装配式建筑住宅部品

套筒注浆工程量计算

装配式建筑后浇段及模板工程量计算

了解绿色建筑

某医院绿色建筑方案设计说明

练习题

1. 对比分析招标工程量和结算工程量,找出不同的项目并予以复核。
2. 分析投标的策略。
3. 如何确定投标报价的综合单价?
4. 如何确定投标报价中的措施费?
5. 对于涉及综合单价变更的项目,请根据合同条款分析综合单价。
6. 自行设计表格,对于价差调整的项目,写出计算过程。
7. 分析该案例做得好的方面。
8. 分析该案例的不足之处。
9. 通过本工程的学习,你有哪些收获?

参考文献

[1] 规范编制组.2013 建设工程计价计量规范辅导[M].北京:中国计划出版社,2013.
[2] 全国造价工程师执业资格考试培训教材编审委员会.建设工程计价(2014 年修订)[M].北京:中国计划出版社,2014.
[3] 全国一级建造师执业资格考试用书编写委员会.建设工程项目管理[M].北京:中国建筑工业出版社,2014.